DAXUESHENG
JIANSHEXING SIWEI NENGLI PEIYANG

大学生
建设性思维能力培养

杨　震◎著

安徽师范大学出版社
ANHUI NORMAL UNIVERSITY PRESS

·芜湖·

图书在版编目(CIP)数据

大学生建设性思维能力培养 / 杨震著. — 芜湖:安徽师范大学出版社,2024.3
ISBN 978-7-5676-5595-9

Ⅰ.①大… Ⅱ.①杨… Ⅲ.①大学生－思维方法 Ⅳ.①B804

中国国家版本馆CIP数据核字(2023)第253265号

大学生建设性思维能力培养　　　　　杨　震◎著

责任编辑:房国贵
责任校对:舒贵波
装帧设计:张　玲　张德宝
责任印制:桑国磊
出版发行:安徽师范大学出版社
　　　　　芜湖市北京中路2号安徽师范大学赭山校区　　　邮政编码:241000
网　　　址:http://www.ahnupress.com
发 行 部:0553-3883578　5910327　5910310(传真)
印　　　刷:苏州市古得堡数码印刷有限公司
版　　　次:2024年3月第1版
印　　　次:2024年3月第1次印刷
规　　　格:700 mm×1000 mm　1/16
印　　　张:16.5
字　　　数:254千字
书　　　号:ISBN 978-7-5676-5595-9
定　　　价:49.00元

前　言

　　孙中山先生早在《孙文学说》中指出："夫国者人之积也，人者心之器也，而国事者一人群心理之现象也。"当今世界，我们在信息爆炸的海洋中有可能失去知识，而在知识猛增中有可能失去智慧。我们要重拾知识和智慧，就要学会对信息做出选择，要逐步掌握21世纪核心技能——批判性思维。当前心理学的新使命是培育社会积极心态，具体来说，就是要加强社会心理建设，培育自尊自信、理性平和、积极向上的社会心态。而社会心理"是社会共同体中普遍流行的、共同的、典型的精神状态，是包括人们的要求、愿望、情感、情绪、习惯、风尚、情趣等现象的总称"①，显而易见，当前心理建设的目标之一就是必须普遍提高大众的心理素质。我们认为，一切感觉不良、事与愿违的背后都隐藏着某些思维的局限或漏洞。因此，提高心理素质最重要的是大众思维方式的更新和改变。但要怎样让人们改变思维方式呢？

　　自20世纪90年代末以来，大学生面临的就业压力越来越大，怎样就业占据了大学生活中重要的位置，那些对于哲学、历史、社会等关系民生的问题可能无法更多顾及，而那些浅薄粗俗的东西开始在大学生活中占据一席之地，我们培养的大学生中思想侏儒也许会越来越多。因此，在大学生活中，加强大学生的思维能力培养，特别是建设性思维能力培养就愈发弥足珍贵。

　　没人喜欢生病，但疾病是健康派来的最有说服力的大使，会引起人们对身体健康状况的高度重视。因此，目前有太多的研究都致力于努力改善已发生的身心问题：若想让病人的身心恢复健康，可以科学地选择药物治疗；若

---

① 张静如.中共党史学与马克思主义中国化研究[M].北京:人民出版社,2016:426.

想减轻肥胖，可以合理安排，并提供适量营养，防止饮食过度；若想让人孔武有力，消除体弱多病，可以采用相应对策进行体质和体能训练。但这些事后补救的方法，再高明也不如提前知道怎样预防这些现象发生更能给人带来安全感。生活中常见的多种励志和成功学图书基本上是以预防为前提的，会给人带来一定的安全感，所以很多人喜欢读这类书。但这类书的基本逻辑是想通过大量案例故事说服读者相信他们所倡导的成功因素，其实质是以思想观念灌输的方式改变读者思想，进而达到改变读者人生的目的。我们读到的这类书中的案例与我们现实生活中熟悉的人的成功实例有何区别呢？其最大的区别在于这些励志书是想通过案例强调影响成功的某个重要因素，而真实生活中的人很难清楚地告诉我们他是因为什么成功的。也就是说，我们可以复制这些书中的成功之路吗？其实这些书所告诉我们的都是影响成功的因素罢了，至于重不重要，要看对谁的生活和事业，因为这些因素在不同人的人生中所占权重是有差异的，在不同人的人生不同阶段所占权重也是不同的。还有各式各样心理健康教育教材，虽然这类教材也同样以预防为出发点，增加了心理健康教育的理论和方法介绍，但心理问题解决方法太复杂，书中所提供的任何方法都不能直接拿来应用到具体的人身上为其提供直接帮助。因此，当前很多文献所提供的解决问题方法的一个共同的思路是：只告诉读者更合理的思想观念、理论和方法，但很少能培养读者怎样面对问题的思维能力。就像这类书中认为的"要改变世界，首先要改变自己"那样，但书中并没有说要在什么情况下才改变自己，要先改变自己的什么方面，要怎样改变自己，最后要变成什么样子，所有这一切都留给读者自己思索了。

理查德·保罗和琳达·埃尔德在《批判性思维工具》中提出，人类大脑有三种机制：思维、感受、需要，它们相互作用相互影响。思维让我们知道正在发生的事情，感受告诉我们事情的进展是否符合我们需要、是否顺利，需要则驱动我们执行或脱离某一行动。其中，每一个感受和需要背后都有一个思维过程，因此，只要我们控制好思维过程，就能控制感受和需要，就会影响到个体生活达到的幸福程度。在此，我们尝试回应前述"改变自己"的倡议。我们认为，改变自己首先要改变思维方式，在具体情境中选择与之相适应的思维方式，如此才能形成对世界的更合理而清晰的认识，进而促成幸福的生活状态。但是我们都知道，思维过程是隐蔽的，不易被观察到，很难被别人觉察到，也很难直接通过观察来学习模仿思维方式。当然，有人会反驳说，人类可以通过语言来把自己的思考过程讲述出来，供别人学习操作。于是，另一个困难就摆在我们面前，那就是，通常情况下，很多思考过程是复杂的，而且是在较短时间内完成的，因而那些优秀的思考者也很难表达和传授他们的思考方法，不然我们早就塑造出无数个爱因斯坦、乔布斯等具有缜密思维的伟人。尽管思维方式学习起来有困难，但不等于绝对不能表达和传授。在困难面前我们不能轻言放弃！在思维研究领域，伟大的先驱们已经为我们在思维训练和教学方面积累了大量的知识。

要想让人的想法、思考具有建设性、创造性，那要怎样做呢？答案是要培养建设性思维能力，要科学训练，但不是盲目地任意妄为地训练。本书主要以认知行为疗法基础理论为指导思想，阐述如何培养建设性思维能力，更好地解决自身所面对的各种问题，也同时为成功学、励志书籍、心理健康教育教材与个人的成功人生之间架起一座思维的桥梁。

当你具备了建设性思维的头脑，并能够灵活运用它时，你就会改变自己看待生活的视角。它不仅可以教会你更深入地了解自己的思维，了解是什么导致了自己的生活现状，激发自己的潜能，甚至消除心理障碍等。利用建设性思维方式，你将从全新的角度和立场看待现实、信念、理想和成功，调整好各种人际关系，实现幸福的生活。

本书在某种程度上能够为你的思维活动提供一些操作规则和方向，这些操作规则和方向在于规范你的思考，使其具有创造性、理性、批判性等，使你在思考时少犯错误，较少痛苦，但绝不能保证不犯错误。我们要知道，在运用这些规则达到熟练的程度后，遇到特殊情境时又要善于突破这些思维规则，而不能让所掌握的思维规则成为我们思考问题的羁绊。这就告诉我们：要走出唯一真理观，要从新角度思考问题。思考时要安静、冷静、心平气和，要善于吸收建设性思想并以之作为推理的前提，要善于有章法地提出问题，澄清基本概念含义，努力训练自己对情境问题的建设性思维能力，增强反思能力等方面的训练。这些可能在防止我们变成自己情绪和基因的奴隶方面发挥着一定作用，同时给我们的思维带来更多自由。但这不意味着我们提出的规则是终极的，你可以根据你的经验打破这些规则，充分发挥你思维的批判性、创造性，努力探索和发现更加优秀的思考规则。

你愿为你个人在思维方式上将要发生的变化负责吗？如果愿意，就请阅读这本书并运用其中的方法和步骤。这里我们所描述的仅仅是使你发生积极的变化并有所发展的蓝图。当然，了解蓝图还只是第一步。倘若认为读完一本书就能改变你的生活，就像认为环境能完全控制你一样，具有极大的欺骗性，因为它只是提供了一种改变外界对你的影响的方法。没有行动的空想只是毫无意义的挫败，真正的改变只能来自于你真正大胆的行动，在行动中运用书中的这些观点。人是有思想的，若不付诸行动，则不会有所发展。但无论如何，当你看完这本书时，你的选择会让你的生活轨迹发生转变。

带着希望和勇气训练自己的建设性思维能力吧！那样你将会形成强大的思想。强大的思想使你既能从内部产生力量，又能从外部汲取力量，那时你将无往而不胜。

目　录

第一章 建设性思维能力培养是教育的根本目标

第一节 建设性思维能力概述

一、什么是建设性思维

（一）思维的含义

为了弄清楚什么是建设性思维，我们首先要理解什么是思维。我国多数心理学研究者认为，思维就是人脑对客观事物的本质和内在联系的间接和概括的反映，即人类通过思维能够认识事物的本质和内在规律性。比如，我们对磁场的认识，就是间接（因不能直接观察到）和概括（在各种情景中）的认识结果，而且是对磁场的本质的认识，即磁场在任何情况下都不变的特征（可以改变但不影响它是磁场的特征就不是本质特征）的认识。思考时，人们在头脑中对信息进行加工的方式包括分析、综合、比较、分类、抽象、概括、具体化和系统化等内部心理活动。表现在外部行为上，可以是仔细观察、理解基础上的记忆、怀疑、想象、调查、解释、推理、评价和判断等。最基本的思维形式包括概念、判断和推理。思维是对客观事物的理性认识，属于认识的高级阶段。通过思维能够帮助我们阐述和解决问题、做决策、了解欲望、寻找答案、获取意义等。从发展心理学的角度理解，思维的发生必须具备概括性、间接性和解决问题这三个特征。也就是说，当我们发现人们通过间接、概括的方式来寻求解决问题时，就可以判断其正在进行思维活动了。

上述定义是对思维的内部过程和结果的描述，缺乏可操作性和示范性，致使学生即便弄懂了思维的定义，却很难知道自己到底是怎样思考的，更难以知道怎样改善自己的思维能力。博学家和认知科学家马文·明斯基给出了一个很出色的思维的操作定义：如果只用一种方式了解了某样事物，你就不会真正了解它。了解事物真正含义的秘密取决于如何将其与我们所了解的其他事物相联系。通过联系，你可将想法内化于心，从各种角度看问题，直到找到适合自己的方法。这才是思考的真谛。马文·明斯基对思维的这一定义给我们如何思考以及怎样改进思维以明确的启示，那就是要把新知识和信息与我们已经了解的事物联系起来。在此，建立联系就构成了思考的重要活动。从哲学上讲，联系是事物之间以及事物内部诸要素之间的相互影响、相互制约和相互作用。联系具有普遍性、客观性、多样性、条件性。这一论述比大多数心理学教材中思维的定义具有较强的可操作性，也为思维的训练和改善提供了较为明确的思路。我们可以通过发现事物内部构成要素之间关系揭示事物的本质，通过事物与外部因素之间的相互作用揭示该事物所依存的各种条件。

另一个对思维训练更有价值的理解是把解决问题时人的心理活动划分为两个阶段：产生阶段和判断阶段。产生阶段与创造性思考联系紧密，大脑会产生多种关于问题和争议的概念、解决方式和反应。也就是说，好的思考者能够从多个不同的视角看待问题，考虑许多不同的研究方法，并在判断之前产生许多想法。好的思考者还更愿意冒险考虑不同寻常的想法。而差的思考者往往很迅速地采取想到的第一个方法，并希望自己的想法与通常的、熟悉的大多数人的想法相契合。这一阶段对思维训练的启示是要学习和使用各种创造技术，善于从多种视角看待问题。判断阶段和批判性思考联系紧密，这个阶段人们对产生的想法进行检查和评估，并进行完善补充，抛弃各种偏见，最终做出理性判断。好的思考者注重他们想法的依据，能够识别自己思考中不完善的地方，并积极主动完善自己的想法。而差的思考者会忽略他们想法的依据，不清楚自己思考中的局限性和欠缺的地方，当然也就不能完善思考。判断阶段给思维训练的启示是善于对已经形成的想法进行检查评估，收集证据，发现所形成思想中的欠缺和局限，并能够进行完善。总之，如果这样看，思考就不再是神秘、不可知、不可习得的活动。甚至可以说思考是人们后天形成的一种习惯，是完全可以通过训练得到改变的。

人类思维是一个动态结构，包括三个基本要素：思维对象、思维主体、思维方法。思维对象，就是思维加工的原材料。思维原材料主要依靠感觉器官的积极搜索，也可以被动接受各种媒体呈现的信息。思维原材料的丰富程度取决于人的感知经验的丰富程度与人的记忆，特别是与工作记忆容量有关。心理学家斯滕伯格通过大量研究认为，工作记忆的容量决定了我们解决问题的能力和智商测验的成绩。因此，工作记忆容量大，加工材料丰富全面，思考问题也就周全、合理，相反思维结果就片面、孤立等。再就是，思维材料的科学正确性有助于思维推论的合理和科学性。思维主体即具有一定思维能力和思维结构的人。思维主体的能力水平和思维结构决定着思维过程的水平和高度。在思维中，思维主体能够主动控制思维的目的和过程。思维方法，指思维主体对原始材料进行加工制作的方式、方法、手段等。思维方法是思维原材料和主体之间的桥梁，通过各种加工制作方法，人们将原材料加工成对个体（自己）有意义的形式，理解并记忆。思维方法的改变是本书着重强调的方面，大学生建设性思维能力培养的主旨就在于思维方法上的改进。

基于上述关于思维的论述和分析，我们认为，为了获得对本质和内在联系的反映，或为了获得新事物与我们理解的事物之间的联系，或为了实现产生更多想法然后进行判断，思维活动就应该是一个连贯有序的持久内部操作过程，绝不可能是随意的几个观念的闪现，也不是一系列零碎想法的大杂烩，而是彼此链接、前后呼应、因果分明、互为印证，最终形成可信可靠的信念。对此，约翰·杜威在《我们如何思维》一书中认为，人们对思维一词有多重理解：一是凡是脑子里偶然随机的想法都是思维，如白日梦、偶尔的遐想、看到什么产生的感触等；二是对自己并未见到、听到、嗅到、接触到的事物的想法也是思维，这一看法与思维的间接性特征相吻合，与想象相关；三是指人们根据某种象征或某种证据得出自己的信念，这包括人们并不多想甚至完全没有去想根据何在就得出结论；四是人们用心收集证据，确信证据充足，才形成信念。杜威认为这最后一种情况下的思维才是真正的思维，这种思维才具有教育意义。

附：训练任务1-1

小明是一名小学生。课堂上语文老师提问："同学们，你们昨天家庭作业中阅读的小故事的主题是什么？"老师见没有人回答，又补充说："动动脑子，好好想想，回答我好吗？"听到这些，小明托着腮，望着天花板，下定决心要好好想想："我得好好想想，想想这个故事的主题是什么？主题？主题是什么呢？"然后翻翻书，嘴里一直嘟囔着："思考……主题……"

根据以上思维的解释，请问小明在思考吗？说明理由。

王某是某所大学的大三学生，这天早晨正坐在教室自习。下面是她的大脑中发生的活动：今天的事情好多啊，今天要写实验心理学课的作业……晚上6点钟要和男朋友约会……同宿舍的李某能不能注意一下个人卫生，把宿舍弄得乱七八糟的……我今天该洗头了，总觉得有头皮屑掉下来……快期末考试了，很多课程没有复习呢，希望我的心情能够好起来……今天早晨有点冷，我要感冒了吗……几个同学都说我胖了些，哎！要不要减肥呢……

根据以上对思维的解释，请问王某在思考吗？说明理由。

（二）思维方式的定义

世界上有三种因素使人与人之间产生鲜明突出的不同特点：个性、智力、思维方式①。思维方式是指人们思考问题的根本方法，也可以指人们看待事物的角度、方式、方法等，对人的言行起着决定性作用。与智力相反，思维方式很少与天赋有关，而是更多与后天习得的认知加工方式有关。例如，后现代主义就肇始于一种新的思维方式，它是对现代人关于秩序和权力迷恋的一种挑战，是对文化现代主义和社会经济现代性所作的批判和否定。现代性的本质是力图综合和控制一切，强调理性、逻辑和真理。后现代主义则对此提出无情的质疑和批判，它倡导多元性、开放性、创造性，强调突出主体性、透明性、和谐性。思维方式影响着思维者对思维原材料的加工方法和手段，决定了我们如何处理信息。思维方式有积极的，也有消极的；有合理、正确的，也有不合理、错误的。但这种分类都是相对的，不存在绝对的积极和消极，也不存在绝对的合理和不合理。现实中很多人都被某一种固有的思维方式固定死了，你能走多远不仅取决于你多么努力，更取决于你的思维方式能允许你走多远。当我们绞尽脑汁，却有一种无力感，好像所有努力都是徒劳的，就说明我们走进了思维的死胡同，陷入了错误的思维模式。而这时，要想解决问题，急需我们切换思维方式，才能跳出思维陷阱。怎么才能判断你有思维方式了呢？当某个人跟你谈到某件事时，你说这件事绝对不可能发生，那你就被思维方式固定死了。一旦有了固定的思想，就会排斥与你的思想不一致的事实，主动接近能够证明你思想正确的事实。这就有了思维方式，就是说思维有了边框，人所能到达的境界也就有了边框。例如，通过学习心理学，我们知道当人面对巨大的威胁时，一般会有三种反应：斗争、躲避、屈服。需要注意的是，我们接受这一知识时是处在一种普遍抽象的条件下，且这三种反应是对很多人事后反应调查记录结果，不知道每个人面对的威胁能不能解除，也不知道应对的结果是否令他满意，仅仅把很多人的应对方式进行了集中概括。若我们相信这一知识是合理的，我们就会问自己："我应对威胁的方式是哪一种呢？"这时我们就把自己框在了三种应对方式中的某一种上了。事实上，任何一种应对方式的单纯僵化使用都不可能让人更好地适应环境，我们在采取任何应对方式之前，先做必要的认知评估，

---

① 施坦纳.10倍速学习法[M].车云,译.海口:南海出版公司,2002:56.

根据对具体情境的评估结果做出主动合理的应对方式才是最明智之举。这样我们以后依然能够灵活应对威胁，而不是僵化应对威胁，使生活重归于自在。有一次遇到一个高中男生，一年前他跟家人说自己不上学了，家长怎么劝说都不听，说重了就离家出走，家长批评、体罚他，他就对抗，弄得家长无所适从。通过谈话，该生认为他这个样子就是因为家长对待他的方式，不是打就是骂，根本不听他的任何解释。当我试图让他去认识他可能采取的其他应对方式时，他表现出了强烈的困惑和不满。这就是他的思维方式，他缺乏感恩的思维，采取的是对抗思维，而且相当固执。

（三）建设性思维的定义

何为建设性思维呢？建设性思维指人类不仅仅是为了生存，更是为了幸福的生活，在解决问题过程中能够表现出创造性、理性、乐观、积极等特点，使思维结果有利于个人身心成长，有利于个人所在群体、民族甚至整个人类进步和发展的思维。

尽管我们每个人都在思考，不断产生想法并进行判断，但思考的质量却千差万别。处于较低水平的，只会想出一些简单、粗浅的解决方案，并且不经判断和检验就加以认可，这种情况下的思考可能更主要是为了生存；稍好些的思维者能够对所想出的解决方案进行分析评价，并选择出最佳的解决方案，但缺乏创造性；最优秀的思维就是建设性思维，思考者凭借想象力能够产生许多原创的、具有深意的想法，然后对这些想法进行评价和完善，特别是要在价值观方面进行有益权衡，以爱为出发点，最终能够找到问题解决最出色的方案。这个层次上的思维能为人带来幸福生活。例如，关于失败的看法，很多人都需要重新利用建设性思维方式对其进行思考和理解，来消除失败带给人们的消极影响。当人们利用建设性思维重新界定失败，就不再简单地陷在失败后的消极情绪之中，也不会让消极情绪折磨自己，而是有了新思想的植入，使人能够在新的框架之下发现更有价值的东西。尽管同样经历失败，经历了痛苦的情绪，但建设性思维会让人坚强、乐观、砥砺奋进，有所进步并得到安慰，而不是陷在消极情绪之中自暴自弃。我们来利用建设性思维重新认识失败：第一，统计一下某些成功人士经历的失败次数，不管他们取得了多少重大成就，失败的次数估计是相当可观的。但当对未成功人士的失败次数统计并计算平均数时，结果就少得可怜。从这个角度理解，正是个人失败的次数决定了其人生的高度和成就高低。第二，我们来分析面对失败的几种常见反应：一是在生活中极力避免失败；二是认为失败是自我惩罚的一种方式；三是选择给每次失败增加痛苦、遗憾和压力，并成为一种惯性思维。这是因为我们的社会把失败归为不惜一切代价要避免的"疾病"，并给它贴上一个耻辱的标签。这时我们要弄清一个非常关键的问题：那就是要带着这些痛苦和不安在失败中徘徊，或是带着它们重新开始。但是，这两条路径同样耗费精神、情感和体力，不利己也不利人。那我们将这些消极情感能量安放在哪里呢？放在希望中还是绝望中，就成为未来胜利者或受害者的决定性因素。因此，谁能够尽早转变观念，领会到"失败就是进步"的深刻含义，并将失败安放到希望之中，谁就越早走上成功的大路。这种思维方式既能使我们看清失败的实质，还能形成具有独特新颖的观点，使人跳出失败的阴影，重新踏上奋进之路。

建设性思维是有一定结构的思维，也是一种思维方式。唯物辩证法告诉我们，任何事物及事物之间都包含着矛盾性，矛盾又是推动事物运动、变化和发展的根本原因。人的思维这一现象中也包含着对立统一的矛盾性，即思维的建设性和非建设性。理性思维和成长型思维等都表现出思维的建设性，非理性思维（消极）和固定型思维等则表现出思维的非建设性。纳西姆·尼古拉斯·塔勒布在《反脆弱——从不确定性中获益》一书中提出，反脆弱高于复原力（恢复力等）和强韧性的概念，能让事物逆势而上，从逆境和压力中受益，获得更好发展。建设性思维能力要比反脆弱具有更广泛的适用范围，无论顺境还是逆境都需要建设性思维，反脆弱则更强调在逆境中获益的思维。

无论建设性思维的形式如何变换，它都表现出下面两个重要特征：

一是批判性特征。建设性思维是理性的、反思性的、自我更新的、开放性的思维。一方面，它会使人学习领会别人的观点，从各种角度看待事物，检验自己想法的正确合理性；另一方面，它会使人尊重反对方的事实根据，理解别人观点，充分考虑自己理论和行为产生的后果，不断更新思想观念，吸收更合理的观念。因此，建设性思维首先表现出很强的批判性。建设性思维者即拥有建设性思维的人深信当前观点总是不完整的、暂时的，有待于随时更新、创造。所以，建设性思维者能够尽量做到理性、公正、全面，尊重他人的需要和愿望，并能控制和利用自己的情绪因素，做出理性反应。因此，建设性思维者具备批判的精神，他们相信理性、笃信推理、尊重证据、谨慎判断、持之以恒地积极探索真理。如果我们的思维缺乏批判性，我们的生存就将陷入危险，在生活中我们就会受到伤害却一无无知；如果思维缺乏批判性，我们就将无法明辨是非，将会陷入任人摆布的境地；如果思维缺乏批判性，我们实现预定学习目标的可能性就会减小，因为批判性思维能够使我们获得更好的学科成绩，写出缜密的论文等。

建设性思维者要掌握一定的批判性思维技能，表现在思维品质上，即他们的思维必须具有很好的广阔性、深刻性、批判性、系统性、创造性、逻辑性、敏捷性和灵活性。这些良好的思维品质是建设性思维的基本保障。建设性思维是一种深刻的思维，不是找到答案就终止的思维，而是只接受暂时的合理与正确，永远在追求真相或真理的路上。深刻的思维还需要坚持和执着地思考，永远不满足于当前答案。建设性思维能够帮助我们在面对相信什么和做什么时做出合理选择。当然这种选择是会随着时间条件的改变而改变的。从事物发展否定之否定原理出发，我们认为任何事物内部的肯定方面永远存在脆弱性，否定方面永远包含着建设性。所以，要使一个人的思维改变，就要不断地增加否定方面的建设性，消除肯定方面的脆弱性。这是一个永远没有结局的工程。怎样做才能做到恰到好处、适可而止呢？这就需要我们在解决问题的过程中能够表现出足够心智成熟、乐观、积极、反脆弱等特点。我们可能会被假象暂时迷惑，但最终会看破其中的乱象与错误，重新恢复到正确的思路上来。

例如某学生考试屡次失败，他会怎么想、会怎样对待考试呢？一般情况下的正常反应是需要寻找导致失败的主因，失败后就去反思自己原来应对考试时是怎么做的，哪些做法不合理导致了考试失败？可是人们事后反思仅仅做出一些简单推理，更少去论证自己推理的合理性。故最终只能猜测问题可能出在哪里了，然后尝试改变又不见效果，几经周折后，就丧失了扭转败局的动力和信心，最终放弃。而批判性思维则会积极主动地提出恰当问题，并努力对观点是否为真进行论证。最重要的是批判性思维那种积极探索的精神，使这种对自己考试失败原因的反思一直持续下去，直到成功。所以，利用批判性思维一定能够找到考试失败的最关键原因，从而扭转败局。建设性思维者是在利用批判性思维扭转败局的基础上，进一步拓展开来，发展自己应对各种挫败的积极心理素质，更进一步做出对社会有益的决策。如果说批判性思维追求的是思维的公正性和对真理的持续追求，增长个人知识和增强自主性，那么建设性思维是在此基础上进一步追求个人成长素质和社会的更好发展。

但批判性思维也是有局限性的。如果将批判性思维当作一种独立的信息分析过程，可以抛开价值观和准则（道德和法律等），得以实现预期的结果，我们就会承认某些最邪恶的犯罪者的思考也是批判性思维了，理性就会使人表现得过于算计，缺少人与人之间的温暖和人情味等。因此，即使是最优秀的点子，也需要执行者、评判者的认可（价值判断）才能得以付诸实施。英国剧作家萧伯纳说过，一个理智的人会选择改变自己来适应环境；一个不那么理智的人，要靠改变环境来适应自己。而历史是由后一种人创造的。建设性思维不仅让人理智，更是让人学会创造，做出的抉择对个人、社会更加有意义、有价值。批判性思维的另一个局限性表现在它不适用于解释人类的精神生活，例如我们不能指望自己通过批判性思维得到启发、顿悟或者救赎等。

二是建设性特征。建设性思维者吸纳了哲学的价值——追求不确定性知识，把人的心灵从狭隘的偏见中解放出来。哲学是探讨未知事物的智慧，它会给各种问题提供不同的答案。但遗憾的是，大多数哲学家在提出答案的同时却又不能提供充分证据说明他们的答案是正确的，这一特点使之缺乏科学性。因为他们所探索的问题都是"似是而非"的，或者说是"不确定的"，这些问题当前都没有唯一答案。这也正是哲学的价值的体现，因为"不确定性"才可能是世界的真相，一切确定的知识、理论或者信息，都只是偏见，而绝大多数人都生活在各种偏见之中。建设性思维者在接受了哲学的价值后，也变得"哲学化"，他们不再把世界看作有限的、确定的、简单的，而是从日常生活中不断发现问题，并不断进行深入探索。结果是通过哲学的思考，人们能够提出各种打破传统的假说，如哥白尼的日心说、德谟克里特的原子说等。通过这样的工作使人们不断拓展认识的边界，这也是建设性思维的共同价值：一方面对那些尚未经过科学检验的事物保持积极思考，另一方面提升我们的自我认知。但建设性思维者走得更远，他们要在此基础上对问题的多种答案进行批判，尽最大努力寻找证据，做出理性和建设性的决策。

如果说，思维的批判性能够使人更加聪明智慧，使人决策错误的可能性降至最低，那么，建设性思维是在创造性思维和批判性思维基础上，汲取爱的力量，与积极价值观和规则相联系。因此，建设性思维不仅仅为了满足自己的需要，而且是为了爱的人、家、国的福祉而决定相信什么和做什么的思维，是整体向善的思维。建设性思维者充满爱的动力，他们在考虑问题时，要为个人成长，他人、集体、国家的福祉而采取行动。很多时候，限于个人经验的局限、各种外部条件的限制，虽然通过通常的思考，甚至利用批判性思考，我们能够做出理性推论，但问题解决方案未必与执行者的价值判断相吻合，未必符合爱的定义，因此也就不一定有利于个人成长，或者对他人、集体等有利。建设性思维在这个方面规定了更高的标准，作为一种思考的方式，它基于多种创造性想法，沿着正确的或是非凡的推理思路，达到对事实真相的清晰的认识，能够灵活对待问题，甚至产生出创造性思维结果，促进个人成长和社会的发展。建设性思维者始终认为他们能够找到更好的办法来面对当前的问题，也一直在追求这种境界，表现出成长型思维特征：①喜欢挑战；②乐意拥抱变化；③寻找机会；④认为凡事皆有可能，遇到困难和挫折百折不挠；⑤能积极主动学习，且能够接受批评；⑥喜欢探索新事物，对一切怀有好奇心；⑦认为每次失败都是一堂课，从中吸取教训，继续努力；⑧终身学习。这些特征有利于个人的成长和心智成熟。当然从更广泛的层面上看，这种思维还要表现出有利于更广大的人民的利益的保护和实现，是一种集体主义至上的思维方式。建设性思维的前期阶段就是一个不断创造的过程，通过创造才可能寻找到更好的解决问题的途径。为了不虚此生，人们就要不断创造，但同时又要接受和忍耐创造的结果。

从性质方面看，建设性思维属于积极而阳光的思维，思考者绝不会轻易陷入消极的思维路径中去。这种积极和阳光的思维方式不是纯粹的逻辑思维，它总是伴有强烈感情色彩的思维，因为情感是人的决策中的重要组成部分。神经学家安东尼奥·达马西奥对丧失大部分情绪功能的病例研究表明，这类病人连最简单的决定或目标都没办法做出，整个生活分崩离析。因为当他们看着外在世界，眼前有好几十种选择，但他们内心没有情感的喜恶，所有的选择都要一一分析对错，但又找不到选择的理由。而真正健全的人会因为情感自动评估各种可能性，做出当前最佳的选择①。建设性思维是理性和情感高度合作的过程。在建设性思维过程中，思考者要不断承受多种观念冲突带来的矛盾和痛苦。例如，两位军官各带 1000 名士兵参战，一位军官只当士兵是作战工具，另一位军官不仅将士兵看作战争工具，更认为每名士兵是独立的生命，是家庭的一分子。那么在生死关键时刻，哪位军官更容易做出决策呢？答案当然是只当士兵是作战工具的军官，因为他只需要考虑战争胜负而做出相对简单决策，而一位心智成熟的建设性思维的军官则要尽可能全面考虑战场的各种信息，还要包括战士的生命、家庭等。所以，建设性思维者内心要拥有强大的力量，他们总是要承受发现多种创造性想法、进行严密周到的权衡、审慎价值判断中巨大的决策痛苦，而不是为了逃避这种痛苦做出简单的决策。但建设性思维者绝不会因此而心生消极，因为他们知道真正建设性思维恰恰需要这种痛苦的淬炼。因此，他们内心阳光而积极，不会被这种痛苦所击倒。

建设性思维者还表现出眼光的深远和胸怀的广阔，人生的大格局。所谓格局就是指能够用系统论的方法指导思考，即当我们面对一个问题时，能够

---

① 乔纳森·海特.象与骑象人——幸福的假设[M].李静瑶,译.杭州:浙江人民出版社,2012:19—20.

将问题看作一个系统，从整体出发解决问题，分析系统内部关联，分析系统、要素、环境三者的相互关系和变动规律，并用发展眼光看待事物。这种系统论的方法决定了一个人的眼界、胸襟、胆识等心理要素的内在布局。当面对同样情况时，一开始的格局就决定了事情的走向，有什么样的格局就有什么样的人生结局。格局对于结果思考导向的思考者来说，追求的结果系统决定了格局的大小；对于过程导向的思考者，思维方式本身就是他们的格局。例如，有三个泥瓦匠在砌墙，一个人走过来问他们在干什么。第一个人说在辛苦地砌墙，第二个人说在建一座高楼，第三个人说在创造美好生活。三个人思考的人生格局大小是不同的。10年后，第一个人还在砌墙，第二个人成为一名工程师，第三个人则成了建筑公司的老板。所以，有着大格局的人，不会因为一事一物的是非而乱了阵脚，仍旧能够明确目标，树立坚定信念，孜孜以求，直至成功。

有着大格局的人的思维的显著特点是考虑问题全面而深刻，顾全大局，并且深谋远虑，目光长远。《贫穷的本质》一书的作者认为，穷人由于手中没有余钱，总会陷入"稀缺陷阱"，忙着应对各种突发事件，如家人生病、亲戚结婚、房屋漏雨等，哪怕一些效果立竿见影的事情也无法坚持。他们缺乏大局观，也难以利用大局观的思维方式处理生活中的问题。再如，我们对病毒的认识，特别是在2020年春疫情期间，很多人一听说病毒两个字，立刻凭第一印象做出反应：病毒不是好东西，应该把地球上的病毒统统消灭，咱们人类肯定就能过得更幸福、更安全，然而这是小格局，这种认识是片面的。大格局的认识要全面深刻认识病毒在整个生态系统中的作用。《病毒星球》一书就认为，我们每个人体内都会带有十几万种病毒基因，这意味着我们每个人的DNA里有8%来自病毒，所以我们人类早在进化过程中就与病毒形成了共生关系。另一方面，海洋中的藻类和能进行光合作用的细菌，提供了地球上大约一半的氧气。而这些藻类和细菌之所以能进行光合作用，恰恰是因为吸收了病毒的DNA。科学家估计，病毒的基因带来的氧气，大约占地球氧气的十分之一。因此，大格局的认识就是，彻底消灭病毒，人类有可能存在不下去。那就允许病毒存在，把他们放在可控的范围，我们生活才能更好。曾国藩说过，谋大事者，首重格局。余秋雨认为，人的生命格局一大，就不会在琐碎妆饰上沉陷，真正自信的人，总能够简单得铿锵有力。因此，具有建设性思维的人总会从大局出发，实现既有利于自我又有利于他人发展成长的更高目标。例如，生活、工作和学习中，我们总会遇到一些波折、失败等，若是没有大格局眼光，就会随着这些波折而沉浮；心存大格局的人，就会把失败和挫折当作磨砺自己，让自己变得更加成熟。所以，建设性思维不是为了眼前的苟且，把重心放在短期个人自身的生理和感情的需要，即快乐的生活，而是为了更长远的幸福生活。因此，要想做成大事，就要有远见，有大局观，眼光长远的人的心中才能够装下整个世界。

建设性思维坚持"每个人都是赢家"的心态对待生活和工作。在每个人的心中，都有自己对"胜利""赢"的理解，所以要做到每个人都成为赢家非常困难。在实际生活中，特别是存在竞争的环境中，每个人都是赢家似乎更加不可能。但我们知道，每个人，每个组织，都应拥有自己的使命、愿景和价值观。无论何种情境、何种活动，只要完成个人或组织的使命，达成愿景，符合个人和组织的价值观，就会有实现每个人都是赢家的可能。因此，建设性思维者善于创建属于自己的能够启发灵感的使命、愿景和价值观，也善于分辨他人、组织的使命、愿景和价值观，在解决问题中充分考虑每个人、每个组织的使命、愿景和价值观，使得每个人都成为赢家。从另一个角度看，每个人在与他人交往过程中，其实质都是与他人进行谈判，在谈判过程中，建设性思维者都会给别人带来关怀、带来价值，使双方共同获得利益，达到双赢的目的。

从思维的结果分析，建设性思维属于增值思维，就是思维的目的不但要以有利于自己和他人、社会，而且以良好的思维品质作为基础，通过思考，问题会解决得更漂亮，更有价值。因此，建设性思维是克服了思维的脆弱性、表现出强大的适应能力的思维方式，是克服了自我为中心、兼顾他人和社会发展的思维方式。同时，建设性思维者能够独立地下定决心，成为自己命运的主人，使人获得强大的自主性。自主性是心理健康及幸福感的重要基础。建设性思维有利于个人积极地看待过去，对未来充满希望、充满激情，更加享受现在，能让人更加投入地工作和学习，建立良好的融洽的人际关系，获得更大的价值和意义，有利于取得更多更大的成就等。从积极心理学的角度看，建设性思维者因为将积极合理的价值观和准则与理性思维整合在一起，所以它是一种有利于促进个人幸福的思维方式。

在理解和运用建设性思维时，还要注意以下几个问题：

第一，防止无休止地分析和反思导致分析瘫痪。进行建设性思考，无论如何努力，没有一个解决方案是完美的，无论结论多么具有独创性总会有提升的空间，即使经过反复改善，也很难做到完美无缺、面面俱到。这也是很多人之所以拖延不行动的借口。如果只停留在这个分析反思过程中，就永远无法产生实际的结果。这对于实干家来讲是难以容忍的，他们认为这只是浪费时间。在此我们要明确，建设性思维的最终目标是为了采取明智的行动，产生出多赢的结果，而不是为了不犯错误。我们应该明白：即使没有得到想要的所有信息，也要及时做出选择和决策。日后发现我们现在的选择和决策是错误的，或者没有实现我们预期的结果，在这方面我们要敢于担负起责任。到目前为止，我们还没有发现一种可以让人不犯错误的思维方式，建设性思维方式也包括在内。建设性思维让我们采取所谓明智的行动，也只是在概率上讲少犯错误、更好地实现预期目标。但建设性思维不能阻止我们犯错误，例如误解了某些信息、搞错了某种经验、选错了某种假设等。因此，我们最好把建设性思维培养理解成不断进化的过程，而进化绝不可能产生"完美"。建设性思维也不可能完美，最好要做好准备接受建设性思维的缺陷。

第二，建设性思维绝不意味着一定能解决问题，并能找到答案。建设性思维只能增加信念为真和行动有效的可能性。我们学习建设性思维的一个重要愿望就是提升问题解决能力。我们知道，没有什么比具有一个善于解决问题的名声更能让你的事业取得进展。例如，我们都熟知的神探福尔摩斯、狄仁杰，还有聪慧的阿凡提等都是以解决艰难的问题而著称的。这些问题解决者的聪明才智给我们留下的深刻印象就是他们找到了问题的明确答案。但在实际生活中，很多问题的解决就像剥洋葱，随着分析的深入，会出现更复杂的问题（这也是让人觉得最难受最受挫的一点）。有时候的确能找到问题答案，但大多时候，最终只会发现更复杂的新问题，或者对最初问题产生更复杂的认识，而且这个过程似乎永无终点。因此，建设性思维训练就是要把意志力灌注到思维中去，进行有目的、有计划的持久思考，最终通过克服各种困难达到部分解决问题的目的或者发现更加复杂的问题。

第三，建设性思维与高阶思维不同。高阶思维是近年来思维领域和学习领域研究的热点之一，被认为是学习者适应新时代所必需的技能，是当代社会人才需求的重要导向。所谓高阶思维是指布鲁姆提出的学习目标中的分析、综合、评价能力。我国研究者认为高阶思维是一种以高层次认知水平为主的综合性能力，包括问题解决能力、批判性思维能力、团队协作能力、沟通能力和创造性思维能力[①]。高阶思维强调认知的高水平。当然，高水平认知能够解决复杂且有难度的问题，这是容易接受的。建设性思维能力的重心在于处理问题时的创造性、批判性，能够促进个人、他人或社会的发展与进步，遇到的问题也会有简单容易的、复杂有难度的。当我们处理问题时能够思考得全面而深刻，将有助于把问题解决得更好。因此，我们认为建设性思维以高阶思维为主，但仍然会使用非高阶思维。

第四，建设性思维绝不是精致的利己主义思维。一定要留意的是，只求个人成长和发展的思维很可能使人陷入精致的利己主义者旋涡。所谓的精致的利己主义者，从思维方式来说，就是典型的自我中心思维者。

比如，有些家长在对孩子的培养中单方面顾及孩子的满足感、需要和愿望（他们将来能获得什么样的生活等），没有传达过自己的愿望和需要（有，也是孩子变成什么样的愿望，直接与孩子相关）。时间久了，孩子就会认为大人不需要从他们那里得到其他什么东西，所以就不再关注父母和他人的需要和权利，成为自我中心思维者。精致的利己主义者（自我中心思维者）是不能成为具有建设性思维能力的人的。正如但丁在《神曲》中所说，要走出黑暗森林，需要借助维吉尔（暗喻理性和哲学）帮助他认识邪恶之途。但丁认为理性是软弱的，人生还需要贝阿特丽丝（信仰）的指引，才能到达天

---

① 王靖,崔鑫.深度学习动机、策略与高阶思维能力关系模型构建研究[J].远程教育杂志,2018(6):41—52.

堂。阿尔伯特·爱因斯坦也说过，一个人是被我们称为所谓"宇宙"的一部分，受时空限制的一部分。他会觉得他的思想与感受和世界其他部分是割裂的，这是他的意识的一种错觉。这种错觉是我们的牢笼，将我们的欲求和情感限制在少数和我们亲近的人当中。我们必须将自己从这个牢笼中解放出来，拓宽我们的胸怀，去拥抱所有生灵和整个世界的美，这是我们的使命。所以在谋求自我成长的同时，我们要关心父母家人，关注国家民族甚至人类的利益，怀有宏大的人文关怀之情，这才是真正的建设性思维能力的表现。所以，在孩子教育过程中要注意培养孩子在生活中正确地获得和使用权力的方式，防止孩子形成支配型自我或顺从型自我。支配型自我思维方式使用者最关心的是利用手中权力指使别人做他自己想要的事情，而顺从型自我思维方式则通过接近有权力的支配者来获得保护和安全。这两种思维方式者在需要未得到满足时都会产生消极情绪反应。

第五，建设性思维是一门艺术。艺术史学家贡布里希说过，如果某些事情本身成了目的，那么我们就有权说它是艺术。艺术不仅是美，很多美的东西不是艺术。艺术不仅是创造力，很多有创造力的事情也不是艺术。艺术最大的独特性是一个自我完备的世界。比如你扫地只是为了把地扫干净，你可以无限地改进扫地的方法及手段，扫地就成为艺术。但当扫地成为达到其他目的的工具时，工具完善的过程就结束了。如果它本身就是目的，就会有无穷无尽的进步和完善的空间。建设性思维，一方面是达到幸福生活的手段，另一方面它本身也是需要不断完善和改进的，它自身成为自己的目的。从艺术的角度说，建设性思维是一种自我完善的思维。但这里要避免一个误解，即运用建设性思维解决问题就不会犯错误。犯错误是不可避免的，但通过建设性思维能力培养可以让我们犯更少的错误，生活得更加幸福。

综上，一个建设性思维者会尽力从爆炸的信息中发现事情的真相，保证思考中运用的信息的正确合理性，使推理所用的基本信息是真实、可靠的。建设性思维者具有系统提问的技能，他们能从一系列提问中发现创造性解决问题的新思路，同时还会发现自己思维中的问题并加以避免。建设性思维者尽力从多个解决问题的方案中选择出最优的那一个，他们的思维具备批判性。他们会选择出最佳的相信的观念和做什么的行动。建设性思维者在解决问题中总是坚持双赢原则，既能维护自我利益，同时兼顾他人、群体甚至民族和国家利益，绝不是自私自利的自我中心主义者。即使建设性思维者思维能力再优秀，也总会有解决不了的问题，所以他们总要不断完善自己的思维能力。

二、思维质量决定了生活质量

（一）思维的功能

无论在日常生活还是学校教学中，几乎没有人不承认思维的重要性，至少是口头上的认同。可是，思维为什么重要？它能帮人类做什么才显示出其重要性呢？大多数人就含糊其词，不知所云了。在此，我们借鉴约翰·杜威在《思维的本质》[①]中关于思维价值的论述，对思维的功能做出进一步说明。

第一，思维使人类的行为具有目的性和预见性，摆脱了冲动和惯例行为。这一点可以把人类与兽类区分开。兽类的行为是完全受外界环境刺激和生理状态驱使的，而人类的行为因为思维而具有了远见，可以决定多年后才能获得的结果。大学生就是为了多年以后的生活而接受大学的专业教育，运动员就是为了以后的比赛而刻苦训练。

第二，思维使人类能够设置人为的符号，以预示结果，然后有所趋避。这一思维的功能将文明人与野蛮人区分开来。例如，野蛮人会在航海中注意到暗礁是危险之物，但不能主动预防；文明人则可以借助思维，建立灯塔、浮标等作为危险的符号主动躲避。现在各级各类学校中的预防地震的逃生演练，也是在依靠思维来处理未来可能遇到的危险。因此，通过思维我们可以使危害得以减少或避免，利益可以稳定或增加。

第三，思维使事物具有了不同的地位和价值。也就是说，同样的事物对于不同的思维者来说，具有完全不同的地位和价值。例如，同一块石头，对于小孩子来说可能只是一个玩具，对于地质学家来说可能意味着地层、矿

---

① 约翰·杜威.思维的本质[M].孟宪承，俞庆棠，译.北京：台海出版社，2018.

物、几百万年前的地质历史标志等。

上述三种思维的功能中，前两种有助于增加我们对生活中事物的控制能力，第三种则会增加我们对生活意义的理解。鉴于此，我们下面来分析思维与生活质量间的关系。

（二）思维质量决定了生活质量

什么是生活？生活质量由什么因素决定？我们怎么提高自己的生活质量？这是每个人都要面对的现实问题。生活就是人为了生存和发展而进行的各种活动。大的方面讲，生活就是涉及衣食住行等方面的各种活动；从细微角度看，生活就是一个人整天在想和在做的每一件事情。所以，在一定程度上，生活质量是由我们想和做的事情的过程和结果决定的了。例如，作为社会的一员，我们始终生活在各种要求的包围之中，它们都在试图劝导我们相信点什么、做点什么、买点什么、参与什么、给予谁什么样的帮助等。此时，我们每个人如何理解和分析这些诉求、对待这些诉求所表现出的行为，都是由我们所掌握的思考技能与策略决定的。当然，这些思维技能与策略也决定了我们的生活质量。这样思考有一定道理，因为只要我们在思考和做事时尽可能使思考做事更加理性、合理，并尽最大努力得到我们想要的结果，生活质量就应该不会太差。但这种想法还不够全面，生活中总免不了会遇到各种困难和坏的结果。这种情况下决定我们生活质量的另一个因素会起到重要作用，就是我们对坏事情的想法或思维方式。著名心理学家阿尔伯特·埃利斯指出，生活中发生的事（A），对生活的影响（C），取决于当事人对事件的评价与想法（B）。如果想法是积极的，我们的生活质量就会好些；若想法总是消极负面的，我们的生活就会朝着消极方向发展。

西塞罗也说，伟大的事业不是靠力气、速度或身体的敏捷完成的，而是靠性格、意志和认识的力量完成的。性格是人们对待周围世界的稳定的态度和行为方式，它是以思考方式为内在基础的。意志行动过程中我们如何制定和选择目标，以及如何行动并克服困难是受思维方式制约的。在现实生活中，我们周围不乏态度认真、努力刻苦的学生，学习成绩却总也提高不了；

还有一些人，工作非常勤奋，可就是没有令人艳羡的成就；也有一些人辛辛苦苦做生意，但赚钱不多，艰难糊口，囊中羞涩，等等。这些现象中虽然原因各异，但他们缺乏深入而正确的思考方式是非常关键的原因。伯特兰·罗素也说，许多人宁愿死，也不愿思考，事实上他们也确实至死都没有思考。正是因为种种原因，以上这些奋斗者成为"低效的勤奋者"，他们不愿或不能深入思考，或采用低级思维思考，做事的效率低，成长也慢。因此，我们认为，正是思维方式决定了一个人的观念和态度，决定了一个人的视野、事业和成就，最终决定了一个人的生活质量。

尽管每个人时时刻刻都在思考，但思考的效率和方式却存在巨大差异，从而导致了人们的不同选择和社会分工等，有人成为哲学家和科学家，而有人不能成为哲学家和科学家。另外，人生中思考的方式很重要，思路若有问题，得到的往往是消极的结果，再努力也是徒劳，这时候脑筋转得越快，往往失败也就越多，灾难也越多，陷得越深。例如，有些人在思考时，会忽略已有的知识或被经验所限制，而好的思维会将想象与知识融为一体，好思路会给人指引光明的前途，引导人走向成功的方向，获得人生的幸福。爱因斯坦说："学习知识要善于思考、思考、再思考，我就是靠这个学习方法成为科学家的。"我们知道，爱因斯坦的思考方式很特别，才使他有机会发现相对论。牛顿在回答"怎样发现了万有引力"的提问时说"我一直都在想那个问题"。世界上很多反败为胜的企业领袖都曾使用过这种建设性思想——不被存量绑架，永远都去想"如果从零开始干，我们应该怎么做"。微软首席执行官萨蒂亚·纳德拉借助这一建设性思想，帮助微软从谷底重回行业霸主地位。2018年12月微软总市值突破8500亿美元，力压苹果成为全球市值最高的公司。这些伟人的思考具有非常强的建设性，思考给他们带来了成功、财富，以及对人类的贡献等。再如，在美国，历史专业是最受欢迎的本科专业之一，但要求非常高，所以也是非常难读的一个专业，主要是这个专业体现了批判性思维能力的培养目标。据不完全统计，美国历史专业毕业生的平均收入要超过经济学专业、心理学专业甚至计算机专业的毕业生。历史专业的毕业生毕业后有很多选择，如果申请研究生院，可以学习几乎任何专业。

正是历史专业学习中对学生思考能力的历练使此专业的毕业生获得了更好的收入和成功的机会。因此，可以说思维方式是人类最宝贵的资源，决定着每个人的生活质量和富裕程度。也就是说，我们把问题解决得有多好，决定了我们生活得有多好。

思维方式和与之相应的心态决定着我们的健康程度。我们生活的这个时代，虽然更加方便快捷，但同时这种生活方式也给我们带来了各种烦恼和压力，这给人的心理健康带来消极影响。其实，人类更应关注的是思维方式与健康的关系：思维受到影响选择了不健康的饮食习惯；思维方式导致了对压力的恐惧而选择焦虑或逃避，进而导致失眠；思维方式导致拖延（懒惰）或恐惧而不愿意参加体育锻炼；思维方式使人生病时过于依赖医生和药物而忽视了人体的自愈潜能。心理对身体心理健康的影响是巨大的。糟糕的思维会给思维者带来什么呢？我们认为，最严重的是犯罪等行为，其次是心理问题和心理疾病，再就是正常人犯错误、失败等。当代心理咨询领域中的认知行为疗法认为，人的心理问题和心理疾病是由于认知扭曲造成的，戴维·伯恩斯在《伯恩斯新情绪疗法》一书中总结了十种认知扭曲：非此即彼，以偏概全，妄下结论，心理过滤，否定正面思考，放大和缩小，情绪化推理，"应该"句式，乱贴标签，罪责归己。这些认知扭曲都与思维方式密切相关，要么表现为思维的狭窄、片面，要么表现为思维的僵化，缺乏批判性和灵活性，它们都是非建设性思维方式，使人陷入无能又不受人喜欢的困境，最终使人陷入抑郁状态。良好的思维方式和正确的思想能使人远离精神问题，活得更加理性和高尚。

我们当前生活的时代是一个信息爆炸的时代，一个日新月异的时代，在这个知识经济和终身学习的社会，当我们构建的知识岛屿越大，其海岸线（遇到未知的地方）也就延伸得越长。也就是说我们知道得越多，要问的也就越多，进而我们就越发感受到自己的无知和低能。而这样一个时代，思辨能力和良好的思维品质对于每个人的生存和发展以及整个人类文明的可持续发展，其重要性将史无前例地彰显。例如，在当前社会，在还未摆脱无知状态前，人类要做的就是要思考怎样与无知共处。一个更严重的问题是托马斯·弗里德曼所画的一幅曲线图①所揭示的人类适应危机（见图1-1）。

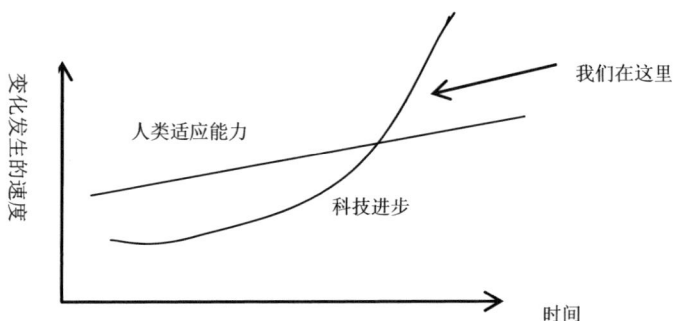

图1-1　人类适应危机

托马斯·弗里德曼认为，科技进步曲线刚开始非常平缓，随后缓慢抬升，斜率越来越大，在右端直线式急速攀升。然而人类对环境和社会的适应能力虽然一直在以线性方式提高，但速度缓慢。弗里德曼认为，1000年前人类可能需要两代到三代人的时间才能适应新的东西。到20世纪初，适应变化的时间缩短到一代人。现在人类习惯一样新事物只需要10至15年。但图1-1告诉我们，尽管人类已经适应了变化，但是科技进步的加速发展已经超出了人类能够适应的平均水平。我们认为与无知共处的最好的方式不是奋力提升智商、培养坚强的意志力，也不是你的自信心多旺盛，而是要学会如何对待一无所知的事物，那就是要学会怎样认识和思考。因为，在这样的一个时代，一个人经历再多，不一定能够看透人生。有些人，一辈子受苦受难，最终也只能在苦难中沉浮；历经人生波折，最终只是在波折中挣扎。究其原因，经历固然重要，人们可以每天读书、经历等，但更重要的是思考、总结、怀疑和反思，只有如此，人才能通过领悟走向人生的更高境界。

三、大学生建设性思维能力发展现状分析

根据生物学的研究，一个人，无论他是谁，就人的肉体价值而言，身上的脂肪能够制造7条肥皂，身上的磷脂可以制造2200根火柴，身上的石灰质

①托马斯·弗里德曼，符荆捷，朱映臻，等.那一年究竟发生了什么[J].读者，2018(13)：38—39.

21

能刷白一面墙,身上的铁质可以制造1枚1英寸的铁钉,身上有20磅的焦炭等,如此而已[①]。那么,接受了高等教育的大学生们的价值到底应该体现在哪里呢?经过专业训练和没有专业学习的人区别何在呢?毫无疑问,一个明确的答案就是他们要更会思考,能利用专业科学知识和技能更好地解决专业问题和日常生活问题。而要做到这一切,就需要对大学生进行思维能力的培养。

当前,有些人思维素质中逻辑观念淡薄,也缺乏批判性和建设性思维的意识。因为,他们从出生开始,家长从没有对他们进行过专门思维能力训练。一段时期内,从幼儿园到大学,学校教育依然围绕着知识的搬运而展开,周而复始的考试和不断强化学生对标准答案的追求,而不是鼓励学生对问题的复杂性和探索过程的关注,仍然没有形成独立思辨和开拓创新的氛围,很少有高校开设正式的思维训练课程,导致大部分学生思维能力发展只是在自我盲目的探索过程中逐渐形成和发展。这一现状还直接导致了大部分学生都会认为他们的智力不可改变,其思维能力难以培养,因此他们很少会想到训练和发展自己的智力和思维能力。当我给大学生开设思维训练课时,问他们:"知道怎样训练思维吗?"答案非常一致:"不知道。"但他们来上课,选择这个课程却表明,他们观念中又希望通过努力来提高自己的思维能力。

过去几十年,我们的物质生活发生了翻天覆地的变化,但很多人包括大学生仍然显得有点浮躁、愤怒、迷茫,究其原因主要还是理性思考能力没有得到提升。随着多媒体技术和网络技术的发展,一方面这些技术和设备为我们生活带来了便利,但同时我们也被这些技术所改变,我们的思维方式的改变也在其中。据观察统计,我国大多数成年人上网时间越来越长,读书时间越来越短。上网这种阅读方式与阅读纸质书有着巨大差异:上网需要人们关注大量无关链接,而点开这些链接要人随时做出决策(越快速地点开链接也是当前网页设计者所希望的)。而高质量读书则需要读者把自己沉浸在书中,

---

① 中共北京市委讲师团等.走科学发展之路 实现"十一五"蓝图[M].北京:人民日报出版社,2006:173.

有的地方反复看，甚至还要做笔记。这需要大脑语言中枢、记忆系统和视觉中枢对文字信息进行处理加工，主要是理解记忆过程。在信息获得困难的年代，人们更倾向于获得高质量的有价值的信息，但当信息获得很容易时，人们往往更倾向于接受短小轻快的内容。我们知道知识是有价值等级的，八卦新闻、时效性强的信息、网友对时局的看法等，扫读浏览一下就够了，不必花费更多时间和精力。能够根据不同价值等级采用不同的阅读速度和方式，是最有效的阅读技术。认知神经科学家发现，网上阅读从硬件层面改变了人的大脑——一个没有上过网的新手只要每天上网一小时，5天后他的大脑结构就会发生可检测的改变①。当前大学生的深度理解能力怎样呢？他们受网络阅读的影响了吗？由于缺乏思维能力训练，网络阅读习惯的养成导致当前在校大学生深度理解能力很差。我给大学某班上课期间，布置阅读《批判性思维工具》《逃避自由》两本著作，班里95%以上学生说自己读不懂，然后就放弃了。关键不是读不懂，而是放弃读懂，这是很可悲的事情。阅读后的作业或读后感之类的写作任务就完成得更草率，根本没有学生能够在课堂上清晰地讲出作者的观点和思路，一个多月后进行的课堂讨论，结果严重冷场。这主要是因为当前某些大学生思考的耐力不足所致，他们也不知道怎样才是真正意义上的思考。很多同学认为他们每天都在思考，不错，这是事实，任何人每时每刻都在不停地进行思考，但问题是他们稍加思考便会得出结论，思考一会儿就满足，他们的思考缺乏深度和广度。这个方面，我问过很多同学一个问题："上大学以来，你思考问题时间最长的一次是多久？"答案是5到10分钟左右。5到10分钟左右，对于复杂问题解决是远远不够的。大学生们在思考中甚至连最基本的逻辑都成问题，这些在作业和论文写作中表现最明显。事实上，按照威廉·詹姆斯的说法"很多人觉得他们在思考，而实际上他们只是在重新整理自己的偏见"，这样马马虎虎地思考与不动脑筋根本没有差别，而真正的思考是需要耐力的，需要进行长久持续的思考才能解决复杂、科学的问题。我们的学生却没有充分认识到关于思维的这一真实现状，还为他们所谓的"勤思好学"而沾沾自喜呢，真是可惜、心痛！当

---

① 万维钢.上网能避免浅薄吗[J].读者,2018(14):32-34.

前很多书的作者，为了市场，为了迎合没有思考耐力的读者，不断地简化书的内容，降低书的难度，甚至教师在课堂上也有意识地将知识讲得有意思、故事化等。其实这些做法对需要锻炼思维能力的学生和读者来说是没有任何益处的，最终只会导致学生的思维更加"虚弱、缺乏耐力"。倘若有人争辩说，这样的做法能够更好地帮助读者接受知识和信息，那么，当爱因斯坦写作相对论时也从这个角度出发，该怎样撰写论文呢，还能发表相对论的文章吗？在我的请求下，当学生给我课堂教学提建议时，很多学生认为课堂上要多播放一些视频，不要让他们回答那么多问题，以缓解他们一天上课的疲劳。还有学生说喜欢幽默的我，不喜欢严密推理的我，太累跟不上。可见，要让我们的学生进行深入持久的思考还是困难重重的，他们认为上课更应该是快乐享受，而非克服困难的艰苦脑力劳动。在他们的意识中，根本没有上学要通过艰苦的思考过程才能培养发展思维能力的想法，所以，这些学生不可能在上课过程中发展出有创造性的深入思考的能力。

无论哪一行什么工作岗位，都要学会平衡工作与思考。学生的学习过程更加需要大量思考。可是当前大学生淹没在各种事务性活动中不能自拔，特别是大一第一学期新生。另一方面，充斥网络的是大量的游戏与娱乐活动。这些东西对青少年具有非常大的诱惑力，也影响着他们的思维方式和面对世界的态度等。尼尔·波兹曼在《娱乐至死》中指出，上学读书、学习是一件非常严肃的事情，因为印刷文字，或者建立在印刷文字之上的口头语言，具有某种内容：一种有语义的、可释义的、有逻辑命题的内容。阅读过程能促进理性思维，印刷铅字的那种有序排列、具有逻辑命题的特点，这就需要读者具有相当强的分类、推理和判断能力。同时，读者还要具有评判能力，要对不同的概念进行对比，并且能够举一反三。而为了做到这些，读者必须和文字保持一定距离，这是由文本自身不受情感影响的特征所决定的。我们都很清楚学习和读书是使人进步成长的必要因素，娱乐却没有这个功能。尼尔·波兹曼深刻地警告人们：毁掉我们的，不是我们所憎恨的东西，而恰恰是我们所热爱的东西。当你不再制定计划，而是一次又一次放纵自己沉溺于即时快感和虚拟的成就感中，你离废掉就不远了。这和在"快乐中枢"自控刺激实验中看到的通过不断压踏板获得电刺激而疲劳致死的小白鼠有何区别呢！另有一些人从另一方面来看待读书这件事：即便将书写得内容丰富、结构严谨，叔本华和尼采等人也会笑话读书的人是在做"懒惰的人做的事"，因为他们认为阅读是在优秀的作者带领下进行的思考，是一种轻松的思考方式。所以，他们认为只有独立且深入思考才是真正勤奋的事情，才会有所发现和创造。

　　人们在学习时，一般会将感知觉称之为感性认识，思维被称为理性认识。但千万别天真地认为思维就是理性的。因为尽管我们不愿意承认，但自我为中心思维却如同植入我们的大脑，一直都在发挥作用。自我为中心是人类固有的本性，它是以追求自我满足和自我认可为终极目标的。因此，我们只有训练提高理性思维，才能看清楚我们自身的这一倾向。而一旦自我为中心思维占据上风，它就会自发伪装成正确的思维，并错误地认为只有自己才是唯一合理的思想。它最终表现为：要么独断专行，要么逆来顺受。这一错误认识也严重阻碍着人们对自己思维能力的改造。还有一点非常重要，那就是我们之所以热衷于非理性思维，那是因为自我为中心的思维虽然有问题，但从自我满足的角度看却是非常成功的。

　　日常生活中自然发展出的推理过程是有缺陷的，具体表现在人类思维的自我为中心：选择性记忆、目光短浅、自以为是、虚伪、过分简化、盲目偏见、以偏概全和谬论等。德国学者卡尔·诺顿在《隐性逻辑——教你快速切换思考方式》一书中引用认知心理学家马丁·布莱恩的观点认为，普通人具备几种推理机制。人们通过学习获得的或在日常生活中掌握的某种机制，保存在大脑的长时记忆中，布莱恩称之为"心理逻辑"。这种心理逻辑是指人们通过亚里士多德逻辑（三段论）在大脑中建立一个普遍规则，然后将这一规则应用到实际生活中做指导。但在后面规则使用过程中人们常会犯很多错误，如没有或者不知道用什么规则、用错规则、错误使用了正确的规则，或者理解错误、没有找到正确的方法等，都会使我们的思考出错。所以，凡事要建立在必要的观察基础上，认清现实，仔细考虑，理智才能让人们少犯错误。这里的理智不仅是指思维过程，还包括客观观察。法国诺贝尔奖得主亚历克西斯·卡雷尔说过，观察不够，推理过多，就会出现重大错误。这里亚历克西斯·卡雷尔所讲的观察是指客观证据，若是在缺乏客观证据时，过于相信推理结论，一定会出现错误结论或导致各种心理问题的产生。例如，就像我们听到的故事里讲到的一位老太太，一到阴雨天就非常担心大女儿的鞋店生意不好，到晴天就担心小女儿的伞店生意不行。由于没有客观观察，她就整天忧心忡忡的。"三人成虎"的故事里的人之所以相信有老虎，也是缺乏客观观察证据、推理过多所致。

那么经过专业学习的大学生的思维水平又如何呢？美国康奈尔大学的心理学教授托马斯·吉洛维奇通过对一些专业人士所犯错误的研究发现，人们在日常生活中所犯的推理错误，并不是因为专业知识不够，主要是因为人们在处理信息、得出结论的能力方面存在瑕疵。例如很多医生相信"领养孩子可以帮助不育夫妇生育"的观念，就是在推理过程中过多关注到了相符的证据，而忽视了相反的证据。大学教育的核心目标之一就是要使学生能够对数据和模型进行批判性思考。能否主动反思数据，测试数据是否支持结论，以及分清干扰信息、变量和有效信息，科学家、工程师等都需要这样思考。在大学课堂上，我在讲解思维的品质过程中，一边讲解，一边要求学生在理解思维品质含义的基础上给自己的思维品质打分，包括思维的逻辑性、广阔性、深刻性、批判性、系统性、创造性、敏捷性、灵活性，每种品质由低到高为1~10分，最高分为80分，思维品质越好得分越高。结果发现班级中大部分同学给自己打40分以下，30多分，这个调查结果表明思维品质的发展到了大学阶段还处于较低水平，这是缺乏训练的结果。当前有些大学生在写作、批判性思维、数理能力和道德推理方面还远未达到期望的水平。另外，我参与了大学生的很多课余比赛活动，如果从学生思维能力的角度去衡量的话，同样让人担忧。例如，在一次大学生心理微课堂比赛中，学生的表现就显露出专业思考意识和能力的严重欠缺。参加比赛的同学基本不懂得微课的含义，也不知道微课要讲多少内容合适，不知道基本概念会有多种定义，多数同学呈现的基本概念都是随意从百度上找到的，讲解更是缺乏重点，等等。当我试着提示一位学习较为努力的同学，让她以后再参加类似活动多请教老师时，她的回答着实让我吃惊："这样对其他同学公平吗？"这些不知道和误解之背后显示出来的就是学生缺乏积极思考的意识和能力，所以进步的速度就会很慢，专业知识掌握也会受到限制。

培养大学生的思维能力和思维习惯是实现我国教育目标的必然要求，也是知识和技能学习所必需的。更何况生活所提供给我们的数据永远是随机的、不完整的、反复无常的，需要我们提高信息加工和得出结论的推理能力才能得到更多合理结论。因此，学生的独立思维能力需要着重培养，培养他们的建设性思维能力，就可以改变其人生。

第二节　教育的本质与建设性思维能力培养

一、教育的基本矛盾和教育的本质

（一）教育的基本矛盾

教育区别于其他社会活动的最根本的规定性，在于它是以影响人的身心发展为首要和直接目的的社会活动。它要解决的根本矛盾是受教育者个体身心发展水平与代表社会发展要求的教育要求之间的矛盾。因此教育的最基本的目的就是要把社会发展对人的发展的要求转化为受教育者的素质，或者说是将受教育者素质提高到社会发展所要求的水平上来。

扈中平教授在《教育目的论》（修订版）中提出，教育目的的逻辑起点和问题解决的归宿是教育所面临的基本矛盾，即人的发展与社会发展的矛盾。人的发展与社会的发展之间的矛盾存在于两者之间的关系中，人的发展和社会的发展是一种对立统一的关系，它们有一致性，也有矛盾性。

一致性表现在人的发展与社会发展之间的相互决定性。一方面，人的发展受社会发展决定。马克思认为人的发展是一个社会历史过程，人的发展是受社会历史条件制约的。心理学的反映论也持有相同观点，心理是人脑对客观现实的主观反映，社会的和自然的客观现实决定着心理发展内容，是心理产生的源泉。另一方面，人的发展也决定着社会发展。历史不过是追求着自己目的的人的活动而已。归根结底，人类社会发展史就是一部人的主体力量的发展史。

矛盾性表现在，认识和实践上的矛盾，规约性和逾越性上的矛盾。

教育是连接人与社会的重要中介，通过教育的中介作用，能够有目的、有规范、有选择地把社会发展对人的发展的要求较有效地转化为人的素质，把人的素质提高到社会发展所要求的水平上，从而实现人的发展与社会发展的互相制约、相互促进和相互转化。这种转化地位在教育中产生了两个关系：一是教育与人的发展的关系；二是教育与社会发展的关系。这两种关系也产生了两个教育规律：教育必须适应和促进人的发展；教育必须适应和促进社会的发展。而由这两个基本规律所决定的教育要培养人的建设性思维能力，方可促进个人和社会的同时发展。

（二）教育的本质

北京师范大学顾明远教授在总结《反思教育：向"全球共同利益"的理念转变？》报告时指出，时代在变迁，教育在其中发挥的作用不同，人类对教育功能的理解也在不断改变。在20世纪五六十年代科学技术迅猛发展的背景下，联合国教科文组织1972年提出的《富尔报告》充满了科学主义和经济主义的精神。该报告认为：20世纪科学技术的发展改变了世界，科学技术革命把人类带入了学习化社会，人们只有不断学习才能适应科学技术革命所带来的生产和社会的变革。科学技术革命使得知识与训练也就是教育有了全新的意义。报告提出了"终身教育"的概念，并特别强调"学习化社会"和"终身教育"两个基本观念。这两个观念影响了世界教育的发展。1996年，在世界经济经过几十年高速发展的黄金时代逐步走向衰退的时候，也是在世纪之交的时候，人们期望21世纪经济能有更好的发展，社会矛盾能有所缓解，环境得到有效改善，教科文组织又提出《德洛尔报告》。该报告充满了乐观主义和理想主义的色彩，并对教育充满了希望。报告提出"四个学会"，即学会认知、学会做事、学会合作、学会生存。2015年，联合国教科文组织发布一份新的研究报告《反思教育：向"全球共同利益"的理念转变？》。报告中关于教育是全球共同利益的理解，非常重视教育的人文主义精神。报告强调教育是人的生存和发展的权利，教育要尊重生命、尊重公正、平等，使人们过上有尊严和幸福的生活。国家要确保尊重、落实和保护受教育权，除了提供教育之外，还必须成为受教育权的担保人。报告批判了功利主义和经济主义，认为"教育的经济功能无疑是重要的，但我们必须超越单纯的功利主义观点以及众多国际发展讨论体现出的人力资本理念"，强调"维护和增强个人在其他人和自然面前的尊严、能力和福祉，应是21世纪教育的根本宗旨"。这是对教育本质的深刻认识。过去有人总是用工具理论来解释教育，教育不是作为阶级斗争、政治斗争的工具，就是作为经济增长的工具，缺乏对教育作为人的生存和发展的权利、教育对人的本体发展的重要性的认识。教育的确离不开政治和经济并要为它们服务，但受教育更是人的权利，同时只有个体得到发展，才能为政治和经济服务。

在此基础上我们理解受教育的过程，一方面通过受教育，人们获得了知识，形成了技能，增长了能力，与此同时人们获得了一种能做什么的预期，以及可以过上什么样的生活的预期。当然这些还停留在教育的经济功能层面。这固然重要，但是我们还要更加重视教育的另一方面，那就是要通过受教育获得个人充分发展的思想和能力。在教育中，通过思想的交流传播，使下一代在头脑中复制前人的优秀的科学思想，个人不断批判选择优秀思想，形成自己独立的思想观点。也就是如叶圣陶先生所说的"教是为了不教"的层次，使每个人都成为具有建设性思想的自主发展的人，最终达到自我实现。在这个问题上，首先要明确我国教育的根本任务就是要培养什么人的问题。我们党立志于中华民族千秋伟业，必须培养一代又一代拥护中国共产党领导和我国社会主义制度、立志为中国特色社会主义事业奋斗终身的有用人才。这样的人才既要有建设社会主义的创造精神和创造能力，又要有理性地选择相信什么和做什么的判断力，为整个社会的发展做出巨大贡献的奉献精神。综合这些表现，这样的人才必须具备建设性思维能力，才能担当我国社会主义现代化建设的重任。

我们非常认同雅斯贝尔斯在《什么是教育》一书中提出的：教育是人类灵魂的教育，而不是理性知识和认识的堆积。若是相反理解的话，那么教育出来的人只配成为劳动者或劳动工具，而不是具有灵魂的人。一个人的灵魂表明人有能动的精神、思想、情感、良心等，可以主动影响和改造世界，并有一定道德素养。因此，雅斯贝尔斯的意思是教育要培养具有建设性思维能力、具有主观能动性的人，具有良好品质的人，而不仅仅是会劳动的机械式的人。德国教育家第斯多惠曾言，教育艺术的本质不在于传授本领，而在于激励、唤醒和鼓舞。这是一种从教育机制或方式上对教育的理解，也恰恰强调了教育对人的主观能动性和独立精神的培养，但不能因此抹杀了教育作为培养人力资源的经济功能。桑代克在《教育心理学》中阐述了教育的作用：教育的作用就是对人类本性中好的趋向加以利导，而对那些不好的趋向加以消除，即改变人性，造福人类。桑代克的观点首先是有益于自身的发展的，但最终要落实到人类的福祉上。这与建设性思维方式非常吻合。曾任耶鲁大学校长20年之久的理查德·莱文说过，如果一个学生从耶鲁大学毕业时，居然拥有了某种很专业的知识和技能，这是耶鲁教育最大的失败。真正的教育不传授任何知识和技能，却能令人胜任任何学科和职业。真正的教育，是自由的精神、公民的责任、远大的志向，是批判性的独立思考、时时刻刻的自我觉知、终身学习的基础、获得幸福的能力。这才是教育，也是判断一个人是否受过教育的标准。彼得·法乔恩认为，教育，不折不扣，就是学会思考。这些教育思想与建设性思维能力培养的目标是完全吻合的，即教育不是单纯的传授知识和技能，更为重要的是在教育过程中改变学生的思维方式，这种思维方式能够让人胜任任何学科与职业，也能让人生活得幸福。

综上所述，我们认为教育的终极目的除了给予学生知识和培养能力外，更重要的是塑造健全人格，培养出一个个能够更好地生活，获得幸福感的人。人类生活的目标不仅在于生存，美满的生活更是人类需要的。而在这个过程中，教育者要注意反思自己进行的教育是不是在围绕教会学生生活做出贡献。当然在这个过程中，很多教师应当很认真地考虑，到底什么知识被学生掌握了就能帮他们更好地生活，什么样的知识是他们将来的生活所需要的。但就当前的情况来看，这个教育目标在我国教育现实中并没较好落实。因为教师根本就不考虑学生未来的生活，说不考虑也不全对，但考虑得都太片面，太狭隘，只关心学生的考试命运，不是关心学生将来的真实社会生活。我国有些教师和家长对学生的未来假设甚至都是错误的，即他们认为孩子通过上学要成为人上人，成为注定要成功的小部分上层社会中的一员。其实，我们很明白，这样的结果只有在古代科举考试、过去高招人数少的时期，考试才可能作为少数人获得幸福的手段。在当今高等教育大众化的阶段，受教育绝不再是大多数人向社会上层晋升的途径。古代人不也是少数人读书、奔仕途，多数人务农、学手艺养活自己和家人吗？上大学怎么就成了当今社会人们普遍认同的让孩子幸福的手段了呢？

在《让孩子快乐的技能》一文中，作者记述的德国的小学教育中，老师对学生的基本假设就是，他们中的大多数人可能会平凡地度过一生，只有极少数人会有辉煌成就。这个基本假设直接决定了家长和教师对孩子的要求和学校教育的方向与严格程度等。他们对孩子的特长评价很单纯简单，让孩子乐此不疲：一个中国的小孩子会包饺子，就能得到优秀；一个能吹起充气游泳池的孩子也得到优秀……而这些很可能成为他们将来生活中最有用的技能或谋生的手段。中国大部分孩子的学习是以课本知识为主，对今后的谋生很少有什么直接的实用价值。这往往会导致另一个极端，认为学生在学校所学90%以上都没用。所以，大学毕业生很尴尬的情况就是总觉得自己什么都做不了。连做饭都不会、房间都不会整理的人，能为别人提供什么样的帮助呢？这也是中国古代社会"百无一用是书生"的现代写照吧！我们认为这两个极端都失之偏颇，教育要让学生掌握获得幸福生活的途径，一方面他们能够获得独立生存能力，另一方面还具备更高的追求精神。林语堂先生在《人生的盛宴》中指出，教育与文化的目的不外是在发展知识上的鉴赏力和行为上的良好表现[①]。知识的追求应该成为一个人自己的事情，与别人无关，只有这样，教育才能够成为一种积极的、欢乐的事情。

引领学生树立明确的生活目的是教育要做的最重要的事情。也许一名学

---

①江河,袁元.林语堂语录[M].长春:时代文艺出版社,2005:72.

生不会成为科学家，不会成为工程师，不会艺术设计，不能为社会做出巨大贡献，但是通过教育他们要掌握生活常识、生存技能，还要懂得生命的意义，学会如何幸福地生活等。微信公众号"逻辑思维"的创建者罗振宇认为，最好的教育不是给人看最好的景色，而是给人可以努力的目标。比如一个孩子跑得快，告诉他锻炼好身体，将来可以当抓坏人的警察。不注意引导，孩子的天赋或特长可能会引发为问题行为，多么让人心痛啊！

因此，教育要首先从真实生活出发，看看真实生活要求人会做什么，在学校教育中提出要求，让学生从小进行练习，并发展成技能。教师自己也要会生活，才可能教会学生如何更好地生活。"记问之学，不足以为人师"的警告说明学校教育不能只有"记问之学"，一定要具备能够促进学生思考和获得幸福生活的训练和精神培养的功能。

二、建设性思维能力培养是大学教育的根本目标

良好有效的思考很大程度上主要是习惯问题，就如同其他行为习惯一样是可以培养的。

（一）社会发展需要具有建设性思维能力的人才

20世纪60年代开始的西方社会的后现代思潮并未仅带来一个后现代社会，反而带动了现代性的全球扩展，促进了全球贸易和技术进步，特别是数字革命的推进，实际产生了一种知识经济的全球化，一种新的现代化形式。

我们生活在一个多元化的信息爆炸时代，此时我们已经无法预测学生未来生活中需要哪些知识，以知识为中心的教学已经显得力不从心，于是关注学生的思维过程，让学生学会学习和发展思维能力成了教学的核心，而且在浩如烟海的信息中往往鱼目混珠。我们需要接受一些正确的信息，拒绝错误的信息。但正确与错误信息往往混杂在一起，有时候我们接受了以为正确的错误信息，有时候拒绝了以为错误的正确信息，因为我们的大脑不会自动地抓住真理。若要做到这一点就要训练大脑具备这样的功能。我们的周围世界往往充斥着某种胡说，如名誉的胡说、财富的胡说等。我们不能轻信这些胡

说，或受这些胡说的威吓，要做一个能够寻根究底具有独立判断力的人，做一个具有知识鉴赏力的人，才不至于被这些胡说所蛊惑。但丁的《神曲》给我们的启示是：人生除了遵从理性思考，还要受到欲望和爱的指引。因此，理性思考能力是学生必须要学会的，但终极关怀精神也要具备。那我们的教育怎样才能培养出合格的人才呢？我们认为建设性思维能力培养是其中的一条优秀的思路。建设性思维者不但具备勤学好问、相信理性、尊重事实、谨慎判断、公正评价、持之以恒地追求真理的思维品质和精神，还具备批判性思维的推理技能，具有创新精神，更要具备对个人和社会的人文关怀的情怀。

教育是为社会发展服务的，为社会培养它所需要的人才。大学生要在学校里学会什么？为什么要上大学？我们首先从教育者角度看这个问题。哈佛大学在教学上非常重视培养学生独特良好的思维习惯，具有广博的兴趣和开阔的视野。大学教师遵照"教是为了不教"的思路，在教学中也要给学生教授正确的思维方法，对事物保持好奇、质疑的态度，学会不自卑也不自大，谦虚谨慎地看待自己与他人，敞开胸襟，接纳自己与他人。当代大学生们又是怎样看待这个问题的呢？我经常会问学生这个问题，学生们的回答几乎千篇一律，就是要找到好工作，过上好生活。可是他们不了解上了大学还需要一个艰苦奋斗的历程，要通过读大学完成巨大的蜕变，才可能成为社会所需要的人。事实上，大学是他们学习解决问题的一个训练场，一系列机会，不是像有些家长和学生所认为的"考上大学就轻松了"。有这样思想的学生是不能适应时代的节奏，及时转变角色担负起自己上学的责任的。上大学只是转变生活的开始，非常遗憾的是很多学生却把它当作了终点。这就需要此类大学生重新调整思维方式，成为一名合格的大学生。当钱理群教授呼吁我们正在培养着一批批"绝对精致的利己主义者"时，是说我们的大学教育在一定程度上缺乏了一种对社会的终极关怀的人文主义教育。个别大学生缺少"铁肩担道义，妙手著文章"的精神和理想，培养出来的人只知道为了自己的生活蝇营狗苟，只知道关心眼前利益。他们不会考虑"诗和远方"，特别是整个民族、国家，甚至人类的前途和命运。造成这种结果的一个原因是教育者教育目标与学习者学习目标之间在实际教学过程中的背离。

而一名合格的大学生，无论在校学习，还是走向社会时，不但能够解决学习和工作中的问题，而且胸中还要怀有"人类的终极发展"思想。我们只去教学生专业知识、技能是远远不够的。没有教育的引领，学生不会这样自动考虑问题的。大学生首要做的是通过专业学习，学会认识世界，学会思考方法、研究方法，从知识能力和技能上发展提升自己。与此同时，当代大学生还要有意识地担负起国家、人类未来的责任，即终极关怀的思想意识形成。绝不能将我们社会主义事业建设的接班人培养成绝对精致的利己主义者：思想的侏儒、物质和金钱的奴隶，只掌握了所谓有用的知识和技能、只会考虑自己的生活。这只是教育的最自然的起点。掌握教育规律，把他们培养成人类命运的终极关怀者：思想的巨人（哲学家）、思想家、知识的贵族，积极思考人类的命运。这才是教育的美好终点。

即便从就业和失业情况来看，优秀思维者在就业上也占据非常鲜明的优势。随着我国科学技术的发展和进步，各行各业的机械化、自动化水平都在提高，甚至部分机构会精简业务和裁员。在这样的情况下，那些解决问题和做出决策更有技巧的人会更少成为精简业务和裁员的受害者，而且也更容易找到新工作。

波普在《反脆弱》一书中认为，当我们被要求想象未来时，一个重要的错误是以当前为基准，然后加上新的技术与产品，以及我们认为合理的一切。尽管这只是在过去发展的格局上的一种生硬添加和篡改，最终杜撰出一个未来，但这种杜撰是受自己意愿推动的，这个意愿中充满着自私的欲望，自我为中心的思想，实际上未来世界中主要栖息着人类的欲望。

当前世界为基 ＋ 欲望（合理的一切、新技术产品等）＝ 未来世界

当前世界为基 － 欲望（脆弱、淘汰掉）＝ 未来世界

所以，波普认为，这样的思考者从根本上说无法预测历史发展过程，因此，上文第二行的结论更应该正确些。我们从中领悟到，人生总是在围绕着欲望和需要旋转，欲望和需要是人生存的最根本的动力。人类的认识、理性活动要靠欲望作为推动力才能进行，认识活动和情绪都是在为了满足欲望和

需要寻找解决问题的办法和创造条件，人格是在追求欲望满足过程中表现出的稳定的特点。我们相信，通过建设性思维能力培养，我们一定能在社会未来的发展中做得更好。因为在运用建设性思维过程中，我们会克服自我中心思维，尽力摆脱个人利益的束缚，加入更多理性成分。在此，我们斗胆杜撰一个未来世界的模样应以当前世界为基础，利用建设性思维抵消欲望带来的影响，就能更加客观预测未来的发展。

当前世界为基 + 欲望（减弱）+ 建设性思维 = 未来世界

（二）社会创新能力需要建设性思维

人生是有根的，这个根就是经典文化。现代教育制度下，我们过度强调科技知识和工具性知识的学习，缺乏经典文化学习，每个孩子成长过程中行为和思想没有根基，没有种子……如果说经典文化是我国古代人的人生起点和起飞的"机场"，我们也要随着时代变迁，在吸纳经典文化中的精华基础上，也要与时俱进地改造"机场"，以增强社会创新能力。现代化"机场"应该增加哪些更先进的设施呢？建设性思维能力就是一条出色的"跑道"，让我们的下一代起飞质量更高，因为机场跑道的质量一定程度上决定了起飞的质量。英国著名的地质学家华莱士在《找油的哲学》中提出：人的大脑里蕴藏着丰富的宝藏，而思维方式，是其中最珍贵的资源。例如，要实现中国工业化，就要对工业结构进行设计与创新。然而，仅具有一定专业的事实性知识是做不到的，只有依靠优秀的问题解决者，解决了达到"中国制造"标准过程中的很多创造性问题才能实现。这就需要全体中国人的创新能力的发挥，而建设性思维能力就是最重要的发动机。

第二章　建设性思维能力培养的目标

我们所生活的世界可以看作是一个处理各种问题的实验室，人要善于思考才能优质地解决问题。生活同时也是一个练习（学习）的过程，是一个永无休止地优化各种行为的过程，当然也包括优化思维活动，即修改错误认识，完善自我行为。

比较神话学大师约瑟夫·坎贝尔从英雄历险故事中发现了一个共同的"英雄征途"：遇到问题—独自进入一个未知世界—经历种种难关和考验—成为英雄—获得幸福。这其实也是每个人内心的成长过程，必须要走的"英雄征途"。那么，建设性思维能力培养又需要走完一段什么样的历险征程呢？约翰·B.雅顿在《大脑整理术》一书中提出，重塑大脑的四个步骤为：聚精会神、努力练习、轻松自如、坚持不懈。如此就可以使大脑脱离混乱、无序、慢吞吞的弱点，使大脑能够处理复杂问题，具有能够承担重压的韧性。《批判性思维》的作者理查德·保罗和琳达·埃尔德认为，思维作为一种技能，同其他领域中技能的改善有着相似的历程：任何进步的取得需要正确理论指导、全身心投入、艰苦努力和反复实践共同作用的结果。通过查阅大量文献，我们发现完成思维方式的改变的必要条件有：发现要改变的问题和局限，对此负起责任，要有真诚的自我改变的意愿与使命，调整心态（心静）和吸收建设性思想并付诸实践，自我诚实，持之以恒地练习，最后达到轻松自如、驾轻就熟的境界。我们将顺着这个思路介绍怎样进行建设性思维能力的培养。而这个"英雄征途"中改变思维方式的态度和愿望是最为基础的一环，也是最难改变的。

第一节　人类思维方式的局限性

坏事对人的触动远大于好事，所以，真诚的改变思维方式的前提是发现自己思维方式的局限性。古希腊哲学家奥古斯丁说过"我错，故我在"。也就是说人即是错误本身，只要人活着，就一定会犯错误。对于未经训练的大脑，如何达到提升思维能力之目标是无所谓的，最重要的是要迅速、有效地解决问题，找到答案。因此，这个过程中就会产生很多因为思维方式错误而导致的推理、论证的错误。伏尔泰说过，在这个小小的地球上，观念给我们带来的灾难，超过自然给我们的灾害。他从错误的思维产生的严重后果上说明了人们在思维上会犯严重的错误。

只不过有些错误我们能意识到，有些错误我们意识不到而已。对于思维错误我们很少会意识到，因为我们理所当然地认为我们的思维是正确的。我们可以从下面这些问题来反思我们对自己思维的了解程度。例如：你知道怎样分析、评估和改造你的思维吗？你的想法源自何处，其中哪些想法是高质量的，哪些又是低质量的想法？你的思维中有多少是混乱、含糊的，前后矛盾的、不准确的、不合逻辑的或者肤浅的？你是否真正主宰了自己的思维活动？教学实践中，向大学生提出这些问题几乎得不到有价值的答案的现实告诉我们：大学生们对此类知识了解得甚少，不了解自己的思维过程是如何运作的，也从来没有研究过这个过程，想当然地认为思维就是在自己的头脑中自然而然地发生了，是无法控制的过程。因此，当进一步问中小学生，甚至大学生："你想过要改变自己的思维方式吗？"很多人会很茫然地看着你，不知如何回答。可见部分学生对思维的知识是多么贫乏。

人的大脑为什么会犯错误呢？人的大脑的工作方式是导致我们推理犯错误的直接原因。人的大脑按照进化史出现的先后顺序分为"爬行动物脑"和"智人脑"。这两个部分功能相对独立，但又有神经纤维相联系。"爬行动物脑"负责人类的基本生存功能，如呼吸、心跳、新陈代谢等。"智人脑"掌管逻辑思维和认知功能，如语言、学习和艺术、创造等。保罗·麦克莱恩认为，"爬行动物脑"使我们做出最快速的判断与反应，在很多时候会干扰甚至阻止"智人脑"所负责的高级认知功能的实现。原因是"智人脑"自身存在反应速度慢和耗能大等缺陷。大脑重量只占人体总重量的2%，却要消耗人体总能量的40%。为了节省能量消耗，人常常依赖本能、潜意识和已有经验去处理事情，而且在这种"经验模式"下得到的结果一般不会差到哪里去。也就是说，通过"启发模式"，大脑直接经过"爬行动物脑"产生直接反应。人类的很多非理性行为和思想都是这样形成的。根据以上分析，我们容易推知未经训练的大脑更容易选择阻力最小的道路，阻力最小的道路就是几乎从不运用理性思考。

要改变这种大脑的工作方式，就要从接受自己的不完美的大脑思维方式开始。那么，人类思维过程中常见的局限主要有哪些呢？下面我们尝试做出分析。

一、生活中过度使用"便捷"思维

决策过程中，人们在收集信息方面经常抄近路：由于信息加工的能力有限，在认知事物时并不对所有信息进行全面感知，而是感知那些最明显对形成判断最必要的信息，人们的决策经常是快速、简便的。心理学家丹尼尔·卡尼曼在《思考，快与慢》一书中指出，人类的思考系统可以分为直觉系统和理性系统，直觉系统用于直接对简单事物进行判断，运行起来非常快，不怎么耗费脑力，但理性系统主要是对大量的复杂事情进行判断，运行较慢，消耗大量脑力（这与保罗·麦克莱恩的"爬行动物脑""智人脑"划分和乔纳森·海特的"控制化系统""自动化系统"划分都是一致的）。人类决策是这两个系统合作的结果，当直觉系统遇到麻烦，理性系统出面解决。但在实际生活中，人又表现出非理性决策行为非常之多，因为大部分人对自己的立场都提不出真实的证据，也不会费力去找不符合自己立场的证据，人们更多地使用记忆来指导行为而非思考。例如，面对不确定事件的判断，人们常采用四种直觉系统的决策策略。

（1）表征性启发：人们根据当前的信息或事件与其认为的典型信息或

事件的相似程度进行判断，即对某个客体的判断依据其与原型的相似程度进行。如一个人戴副近视眼镜就被判断为一个有文化的读书人。一些人判断鸡鸭鹅是不是鸟时，很迅速地回答"不是"。细问才知道他们的关于鸟的原型中有"会长时间飞翔"这样的特征，而鸡鸭鹅不具备此特征。

（2）获得性启发：人们根据某种信息容易在心里回忆起来的程度来进行判断的决策方法。那些很容易回忆起来的事件被认为比那些不太容易回忆起来的事件更容易发生，这种认知策略就是获得性启发。越是生动、显著的信息，人们印象越深刻，很容易想起来，认为发生的机会更高，进而影响决策；而信息比较平淡、熟悉的相关事件，人们熟视无睹，反而被认为发生机会不大，对决策影响较小。很容易使人联想起具体的事例的事件比不容易使人产生联想的事件，被认为发生的频率更高，会严重影响人们的决策。例如，当你问别人"坐火车和乘飞机哪个更安全"时，大多数人会告诉你坐火车更安全，飞机出事故概率大。人们对此问题做出判断的主要依据就是说到飞机很容易联想起飞机失事，并且印象深刻，因此严重影响了人们的决策结果。尽管事实是，飞机事故的发生率远远小于火车事故的发生率。

（3）调整性启发：人们进行判断时，先找到自认为合理的某一参照物，然后逐渐调整，最终得出一个结论。例如，某同学买了一台电脑让你猜价钱，你并不了解这种电脑的价格范围，但你知道一位朋友买过一台相似的电脑，于是你就将朋友的电脑价格作为参照标准，通过调整后可以说出一个大致的价格。在这种情况下，人们对他人所问的问题不了解，但能找出类似事件作为参照物，然后根据它稍加调整得出最后的判断。在这个过程中很容易犯错误，因为此判断的得出，并没有去发问决定电脑价格的CPU速度，硬盘容量等指标是什么样子。

（4）验证性偏见：当人们在主观上支持某种观点时，往往倾向于寻找那些能够支持此观点的信息证据，而忽视那些可能推翻此观点的信息。因为人们具有维护自己已经相信的观点并寻求确认的心理倾向。哈佛大学心理学家大卫·帕金斯研究如何改善人们的思考推理时发现，一般人都采用"先选定自己的立场，再来找支持自己立场的证据"的思考方式，如此便证明自己的立场是有道理的，然后所有思考就戛然而止①。"证实"本身并不总是错误的，或者不必要的。关键是，"证实"只是事物面貌的一部分，因为这种"证实"是建立在现有立场和判断的基础上，而不是根据"证实"再选择立场和观点。如果先选择立场或观点，再进行"证实"，就难以保证全面的思考，很容易得出错误的结论。例如一位有偏见的老师，在解读差生和优生上课拿着书睡觉一事都会产生明显的偏差，认为"差生拿起书就睡觉，优生睡觉时都拿着书"。再如大家都很熟悉的"疑邻偷斧"的故事，就是典型的验证性偏见的实例。

这样的思考推理更容易发生在出于某些动机做出推论的人身上，只想找到支持自己立场，符合自己动机的证据。如智力测验成绩不佳的人会竭尽全力找各种理由怀疑测验的效用。威廉·詹姆斯认为，很多人看似在思考，其实他只是在重新整理他的偏见。可见，验证性偏见在日常生活中、在未经训练的头脑中多么容易发生。

二、为了当前的利益和满足感而犯思维错误

人类生活具有两面性，经常表现为做决策时只考虑短时满足感，对于长远利益和价值，只会在一些重要场合做出口头承诺表示遵循。这是因为人类的大脑相信即时的快感，短期满足是至关重要的。因此，人的这种两面性具有一定的蒙蔽作用。所以，人们常常做出损人、不利己的决策，往往都是由于只看到了眼前利益和当前的满足感，缺乏长远眼光、自我约束力和意志力。有损于人的决策称为不道德的决策，有损于自己的决策称为不合理决策。常见的不道德和不合理决策模式如下：

决定以损害自身利益方式进行活动，如选择吃不健康食品、过量饮酒、不锻炼身体等。

决定不参与有利于自身长远利益的活动，如不积极学习、不想进修和提升学历等。

---

①乔纳森·海特.象与骑象人——幸福的假设[M].李静瑶,译.杭州:浙江人民出版社, 2012:76.

决定以损害他人的利益方式进行活动，如惩罚、指责、报复等。

决定跟那些鼓动我们损害自身或他人利益的人合作，如背叛、告密等。

另一个导致人们为了当前利益和短时满足而不断犯思维错误的原因是，很多时候我们的决策（尤其是创造性的新想法）非常合理，更能够完美协调各方异议，但因为从没有实施过，难以预料可能的瑕疵。只有等到决策落实到行动后，瑕疵才能显现出来。例如，20世纪70年代，美国加利福尼亚州将"离婚不追究过失"加入法律中。当时这种做法被当作处理离婚不公平问题的巧妙方式，但真正实施过程中没有一个人按照这种方式办理离婚，因为这种方式无法保障妇女和孩子的利益。

从以上分析不难看出，我们日常生活中为了当前利益和满足感，会做出大量不道德和不合理决策，给人带来伤害，给自己带来痛苦。若想做出令自己满意的决策，最好进行深入思考，使思维保持自觉水平，并利用理性对自己的决策进行约束。

三、消极的思维定式导致抑郁等心理问题

戴维·伯恩斯在《伯恩斯新情绪疗法》中指出，歪曲的认知是导致抑郁的根本原因。他认为认知是一种思维或心态，换而言之就是你一贯看待事物的方式。这种思维会下意识钻入你的脑海，而且常常还会对你的感受造成相当大的影响。伯恩斯总结出十种常见的消极思维定式：①非黑即白：要么好，要么坏的想法，不存在既有好处又有坏处的中间状态。②以偏概全：仅凭一次经历就用"我总是……；我从来不……"等描述自己可能面对的后果。③自找罪受：认为自己应该对某事负责，然而这事并不是自己造成的，甚至没有任何关系。④心理滤除：如果信息与我们的信条不相一致，就将信息过滤掉。例如，一个自卑的人受到表扬时，他是不会相信的，而他更关注跟自卑有关的信息，并相信。⑤乱贴标签：给自己和别人"懒骨头""失败者"这样的称呼，意味着自己从此就总是这样了。⑥总觉得大难临头：总感觉不好的事情要发生一样。⑦妄下结论：读心术和先知错误。再少的证据，都会使某人得出负面消极的结论。⑧放大和缩小：对自己的优点故意缩小，

片面夸大自己的缺点。⑨情绪化推理：推理的基础是自己的情绪，情绪好就一切都好。当然更多情况是情绪消极。如心情不好，所以不想收拾书桌。⑩专横的应该句式。如：我应该那样做就好了！给自己施加过高压力。

再如，通过对各种神经症的总结和梳理，我们认为神经症的主要根源在于环境压力和不安全感，人们为了消除（控制）这种压力和不安全感，采用了不同的应对方式：正常人通过理性思考，采用理性的应对行为，故而不会陷在消极情绪的深渊中。神经症患者为了控制这种不安全感，要么自动而非理性地采用了攻击消耗性思维方式解决问题，发展成焦虑症；要么采用了停止控制的逃避性思考方式解决问题，结果发展成抑郁症；要么采用无效的思考和行为来对抗压力和不安，表现出强迫症状思维和行为，而且他们无意识地坚持认为这是他们唯一的对抗不安全感的有效的方式。可见这些思维方式既不具有批判性，又不具有建设性。

四、以自我为中心的思维

自我为中心的思维是指人们难以站在他人的角度看待问题，认为所有人对世界的感受都是一样的，有着同样的观点与见解。人类在发展史上曾表现出大量的不理性的行为，如打架、战争、恶意报复等。自己不高兴时就肆意妄为，虐待自己的伴侣、忽视对孩子的照顾，替自己错误行为辩护。还会表现出自我炫耀、思想僵化、自相矛盾、言行不一、目光短浅、自以为是、选择性记忆（忘记不支持自己观点的证据和信息，只记得有利于自己的证据和信息）等。人们的这类行为最大的动因是以自我为中心，即为了获得满足感和自我认可，而不尊重他人的权利和需要，也不是为了理解别人的看法。用另一个概念说即我们是通过"心理滤除"来看待这个世界的，也就是说，我们会因为自己已经形成的关于自己、他人、世界的信条对自身经历的感知出现偏差，表现为各种偏见、绝对化观念和缺乏灵活性。所以，以自我为中心的人不懂得自己思想的局限，尽管这种思维会导致不公平的结果。因为他们在决策过程中采用的是心理标准而不是客观的思维判断标准。他们一贯的推理过程如下：因为我相信它，所以它是正确的；因为我们相信它，所以它是正确的；因为我愿意相信它，所以它是正确的；因为我一贯相信它，所以它是正确的；因为它符合我的利益，所以它是正确的。因此，无论我们自己的想法有多么荒谬不合理，都会认为自己的思想是对的、合理的，因为没有人会主动承认"我要自私自利一阵子"。在某种程度上，这种情况就像一只守着骨头的狗，只要有人靠近，它就会坚持不懈地咆哮，不是因为骨头多有价值（我们自己的观念有多正确），而是因为它是狗的财产（而是因为它是我们认同的观念）。或者也可以说，一旦我们认同了某种理论并奉为真理，此时与其说人掌握真理不如说是真理掌握了我们，然后我们就会像一个宣谕的太监向他人讲述自己的真理。从以自我为中心思维的推理过程我们不难理解，人们为什么不愿意评价自己想法的原因就是它们太熟练了，以致难以看到瑕疵。我们在一个问题或争议上花费的时间越长，对它们的细节也就越习惯。一旦我们倾向于某个解决方案，就可能过于关注它，而难以客观评价。

附：训练任务 2-1

理解以自我为中心思维：

回忆一次你和别人的争执，努力回想当时的情境，体会自己怎样在自我保护时试图控制对方，忽视对方的观点，并重新试图理解对方行为的合理性。

（1）当时的具体情境是：_____

（2）我自己当时的行为和思想是这样的：_____

（3）对方思想的合理性表现为：_____

五、自我防御机制使用

防御是精神分析理论中的一个重要概念，在人格结构中它属于自我的功能。当自我觉察到来自本我的冲动或超我的压力时，就会以预期的方式体验到一定的焦虑，并自动尝试使用一定的策略去阻止它，达到保护自我的目的，这个过程就是防御，或称为自我的防御。防御是自我用来驱赶意识到的冲动、内驱力、欲望和想法，它们主要是针对能引起个体焦虑的攻击性和压力等。英国著名的精神分析心理学家唐纳德·梅尔泽认为，"心理防御就是我们为逃避痛苦而向自己撒的谎。"但因为防御是在潜意识里进行的，所以个体并不会意识到它在发挥作用，也难以改变。自我防御机制主要包括压抑、否认、停滞、退化、合理化、投射、幽默、升华、反向、补偿等常见形式。这些防御机制中有些有利于个体发展，如升华、补偿等，但相当一部分具有消极作用，会使人产生不健康心理。例如，与正常儿童相比，智力落后的儿童更多地使用较原始的防卫机制，如拒绝、退缩、压抑、焦虑等，且在使用上较机械，缺乏面对问题的积极主动性、灵活性。防御机制的使用又是怎样影响我们的思维方式呢？首先，由于我们每个人的防御方式的形成来自于个人气质特点、童年经历、父母等教育者的重要防御方式或者个体在使用某种防御方式时的获益情况等，而这些都会影响个人的决策思维，如何对待周围世界。例如，经常使用压抑与否认的防御机制的人，在决策中就会更多使用"鸵鸟式"决策和行为。其次，原始性的防御方式在使用过程中边界不清、混沌，缺乏现实检验能力，缺乏对自身以外事物独立、恒常的鉴别。在实际生活中，没有人能够超越自身的防御机制，从此不再依赖它们。它们是以微妙的方式扭曲我们对世界的看法与感受，并将之排除在意识之外。因此，可以明显看出，这些防御方式的使用带有非常强烈的非理性色彩，使人的行为出现非理性特征。

六、学校教育过度偏重逻辑思维培养

当前，学校教育过度偏重逻辑思维培养和训练，其他思维（如具象思维、批判性思维、顿悟灵感思维）在学校教育中不受重视，更没有发展训练的机会。一个人从小学到大学，接受的教育基本上都是逻辑思维。而逻辑思维主要通过概念、判断、推理几种形式进行，是在现有知识、经验之内的思维活动，虽然有时也能产生一些发明、发现，但总体上还是拘泥于已学过的知识，在某个范围内按照已知的规律进行判断和推理，从而得出一些结论。而逻辑思维中的逻辑是指人类在对自身思维过程的认识和把握基础上总结出的一些基本思维规律，是在思维中要遵守的思维规则，就如同大家都知道的行为规则，如纪律、道德、契约、法律等一样。一方面，这些规则保证我们的行为和思维过程减少错误；另一方面，这些规则又将人的思维约束得死死的，使行为和思维缺乏灵活性和创造性。而要培养创造性人才，就要在运用规则帮助我们获得经验的过程中，还要学会借助经验的积累不断打破规则，有所发现和创新。这就要求教育过程不断发展学生的逻辑思维的同时，还要发展更多的生活所需的其他类型的思维方式。另外，逻辑思维并不是思维的全部，我们也没有弄清楚逻辑思维的所有规律。所以，即使我们严格遵守逻辑进行思考时，并不能使我们克服思维的所有缺陷，总能得出合理的推论。更何况，大学生们也并不总是能够按照逻辑规则来思考。如，有些高校对大学生的四级英语水平（425分）要求较低，有些高校要求却很高，两者相差悬殊。对于要求低的学校中的大学生们，却不明白英语四级考试的得分的意义，当考到了430分左右时就很高兴了，殊不知这个分数是在全国同一次四级考试中几乎比80%的人都低的分数。再如，我们知道，暗示是人类心理的一个共性，它是潜意识对外界任何现象以及任何显意识行为的认同、接受和储存。暗示使人不具备分辨能力，无论有没有反对声音，暗示都会发挥作用。学校教育不能使每个学生强大到完美无缺，所以正是这种不完美和缺陷，使人用他们认为的比自己强的人的思想和智慧代替或取代了自己的思想和判断。一个人的自我越是虚弱、幼稚，他就越容易被别人暗示、占领或统治。学校教育过度重视逻辑思维，会导致学生不能恰当处理以后生活中遇到的很多问题。因此，创造性想象和思维能力、批判性思维能力、团队合作精神等都是建设性思维能力内在之义。

对以上人类思维的局限性进行分析，不难发现它们的共同之处主要是为了生存，但我们的目标不仅仅是为了生存，还为了幸福生活。所以，克服思维的局限，培养建设性思维能力就是为了更幸福的生活而做出的努力。

第二节　建设性思维能力培养目标的树立

人类的思维经常会出现瑕疵，思维的弱点和问题若是不克服，注定还会再次出现，给我们带来麻烦。如果能够深入研究思维活动过程中的问题并克服，就能多赢：一是通过对弱点和问题的克服，可以使人获得满足感和成就感，进一步形成自我效能感；二是弱点被克服了，今后再次遇到类似的情境，就会有经验借鉴，从而提高自己的生活质量；三是通过困难克服获得较多经验，同时使认识水平达到新的高度，降低各种问题的难度。影响思维的重要因素有两个，一是大脑如何加工处理信息，另一个是储存信息的缓存容量有多大。虽然储存信息的缓存容量即短时记忆也可以通过训练得到一定程度提高，但这不是决定思维质量的关键因素。大脑如何处理信息即我们的思考方式才是决定思维质量的关键因素。未经训练的大脑中储存着很多未经检验的逻辑，并自动运用于推理中。这就导致了很多情况下，人们会依靠"心理逻辑"自动推理来应对世界，而不是使用形式或辩证逻辑进行理性推理，因为这种自动推理往往能给我们带来更大"生存"优势。人们现在的生活条件毕竟远远超出生存的水平，如果过度使用利于生存的思维方式，人就会沦落到动物的水平，显得有些愚蠢了。我们需要运用更高水平的思维方式，让生活富有更多的滋味和色彩。

弗洛姆在《逃避自由》一书中指出，任何一种思想，无论正确与否，如果不是肤浅地重复传统观点，就必定受思想者的主观需要及利益的驱动。有些利益因发现真理而得到深化，其他利益因为破坏它而得到加强。进一步说，不根植于人格里强烈的需求将不会影响人的行为及整个生活。我们要想让人改变思维方式，就必须激发每个人内在的基于人格中的强烈需要，调动内在动机，树立美好愿望。每一个生命中都有强有力的制导系统或追求目标的装置，这些目标首要作用就是维护人类的生存。但人类生活的目标远远超出生存需要，对美满幸福的生活追求更是人们所需要的。

一、人生目标的重要性

目标是指一个人未来所要达到的境地或状态。一般说来，一个人不做某事是因为还不够清楚做这件事的重要性。事实上，很多大学生还没有充分认识到制定人生目标的重要性。下面我们来谈谈这个问题。

没有目标的人生是危险的。第一，生活缺少意义，生命和生活忙乱盲目。人在本质上是目的论的，如果放弃了目标，或根本没有目标，人的整个身体系统就会关闭。研究表明，智力、学历、环境等条件都差不多的年轻人，很多年后因为目标清晰与否产生了很大差异：有清晰且长远目标的人，几乎不曾改变自己的人生目标，他们在一个方向上不懈努力，几乎都成了社会各界的顶尖成功人士，如行业领袖、社会精英等。有清晰但短期目标的人，大都生活在社会的中上层。他们的特点是短期目标不断达成，生活质量稳步提升，成为各行各业的专业人士，如医生、律师、高级主管等。目标较模糊的人，几乎都生活在社会的中下层，他们能安稳地生活和工作，但没有什么特别的成绩。无目标的人几乎生活在社会的最底层，他们的生活都过得很不如意，常常失业，靠社会救济生活，还抱怨他人、社会，甚至世界。对于没有目标的人来讲，什么事情都不重要，也不是紧急的，所以他们觉得任何事都可以拖延、什么事都无意义和价值，都不值得去做。相反，目标太多的人，什么事情都是紧急的都是重要的，所以他们的生活是混乱的，缺乏秩序的。就好比你坐上一辆出租车，司机问你去哪里，你说我也不知道去哪里，这时司机就没有办法把你送到某地，即便该司机对道路再熟悉，开车技术再好也于事无补。又或者你对司机说，我哪里都想去，你把我一下子送到八个不同的地方，司机也是做不到的。只有你清楚地告诉司机你要去的下一个目的地，剩下的一切事情都可以交给司机了！因此，设定目标就是要审慎地决定你打算在未来对什么产生习惯（也可以理解为你要做一个什么样的人），然后把决定和标准同化进头脑，就像已经是那样一个人一样，让目标成为创造性潜意识，引导自我实现人生意义和价值。

第二，没有目标的人或者重复自己的旧目标，或者终将被有目标的人所利用。当问及大学生上大学的目标时，他们从理智上都会回答说：上大学的目标是好好学习，获得谋生的本领。但怎样好好学习，获得什么样的本领就都说不上来了。根据我们对在校大学生的调查发现，他们的目标有着高度的一致，却又有些不合理（见图2-1）。从中我们可以发现大学生群体中似乎弥漫着"读书无用论"气息，但又具有一定隐蔽性。我们在调查中发现，许多大学生都把上大学的目标定位于拿到学位，找到工作，尤其是部分学生还天真地认为会找到"好工作"。这使他们自然地认为学习知识也是为了好工作。但当他们获知所学专业很可能与工作（尤其是好工作）无关时，也许他们内心马上会转变观念，学习这个专业的知识不能找到好工作，那学习它们干什么呢？于是动力就消失，刻苦意志丧失，还有些头脑灵活的学生和家长就开始启动转专业的行动。这种情境中的大学生会表现为隐性的"读书无用论"信念，影响着大学生的读书学习生活，他们拖沓、重复着单调动作，不死不活地苦苦熬过四年，这时只剩下对一纸毕业证书的渴求了。

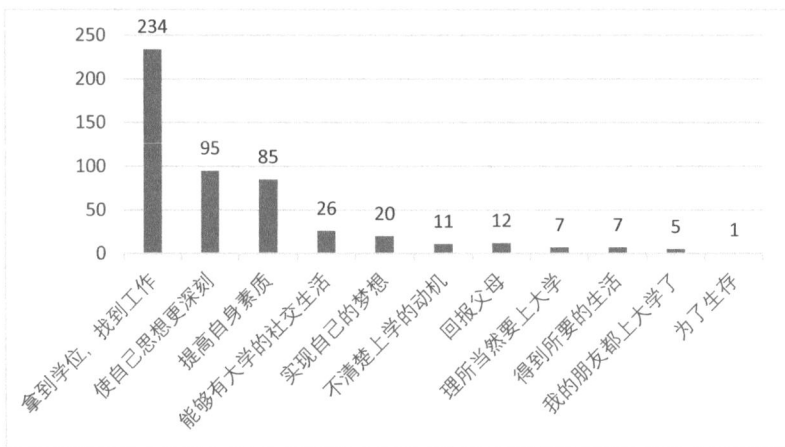

图2-1 读大学的不同目的大学生数量统计

当今有些大学生实际的表现又印证了这一点：他们不是用心于自己的外表，就是沉迷于游戏等。事实上，他们都很清楚：不用急着精致自己的外表，保持整洁和干净即可。四年后，不是精致的外表能使他们走向残酷的社会而不跌倒，也不是外表漂亮能让那些嫉妒他们的人都闭嘴，更不是靓丽的脸蛋给他们赚饭钱。相反，精致的头脑却一定帮他们有饭吃，让别人闭嘴，让他们在激烈的竞争中屹立不倒。事实上，我们从某些女大学生四年的穿着打扮的变化中可以看出，她们越来越追求发饰、美容、健身等，对穿着打扮、化妆、健美谈起来头头是道，但对专业知识一知半解，很难讲些让人信服的观点。某些男大学生一心扑在游戏与影视的世界中，除了上课听听教师讲什么，甚至有的学生连听都不听，只是期末时关心一下考试，这就是他们大学生活。每当我问一些同学："大学期间，你到底为找到好工作做过哪些事情？"他们往往很迷茫，或者神情黯然，不知所言。其实这就是缺乏学习目标的真实表现，他们因为缺乏目标，不知道为了找到所谓好工作应该做哪些有裨益的努力，只能复制着旧有的目标，化妆、谈恋爱、打游戏等。

如果我们不自己主动制定目标，就会屈从于别人的想法，采纳别人为你准备的日程和建议，落入别人期望的"陷阱"，成为别人计划中的一枚棋子。这种说法并无贬义，也不带有歧视。因为人是社会中的人，人与人之间避免不了各种合作与竞争。例如，我们发现，现实生活中的大部分大学生不知不觉地落入了家长、教师期望的"陷阱"。例如，考大学、考研、考教师编制、考公务员等，这些选择都包含着父母、教师甚至周围环境的期望。当代大学生的生活目标是什么呢？要树立目标进行自我调整和改变，需要自身具备高度的觉悟能力，醒悟到自己的问题或者认识到自己该怎样改变，或者明白自己的理想和信念等，然后才能有改变自己的愿望。例如，在我7岁那年夏天，早晨醒来时，爸妈已经到田里收小麦了。"我能帮爸妈干点什么呢"这样一个问题意识一下子就推动了我开始学习做早饭的念头。这样的目标是自己发现的，自己积极主动承担起来的，也是爱的一种表现。

第三，缺乏目标会使人注意力很难集中，缺乏动力，生命就会枯萎。目标可以帮助我们创造认知上的一种不和谐，进而激发人的创造力、动力，干劲，即使遇到挫折也会百折不挠。缺乏目标的人只能重复那些阻碍自己发展的旧目标，很容易导致自暴自弃。也就是说，一个人放弃了目标或根本没有目标时，他的整体身体系统就关闭了。正因为如此，克里斯蒂安·莫根施恩曾说，凡是对目标一无所知的人，就无法找到途径。实际情况也正是这样。我们经常看到的情景：大学假期读书计划泡汤，发展计划失败，做作业从网络上下载复制，读有深度的书读不下去等。他们不断拖延、再拖延，拖延只能使他们得到暂时的愉快，导致更加严重的拖延。这是过度受本能支配的结果，具体表现为个人缺乏自身个性特点，也是缺乏自爱能力的表现，即典型的因缺乏目标而找不到奋斗途径的表现，但这样能使人们停留在舒适区。足球运动员被要求用各种不舒服的方式去踢球，并不断训练使之熟练，以备在激烈的比赛中能够灵活应用。他们目标明确，方法明确，所以球员们才会接受备受折磨的训练使自己变得更加强大。而那些足球爱好者就不同，他们只以他们喜欢的方式踢球，所以一生都只是停留在舒适区的足球爱好者。当前很多大学生希望教师们在课堂上将知识简化，并用有趣的方式讲解出来，或者播放一些相关视频，总希望课堂学习成为一件轻松的事。殊不知，要学到真本领，课堂上要掌握并驾驭有用的知识和技能等大量的"干货"，这是一个非常艰难的过程，非常累，但会使人更加完整而强大。这岂能像接受"鸡汤"那样轻松自在，让人容易接受呢？

就像宪法是法律的根本法一样，人生使命明确了人生的根本方向和终极意义，它决定着我们的目标、决策、思维方式以及我们怎样度过自己的一生。根据查理斯博士在成功学领域的研究，他发现各行各业的成功者所具备的六大特征，占据首位的就是目的性。这些成功者不仅知道自己在做什么，而且很清楚为什么这样做，即做事的目的。树立目标可以帮助人们解决问题，应对生活中的挑战，使生活发生有意义的改变。因为目标明确的前提是知道了自己的真正的需要，这时奋斗的动力和勇气才是最强大的。人类不是毫无目的地研究这个世界，而是根据自己的目标、愿望、需求和价值观去进行。因此，作为人类一定要构建自己的使命感（精神上的动力，热情，坚定的信念），因为只有这样，才能有东西要得到，才能展开有力的追求行动，人的生活与存在才更加具有意义和价值。我们认为，大学阶段最重要的人生目标就是要不断通过克服困难提升自己的思考水平。《读大学，究竟读什么》的作者覃彪喜认为，大学生和非大学生的区别绝不在于是否掌握了一门专业技能，甚至认为一个经过独立思考而坚持错误观点的人比一个不假思索而接受正确观点的人更值得肯定。我们一定程度上赞同覃彪喜的观点，大学阶段最重要的目标就是在通过读书不断增加知识、拓展新的思维方式的基础上，提高思维品质，发展建设性思维能力。

二、树立建设性思维能力培养的目标

第一，明确建设性思维能力培养的目标。

制定任何目标，首先一定要回答为什么的问题，即我们生活是为了什么？我们为什么要成为那样的人？我们为什么要做那样的事？这是符合西蒙·斯涅克提出的"黄金圈法则"的思维方式，是一种非凡的思维方式（见图2-2）。这种思维方式直指问题核心，从为什么（目的）开始，然后是如何做（方法），最后才是做什么（执行），这是从内向外的思考。而一般大众的思维，都是从做什么开始，然后如何做，最后才问为什么，这是从外向内的思考。"为什么"与远期未来相关，涉及理想、目标、原因、信仰，具有抽象性，但又极具动机功能。因为这是需要经过艰难的思索后最后形成的笃信的结论，表现为极强的主观能动性。因此，首先要弄清楚：为什么要培养建设性思维能力？回答这个问题的过程就是要弄清楚建设性思维能力对我们来说为什么是重要的、有价值的，或者说建设性思维能力培养为什么是我们最在乎的。而所有这些问题的答案又取决于我们自己是什么样的人，我们有什么样的需要和价值观。

黄金圈

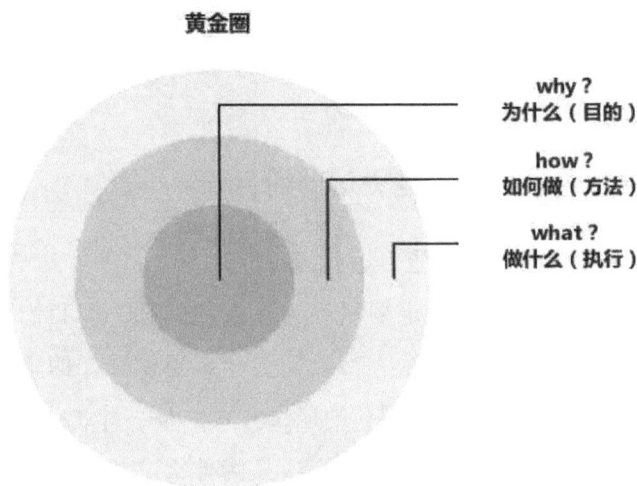

why?
为什么（目的）

how?
如何做（方法）

what?
做什么（执行）

图2-2　黄金圈法则

当我们自问"我是谁"时，我们一般都可以给出很多答案，如我姓甚名谁、我是男是女、家庭住址等。不知你发现没有，这类答案丢失了很多本质内容，就是那些使你独一无二，成为你自己且有别于他人的内容。而这些内容却又大多存在于我们的大脑中，是每个人独特的经历的结果——思想、信念、梦想等。正是这些东西决定了我们真正想做的事情是什么，真正想成为什么样的人，是形成我们自控力实现目标的根本决定力量。生活中想改变自己的人太多太多，但真正实现改变的却少之又少。不是他们不知道怎样做才能成功的道理，而是在生活的洪流中，他们缺少把握人生方向的能力和毅力。而这又与他们找到的"为什么"属于想逃避的消极特性有关。以减肥为例，不少想减肥的人只是想逃避肥胖的结果，但到底要得到什么，要减到多重都没有明确的目标和概念，他们只是知道一些减肥的简单道理，盲目减肥的过程中，禁不住各种诱惑的裹挟，对减肥的意义和价值不够坚定，才导致了不少减肥者的半途而废。在设立建设性思维能力训练目标时，生物学家拉马克认为人类的进化包括：垂直进化，即由简单无序到复杂有组织的进化；水平进化，即多样性的进化，会导致人与人之间差异性增人；海茨·封·弗尔斯特认为，人并非就是人类，而是成为人类。这一说法中就包含着人类社会化思想和人的水平进化的思想，每个人都要成为人类中一员，具有个性的一员。是什么导致了水平进化，进而导致了人与人之间的巨大差异呢？我们认为正是每个人自己形成的独特思维方式决定了这一切。因此，改善和更新思维方式，学习获得更优秀的思维方式是人类水平进化的基础内容。我们还认为，一个人潜能的开发和表现也来自于个体更加优秀的思维方式的习得和使用。这些都可以作为真诚地自我改变思维方式，培养建设性思维能力的很好的理由。

由此，培养建设性思维能力的理由（积极的）就成为一定要明确的事情，而且每个人的理由是可以非常个性化的。那么你的个性化的理由是什么呢？世间任何选择，到最后都是"你想要什么"这一问题的某种变式。关于建设性思维能力的培养目标选择当然也逃不开"你想要什么"这类问题的答案。请你认真思考并给出下面几个问题的答案：

为什么建设性思维能力培养是重要的？它能满足我哪方面的需要？

是谁让你明白这一点？你想成为他（她）那样的人吗？

你现在的思维方式怎样影响你过去的行为？你感到满意吗？

通过你未来的行为你可以用什么方式来确认你的建设性思维能力已经足够强？

你现在要做什么将你的思维方式变成建设性思维方式？

附：训练任务 2-2

发现榜样人物的思维方式：

拿一张干净的白纸，安静坐下，最好不受打扰，把你钦佩的人或是你认为可以成为你的榜样的人的名字写在纸上。可以从你的生活经历中、从历史人物或神话故事人物中选择。或许你会选择毛泽东、弗兰克尔、诸葛亮、林肯等。然后从思维能力角度思考，这些人在思考问题、解决问题方面有什么让你钦佩的特点，他们如何善于解决问题等，并写在每个名字的后面。

然后，把这些思维特点和问题解决的方式作为自己奋斗的方向。

例如：×××思维的敏捷性。他们在解决问题时，＿＿＿＿＿＿＿＿

＿＿＿＿＿＿＿＿＿＿＿＿＿＿＿＿＿＿＿＿＿＿＿＿＿＿＿＿＿＿＿＿

通过对以上问题的深入思考和完成训练任务，你可以写下一份你希望在以后生活中要完成的建设性思维能力培养的正式声明——个人任务说明书。下面是一个样例，读者一定要独立思考后写出一份属于自己的与众不同的个人任务说明书。

任务说明书样例

我的任务是通过（可以加上一个时间期限）努力奋斗，利用个人能力去成为一名建设性思维者。通过我的思考，我将更加具有创造性，更加理性地选择相信什么和做什么事，并进而有利于自身发展，有助于他人的进步，甚至能服务于社会。我希望通过建设性思考，能够更好地完成本职工作，与人建立友谊等，让自己的生活更加幸福，并参与到帮助他人获得幸福生活的事业中去。

当然，这样的个人任务说明书是可以随着自我认识的完善而改变的。还需要注意的是：个人任务说明书中一定要包括你在生活中正在寻找的你想要的东西，并且确认是非常重要的东西，如建设性思维能力。这份说明书既要包括现在你的情况，还要能反映你希望将来会怎样的内容。它要能随时提醒你："你正在从你所拥有的生活中获得什么？"

在完成任务说明书的过程中，还要注意两个问题。一是把"不得不做"的态度彻底转变成为"想做"的态度。这种态度就是对建设性思维的一种情感倾向，具有积极推动作用。若是"不得不做"的态度，那就只能是敷衍了事，在行动中就会有意无意地抵制，就不会达到目的。二是无须对目标进行论证。目标设立就是建立需要，无需依据地相信。只有把目标建立在论证基础上，即给我足够的证据我才相信目标能够实现。除非目标已经实现，否则论证是无法进行的。因此，很多人在这个方面缺乏信念，因为惯常的逻辑告诉他们，建立相信需要依据。按照此逻辑，很多人无法树立坚定的目标，因为他们的论证无法完成。

第二，精心规划建设性思维能力培养目标，并使之成为个人使命。

生命中，很多情况下你要首先相信某种存在，然后在内心抵达它。因此，一个合理的目标是可以抵达的，是适合于自己的年龄和实力的。对于树立学习目标或规划人生目标，大部分人都是通过无意识思考形成的，缺乏系统的规划。如大部分学生知道大学毕业要拿到毕业、学位证书，属于长期目标——需要花很多时间才能取得的重大成就目标。但他们不能将这个长期目标与各项短期目标（达成长期目标需要完成的阶段性任务）联系在一起，往往长期目标只是简单想想，如想得到好的成绩和获得更好的发展，但并没有下定决心想一定要做到。于是在短期目标确定方面主要集中在娱乐活动上面：什么时候打球、玩游戏、看电影等，都是一些与长期目标相悖的短期目标。他们不去有意识地规划如何学习某一门功课，如何更好地完成选修课、论文作业等。因此，对于当前很多大学生来讲，大学生活的目标一定要通过精心规划才能确立，切不可使长期目标处于自动驾驶状态，或盲目地树立短期目标，奔忙于各种任务之中，缺乏方向感和成就感。这两种情况最终导致长期目标难以实现的结果，以致到头来遗憾和后悔。所以，我们应当将建设性思维能力培养作为一项长期目标。那短期目标又是什么呢？这个长期目标与大学生的学习又是什么关系呢？也许对于很多学生来讲没有什么思路。

从阅读理查德·保罗和琳达·埃尔德的《批判性思维工具》一书中，你大概可以理解到，大学学习中任何一门功课和活动都包含有助于建设性思维能力培养的机会。只要我们能够理解建设性思维的含义，并留意和积极探索在学习和其他各种活动中怎样培养建设性思维能力，就一定能够获得丰硕成果，即当你树立了明确的目标，你就会超越眼前的事实，重视与之相关的信息和资源，并有动力为实现它而奋斗。

采铜在《精进：如何成为一个很厉害的人》一书中认为，人们在考虑未来时一般存在两种视角，一是近期未来视角，二是远期未来视角。在远期未来视角下，人们倾向于用抽象概括的方式进行思考，更多考虑事件对自己的意义和价值，缺点是缺乏实现目标的细节。而在近期未来视角下，人们更加倾向于"在具体的情境中考虑怎样做"的细节。所以，当我们树立未来目标时，就是在考虑未来，我们要留意自己是否存在上述缺点，加以克服才不至于在制定目标时犯或目标缺乏可行性或回避更有意义和价值的目标的错误。因此，树立目标时，一定要使目标具有可信性，即自己相信一定能够实现目标。同时还需具备可向往性，即不但是自己希望达到的，而且是其他人希望达到的。无论是长期目标还是短期目标，都要注意设定目标的格局。因为一开始的格局就决定了事情的走向，有什么样的格局就有什么样的人生结局。对于结果思考导向的人来说，追求的结果系统决定了格局的大小。因此，当我们设定建设性思维的训练目标时就要有大格局。

无论是长期目标还是短期目标规划设立，都要关注时间的作用和界限。有些目标的设立需要规定好时间界限，特别是那些紧迫的任务完成情况。但对于重要而不紧迫的目标的实现就要耐住寂寞，进行艰苦而长期的奋斗。塞缪尔·詹森说过，大自然不会一下子把所有东西都给予你。比如，小鸡的孵化，太着急就变成了煎鸡蛋，太没效率必定成为死胎，只有恰当适时才能创造出有活力和创造力的生命。所以，许多你想得到的东西，都要慢慢追求，有一个努力争取、奋斗的过程。思维的改变也是一个循序渐进的过程，不可能一挥而就，想改变就能一下子改变的。正如尼采所言，一切笔直都是骗人的，真理都是弯曲的，你只有曲折地接近自己的目标。

目标制定还要关注阻碍目标实现的各种因素之间的关系。首先要认识到什么因素会妨碍我们目标的实现？这些障碍既包括环境方面，又包括自己的思想障碍。例如关于考研这件事，很多学生能够认识到自己学校的劣势、招生名额限制、面试中的歧视、竞争的激烈等外部不利的环境因素，他们同时还产生了与此相关的担心、焦虑，甚至恐惧心理。有考生甚至因此而导致学习效率下降、头脑昏沉、失眠等。其实在面对这些障碍时，古希腊的斯多葛主义的智慧给我们很好的启发。斯多葛主义代表人物伊壁鸠鲁认为，有些事情在我们的能力范围之内，另一些则不然。在能力范围内的事情就是我们自己能做主的，如观点、动机、欲望、厌恶、能力提升等；在能力范围外的就是自己不能做主的，如财产、名誉、职位等。但在实际生活中，很多白手起家的人会强烈抵制这种观念，认为自己能够控制这种由外部决定的环境，他们经常错误地以为他们能够彻底控制很多事情，比如竞争的结果以及商业冒险的成败。所以，他们才考虑考研的外部环境因素可能带来的问题，希望能够控制它们。事实上，这些应该是舍弃的问题。很多大学生理所当然地将上大学的目标设定为"找到好工作"。觉得听起来很合理，不是吗？但是当你仔细思考这个问题之后，你就会发现影响找到好工作的因素太多了：你的交往能力、专业水平、经济局势、行业发展情况，甚至一些极特殊的情况。因此，与其把"找到好工作"当作一个目标，还不如将目标设置为：做好身体素质准备，训练自己的人际交往能力，努力提升自己解决问题能力，并尽己所能回答学业中的每一个问题。如果你做了所有这些事情，忽略那些无法控制的因素，毕业时找到好工作的机会必然增大。故设定目标时，将目标与自己能够控制的东西联系起来——自己的努力与态度。将目标从自己不能控制的东西中解放出来——最终的结果。能力是影响目标设定的一个重要因素，在这个过程中，我们还要留意另一个问题，即目标与能力的关系。稻盛和夫说过，不要以现在的能力去设定目标，而应该以未来的能力去设定。为什么人类成就呈金字塔结构？就是因为总有那么极少数人，愿意用未来的能力来制定现在的目标。

目标制定中不能忽略了动机激发措施制定。要清楚整个建设性思维能力培养目标实现过程中，什么阶段最困难，最需要自我激励。所以目标规划阶段就要设置动机调节的机制。如，简单的一句鼓励的话"只要努力坚持，就一定能够成功！"另一个需要认真考虑的问题就是，当我们树立了一定的目标时，同时还要考虑我们因为要实现这一目标要付出的代价，我们是否有勇气、能力去承受？目标是我们自己创造制定出来的，我们要对这个结果负责，要忍耐、消解自己创造的结果。例如当某位同学树立了考研或考公务员的目标后，就要认真考虑考试需要我们付出多少努力，克服什么样的困难等。同时还要认同这个目标带来的一切，要坚定地承受实现考试目标带给我们的一切痛苦艰难，对此一定要有足够的心理准备。同时，在不断奋斗过程中，还要经常想想：谁会希望你成功？他们是谁？与你什么关系？如此可以获得社会支持的力量。

目标规划还要注意结果怎样测量。建设性思维能力培养的目标设定了，将来是否能够实现，一定要从目标规划中能够观察到可以度量的因思维能力改变而导致的行为的变化。一方面可以监测到建设性思维能力培养目标实现的进度；另一方面可以加强对具体行动的调控，且使目标规划具有一定的弹性。当然对于建设性思维能力的培养目标的实现，更主要的检测指标是头脑中的变化，也就是训练者通过训练在个人特质方面发生了什么变化，这也需要制定相应的测量指标。如思维的广阔性、深刻性、批判性、创造性等。

根据以上注意的事项的要求，请你写出自己的建设性思维能力培养的目标，并不断地对目标进行想象练习，培养建设性思维的意识和美德。

因此，我们经常要做的一个练习就是要培养建设性思维的意识，发展这种美德。

附：训练任务2-3

（1）我的建设性思维能力培养的目标是：＿＿＿＿＿＿＿＿＿＿＿

＿＿＿＿＿＿＿＿＿＿＿＿＿＿＿＿＿＿＿＿＿＿＿＿＿＿＿＿＿＿＿＿＿

（2）在自己的头脑中确立一个理想的自我形象，即我已经熟练掌握了建设性思维，并能够将之运用到各种情景中。因此我要经常问自己一个问题：在这种情况下，具有建设性思维能力的我会选择相信什么或选择做些什么？

＿＿＿＿＿＿＿＿＿＿＿＿＿＿＿＿＿＿＿＿＿＿＿＿＿＿＿＿＿＿＿＿＿

＿＿＿＿＿＿＿＿＿＿＿＿＿＿＿＿＿＿＿＿＿＿＿＿＿＿＿＿＿＿＿＿＿

一旦我们树立起建设性思维能力培养的目标，还要进一步将之转化成自己的使命。也就是说，将培养建设性思维能力作为自己的主要责任和义务，并下定决心要高质量地实现目标，能够在今后的努力中全心全意、高度投入，动力强劲。建设性思维能力培养一旦作为使命形成，就会使人产生新的需要，就会对当前的思维方式产生不满，自然地走出舒适区，并进行艰苦的训练和创造。这时需要我们在内心铭刻目标，每天多次将做什么和为什么做写出来，在头脑中使之澄清、强化、重复。而且一旦目标将要实现，还要重新设立或发展新的目标，以免让自己丧失动力。因此，在初步设定了目标后，每天还要坚持完成下面的训练任务，帮助实现未达成目标或者发展新的目标。

附：训练任务2-4

想象自己目标达成后的景象：

这是各领域的顶尖人士都在自觉不自觉使用的一种方法。这种方法很简单，只需要你每天早晨、晚上两次想象目标实现后的景象，并注入情感。要求如下：

（1）意象一定要真实生动。在头脑中"看见"非常鲜明、生动的未来成功意象图，第一印象才深刻持久。

（2）用语言充分地描述细节。结合语言文字说明意象的细节，用现在时向自己描述未来图景。这方面要注意的问题：一要描述的是你渴求的将要实现的情景，而非沉溺于过去的美妙；二要审慎地选择可以分享你梦想的对象，防止别人给出消极反馈。

（3）你要相信你的目标已经实现。在情感上相信，而且是自己愿意接受的一种图景。因为充满激情地希冀什么，才具有强大推动力，目标才会实现。否则我们就不会有多大改变。在目标中灌注情感，即带着热情去想象目标实现，带着感情去思考目标、谈论目标、规划和调整目标等。你要相信你的目标已经实现，并处在一个更高水平，而不是他人，否则你将制造出嫉妒、妄想或是白日梦，而不是进步和改变。

附：训练任务2-5

发现自己"培养建设性思维能力"的使命感：

当明白了为什么要培养自己建设性思维能力，我们要进一步检验自己到底是否已经形成了一定的"建设性思维能力培养"的使命感。通过对下面陈述的判断可以得到较为明确的答案。

（1）对自己目前的思维能力和思维方式感到非常沮丧或难过；

（2）你强烈地感受到自己有改变思维能力的可能性；

（3）你感受到改变自己思维能力的强烈的阻力；

（4）你感觉到自己"改变自己思维方式或培养建设性思维能力"这件事是自己应该做的，或者感觉到自己被分派了这项任务；

（5）做这项工作让你感到自己特殊，在做这件事的时候你感受到一种罕有的意义、正确性和巨大能量；

（6）做这项工作本身就是一种奖励，但你并没有完全做好准备开始做这项工作；

…………

第三章　心静与建设性思维

第一节　心静是建设性思维的重要前提

一、心静的本质

当某人遇到什么大事时，有什么困难、受到打击等，都想一个人静静。但绝不能简单地把心静理解成只需要一个安静的环境。若是这样，我们只要找到一个安静的环境就能把认识和情绪埋清楚，然后智慧大增，这显然是荒唐的。我们不妨看看人在高度安静的环境下会发生什么事情。在美国明尼阿波利斯市有间"绝对安静"的房间，是一家名为"奥费尔德实验室"的声学公司打造的专业消音室，消音效果达到99.99%，据说人置身其中能听到自己的心跳声、肠胃蠕动声、肺的起伏声。在实验室内，挑战者很少能待30分钟以上，很多人会出现幻觉。

那么，人们所说的静一静到底是什么意思？它的本质是什么呢？若从心理训练角度看，心静就是具有充足的心理活动能量的状态。这种心理状态能够应对激烈比赛或危险事故等紧急事件，还能够在难度较小任务中防止倦怠发生，同时也能应对失败与挫折。这种心态能使紧张工作、学习、运动导致的疲劳得到迅速恢复，还有利于心理障碍的消除与治疗①。

其实心静下来的目的是想把事情想清楚、看清楚，超越事情本身并寻找转机，在心静时问题更容易得到解决。所以，人们在遇到各种问题时都想静

---

①李建周.心理训练[M].北京:教育科学出版社,1992.

一静。当一个人处于各种情绪状态之中时，他们的内心是不安静的，如处于重大挫折困扰之时，一个人在妄自菲薄或妄自尊大之时，或处于郁郁寡欢之时，他们的内心就如湍急喧嚣的流水，这时任何事情都不可能想明白的。庄子认为："水静犹明，而况精神！圣人之心静乎！天地之鉴也，万物之镜也。"古语云，潜其心，究天下之理；定其心，应天下之变。可见，我国古代的人们非常重视心静状态的保持，知道在心静状态的人可以全身心投入，才能获得较好的思考结果。所以，对于个人思维方式的转变与改造也需要心静这一条件。

人们在思考时需要心静，从科学上怎样理解呢？英国学者胡珀在他的著作《让孩子快乐、自信和成功：儿童成长积极心理学分步指南》中指出，当人处于压力和应激状态时，皮质醇和肾上腺素的过量分泌会引发以下情况：不安情绪会占据我们的思维，让我们无法集中精神。这时我们的身体被"杏仁核绑架"，生存成为第一重要反应，"逃跑或战斗"信使切断了发育和修复进程，只允许在紧急状态下所需的关键功能发挥作用，因为它要为战斗或逃跑保存所需能量。是的，这一机制确实有利于帮助人类生存下来，甚至在危急之时让人做出一些创造性的反应，却对学习起着完全相反的作用。随着向负责思考的大脑皮质输入血液的减少，思考和记忆等功能将被有效切断，这很正常，当你的生活濒于险境时，就不会思考究竟发生了什么……因此，如果学生的情绪警报常常消失，或者响个不停，在遇到压力时就无法进行有效率的学习。认知心理学家也认为，紧张会攻击工作记忆，夺取注意和信息加工的资源，就会导致错误和质量不高的信息加工过程，进而工作记忆会丧失更多容量，大脑的灵活性也会降到最低。而且这一过程发动快速，消退却非常缓慢。所以就造成了一旦情绪不佳，就要花上相当一段时间调整情绪，信息加工才能正常进行。总之，大脑的健康发育依赖于压力水平的高低[①]。要想帮孩子减压，就需要在积极沟通方面给予支持，使孩子的情绪大脑得到控

---

① 卡尔·诺顿.隐性逻辑：教你快速切换思考方式[M].张帆,译.北京:九州出版社,2017:166.

制①，有效地保持情绪的平静状态。若是让孩子在担心无法解决问题的状态下解决问题，一定会导致孩子思考质量的降低，难以解决问题。

由此，我们认为心静的本质是在心理能量充足又不受打扰的情况下，自己独立地思考问题时，注意力的高度集中状态，是全身心的投入和聚精会神状态，是专一状态，是心流（flow）状态。我们来分析注意的含义是否与此相一致。《现代汉语词典》（第7版）对"注意"的解释为"把心思、思想放到某一方面"，结合心理学关于注意的定义"注意是心理活动对一定对象的指向和集中"，因此可以把"注意"理解为，人把意志集中起来放在某一种心理活动中，以达到某种目的。意志在此处的作用就是为了排除干扰、调节心理活动，使它能够专注在一定对象上，并持续发挥作用，直至达到目标。如在记忆过程中，需要把意志（目的和努力）放在识记心理活动上，以达到记住的效果。在视知觉上投入意志（目的和努力），那是为了观察清楚、观察透彻该事物，而不是简单地看见该事物而已。弗兰科·哈德克在《意志力训练：用哈德克训练法则提升个人意志力》中这样说：真正的思考意味着集中注意力、深刻的洞察力、出色的记忆力和广博的知识。思想的敏锐程度和价值取决于投入这个问题的意志力是否坚定执着。不难理解，只要进行理性思考就需要高度集中的注意力和执着的意志力。因此，心静状态是一种执着的注意力高度集中的状态。

此处要小心对心静的一种错误认识，就是认为心静状态是没有情绪情感的，是不需要情绪情感的。积极心理学家乔纳森·海特在《象与骑象人：幸福的假设》一书中援引神经学家安东尼奥·达马西奥的研究认为，眼窝前额皮层某些部位受损伤时，病人会丧失大部分情绪功能。但这些病人在决策过程中遇到了大麻烦，他们连简单的决定都不能做出，面对十几种选择时找不到决策的理由。乔纳森·海特进一步论证认为，人类的理性其实非常依赖复杂的情感，只有情绪运行顺畅时，理性才能运行②。进行建设性思维训练需

① 卡尔·诺顿.隐性逻辑：教你快速切换思考方式[M].张帆，译.北京：九州出版社，2017：114.
② 乔纳森·海特.象与骑象人：幸福的假设[M].李静瑶，译.杭州：浙江人民出版社，2012：76,19—20.

要心静状态，但绝不是没有情感的状态。当然也不是消极情绪干扰下的状态，而是一种情绪不过度波动的心平气和状态。

二、心静是思考的重要前提

影响思考效率的两个重要因素是大脑如何处理信息和工作记忆的容量大小。而心静恰能够使人脑的这两个功能得到促进，使处理信息和工作记忆获得的注意的资源更加充足，提高效率。因此，心静是思考的重要前提。

中国古人对"心静"的作用有很多认知。儒家、佛家、道家都认为，静能生慧，静能开悟，静能正道。《大学》中也讲了静的作用："大学之道在明明德，在亲民，在止于至善。知止而后有定，定而后能静，静而后能安，安而后能虑，虑而后能得。物有本末，事有终始。知所先后，则近道矣。"《劝学》中讲："蚓无爪牙之利，筋骨之强，上食埃土，下饮黄泉，用心一也。蟹六跪而二螯，非蛇鳝之穴无可寄托者，用心躁也。"三国时期的孔明被后人敬仰为学霸，智慧过人，他的事迹广为流传：草船借箭、舌战群儒、三气周瑜、七擒孟获等，可见孔明的智慧非同一般。而孔明却非常强调静的修炼。他说"宁静以致远"。晋代陶渊明也认可静的作用，被贬官后到桃花源隐居修行。从古人的论述和行为中，我们可以看出，心静是获得智慧、应对问题、解决问题的重要前提。

心静能给人带来智慧的力量，使人能够高效率解决问题。李建周在《心理训练》中认为，意守的训练是一套系统而完整的意识自我控制的方法，可以使人的意识摆脱外界环境干扰，排除情绪的干扰，处于轻松的自守状态。这样人的意识就获得了自主性，意识的安静又带来整个机体的安静，从而可以养精蓄锐，恢复身心的力量，进而达到对自己行动的自如控制。英国学者伯特兰·罗素在《宁静》中认为，伟人的生平除了某些光彩夺目的时刻，其他大部分就属于不再绚丽夺目的时光。当伟大的苏格拉底喝下的毒酒开始毒发时，也许他从高谈阔论中得到了满足，但他一生大部分时光是默默无闻地和妻子生活。据说康德一生从未离开过哥尼斯堡。达尔文在周游世界后的时光都宅在家里了。这些人生活的共同特征是平静，没有烦扰，能坚持不懈地思考，如此艰辛、孤独寂寞，但他们那么专心致志、全神贯注，以至于不再参加那些更加紧张刺激的社交、娱乐活动……唯如此，他们才能成为思想的巨匠，才有举世瞩目的伟大贡献。

然而，当代的文化人的大脑尽量兼顾多项活动，人们精力已经非常分散，并且这种情况越来越成为常态。我们已经习惯于一心多用，以至于集中精力专注于某项活动变得更加困难，人们的大脑如此躁动不安，并具有非常强大的惯性。《鬼谷子卷下·本经阴符七术》中讲："欲多则心散，心散则志衰，志衰则思不达也。"另外，建议我们平时可抽空阅读《蟭蟍传》等著作，可防止多欲造成的一些危害。

从教育过程本身看，教是短暂的训诲行为，是告诉告知行为，在学校中主要是教师的课堂授课行为。育则是学生安静的长时间的理解运用知识或者训练的过程，它需要学生全身心投入、有耐心、心平气和地应用知识、练习并纠正错误，从而取得进步。按照经济学家巴莱多的时间管理法则，即大学生应该用在训练和纠错的时间占80%，课堂学习时间仅占总的上学时间的20%。但从当前有些大学生的学习时间实际安排情况看，令教师们大失所望。他们只参与了课堂教学这个时间，投入也不足，更是荒废了本应静下心用来进行训练和思考的更大比例的时间，这样的学习状况是不可能获得学术成就的。所以，当代大学生们急需让内心平静下来的自我教育。

第二节　怎样达到心静的状态

在人们想静一静时，怎样才能静下来呢？如何获得使自己"静"下来的技能呢？有些学生曾告诉过我他们的苦恼：他们希望能够找回中小学时期那种注意力高度集中的学习状态，但怎么都做不到了。一个晚自习开始的时候，书页翻开，晚自习结束时，书还是翻开的那一页，内容没读，不知道时间怎么就过去了。也有学生讲：一学习他内心就会升起一股莫名其妙的自卑或烦躁，难以驾驭，与之斗争的结果是离开学习活动，并陷入不学习、成绩差、心烦意乱的恶性循环中。还有部分学生在读书中，觉得难懂、枯燥等，由于缺乏读书的意志力，从而放弃读他们觉得难懂的书。在我咨询的过程中发现，很多大学生对情绪控制存在误区，他们认为人是不能控制自己情绪的，总是听之任之，顺其自然。特别是对于抑郁、焦虑等消极情绪，总会陷入恶性循环中难以自拔。也有大学生的内心特别躁动不安，而且这种躁动不安具有强大惯性，很难停下来，以致让他们精疲力竭、过度劳累，没办法安静地坐下来读书思考。要做到自己的目标实现不受干扰，就要做到心平气和，需要一颗强大而冷静的心，需要主动克服浮躁，磨炼自己的耐心。心理学研究也提示我们，年轻时就能够学会控制自己情绪的人，将会成为人生的赢家。下面我们就来介绍一些让人心情平静下来的策略。

一、学会关注过程而非结果

做任何事情都会有成功或失败，总会有更多目标不能实现。因为目标总是多变的、暂时的。但若是关注过程，即使目标没有实现，通过努力也会收获性格上的坚毅、技能上的丰富和能力上的提高等。因此，从长期效果看，努力带来的快乐甚至可以超过目标实现带来的快乐和回报。如同做一件手工，无论做得好不好，真正锻炼人的是手工实践过程，通过实践练习，我们会获得很多保持耐心、专注、放松心情的方法。可见这个过程会带给我们成长和价值。那我们怎么学会关注过程呢？

《学习的艺术》一书的作者乔希·维茨金认为，训练、练习首先要从慢开始，切不可急躁。怎样慢下来呢？他认为要约束直觉，重要的是要意识到整个练习的过程，使其意识化。而要意识化某一活动过程，就要通过内省，带着巨大的好奇观察活动的整个发生过程。请先读读下面的故事，看会给你带来什么启发？

　　一位父亲在房间里丢了自己的金表，他翻遍了整个房间也没有找到，无奈之下，他只好出去寻找一下。片刻后，父亲无功而返，却惊讶地看到自己六岁的小儿子正拿着自己的金表玩耍。

　　"你是怎么找到它的？"父亲问。

"我只是在你走之后，听到了表的声音。"儿子回答。

是的，情绪的不安会给理智带来巨大干扰，使效率下降。父亲找金表时过于关注找到的结果，心情很焦躁。孩子则出于好奇心，情绪平静地投入到找金表的过程中，他的认知感觉能力非常敏感，容易找到金表。

托马斯 M·斯特纳在《练习的心态：如何培养耐心、专注和自律》一书中提出，当人学会了关注实现目标的过程，而非目标实现结果时，他便获得了一种技能，这种技能展现出一个人的优秀品质：自律、专注、耐心和自知等。这样的人心态是平静的。因此，在做任何事情时，通过关注过程来获得平静的心态，需要做到两件事。一是克服不健康的以结果为目标的习惯，专注于达到结果的过程。因为影响结果达成的因素很多，有内部因素也有外部因素，这远远超出了我们能力的控制。我们总是假设所做的一切事情总会有一个完美的终点，而事实上，无论在什么事情上追求完美，在什么地方追求完美，总会存在一些不确定因素，使我们不可能得到完美的结果，这就是生活焦虑的起因。因为当人们相信有个完美的终点存在时，就会有意无意地将自身所得到的结果与理想状态相比较，然后判断其距离理想状态还有多远。因此，只要我们认为"某结果发生，我们将会幸福"，就是在把自己与未来的某个结果捆绑在一起，而这种认识只会给你带来不满足。这主要是因为一个目标实现后，还会有更新更高的目标产生，人将永远不会满足和幸福（见图3-1）。所以，只有克服以结果为目标的习惯，才能使人做事时享受当下的每一时刻，从而获得心灵的宁静，才会感受到真正的幸福。例如，打网球时，我们的目标是想赢得比赛。但是当我们发现有很多我们根本无法控制的因素可能会导致输掉比赛，此时就需要我们主要关注比赛过程而非结果，因为结果已经很明确了，这样只要我们尽自己所能去完成比赛，不再特别关注结果。当这样选择时，即使最终输掉比赛，我们也可以免于挫败和失望，因为赢得比赛不是我们的终极目标，在比赛中全力争取就会实现我们的过程目标。二是理解做事所需要的技术性细节，即理解技术性细节如何有助于提高做事效率，减轻压力。其实，这点与专注于过程在本质上是一致的，而且更进一步明确了，专注于过程就是理解过程中做事的细节。那怎样才能关注事情的细节呢？只要我们对事物充满好奇，并积极探索就会立刻投入到理解做事细节的过程中去。就像刚刚进入无人知晓或罕为人知的知识领域，一切都是新的，我们会充满着好奇，进行各种探索。从初始状态到目标状态需要克服阻碍，理解做事的细节的一种方式就是分析和细化各种阻碍到底是什么，采取什么手段才能克服？

图 3-1 永远追求不到的快乐和幸福

二、接受发生在自己身上的事

平衡情绪的第一法则就是接受发生在自己身上的事，接纳、喜爱发生在自己身上的感受，对消极事件能够主动负起责任而且有能力主动采取行动带来改变。具体怎样接受发生在自己身上的事呢？

第一，正确选择坚持与执着。

接受发生在自己身上的事，就要对自己和发生在自己身上的事情有更深刻的认识，而且要弄清楚自己认识层次和水平。英国哲学家罗素认为："怀有各种各样愚蠢的见识乃是人类的通病。"你能认同罗素的这一观念吗？若能认同，你还需要进一步检验它的具体表现，比如当你听到一种与你相左的意见，你是否就马上发怒？若是，证明你怀有与之相左且肤浅的见识，因为你的下意识已经感觉到你的意见是没有充分理由的。若否，说明你很清楚，对方的见识早已在你的思考范围之内，你懂得它的合理性和缺陷，不仅接受别人有这种见识，也接受自己的更理性的见识。世界上争论得最激烈的情况是争论双方都没有充分证据时对问题的争论。因此，把自己安放在一个更高的"位置"，俯瞰生活中发生的一切，接受自己身上发生的任何事，特别是要能够主动承担起改变消极后果的责任，你的心灵就会获得宁静。弄清了自己的认识层次和水平后，再调整情绪就容易些。

　　接受发生在自己身上的事情，还要弄清楚发生在自己身上的事到底处于怎样的状态。我们可以借助下面列表的方法加以澄清。例如像在旅游这类事件中（见表3-1），我们发现其积极方面，如找到男（女）朋友；也会产生消极后果，如花钱受罪等。我们不能想当然地认为其中某一方面一定会发生，我们要善于分析这里的积极或消极事件发生的可能性有多大，还要分析若使发生的可能性提高的话，需要具备何种条件？一旦这种情况发生，还知道怎样应对这种情况。这样分析的结果，我们就会看到无论积极还是消极事情发生都是需要具备一定条件的，我们就提前做好心理准备，容易接受发生在我们身上的任何事情。因为我们知道每件事情会在什么条件下发生，也清楚应对的策略。表3-1中的可能发生的条件是非常宽泛的，但要真正发生，一定要满足更加严格的条件，例如遇到并结识了某异性朋友，并发现还很投缘、有共识、交往较多等。最忌讳的是把可能发生的状况当作必然发生的状况来对待，这种情况下，人的内心就无法平静了。通过这样的分析过程，能使人更加客观地看待将要发生的事情及其发生概率，从想当然的执念（旅游就能交到男、女恋人或一定是花钱受罪）中摆脱出来。

表3-1 对事件发生条件及发生的可能性（括号内的百分数）分析举例

事件发生的可能性	对事件的认识	
	旅游时交到男（女）恋人（积极）	旅游就是花钱受罪（消极）
可能发生（80%）	遇到适龄的男（女）游客	比较累
很可能发生（50%）	旅游过程中认识了男（女）朋友	不喜欢的地方
必然发生（5%）	认识、交往多，互相喜欢等	痛恨运动，喜欢宅居等

在认清了我们自身的认识水平及事情所处的状态后，就要试着做出选择，是坚持还是放弃原来的执着。例如：非洲人发明了捕捉猴子的方法：将椰子掏个洞，洞口大小猴子的手刚能伸入，当猴子伸手去抓里面的食物时，手就无法从椰子壳中逃脱，除非它能放开手。但猴子的特点是"死也不放手"，最终只能被猎人捉住。需要说明的是，不是所有的执着都要放弃，生活中该执着的时候还是有必要执着的。比如一个学生考研复习中，就需要意志力的坚持和执着，直到达到目标，再转向下一个目标。我们此处说要出离的执着是指对那些给我们平添烦恼、带来痛苦却没有任何收益的观念的执着。例如，有学生会纠缠于这样的想法：担心他讲过的某句话会对同学造成不良影响，并希望确定没有造成消极影响。在实际生活中更要注意区分，要放弃什么，坚持什么。我们可以放下没有缘由的怨恨，坚持爱愿；放下差别心，坚持真善美；放下占有欲，执着于行走的努力等。

第二，要学会忍耐和坚持。

接受发生在自己身上的事，意味着能够学会坚持和忍耐。我们居住的环境会给我们造成各种冲击和影响。他人的行为和愿望会影响到我们，法律和习俗会影响到我们，义务和责任会影响到我们，就连我们自己也会对自己产生影响和干扰。总之我们生活在这个世界上就无法逃脱干扰，因此，就必须学会忍耐和坚持。例如，我常常练习冥想用来对抗压力，很多时候在放松阶段，内心中升起莫名的烦躁，浑身不舒服，于是就放弃了练习。当我了解了奥维德说过的"忍耐和坚持是痛苦的，但它逐渐给你带来好处"后，我接纳了内在的烦躁。因为我知道这种莫名的烦躁是对我的忍耐和坚持的考验，忍耐和坚持会逐渐给我带来好处的。当然在忍耐与坚持过程中，也要善于认识消极情绪的本质，才更有利于坚持和忍耐。当我懂得：情绪仅仅是向大脑发出的信号，告诉大脑某些信息是不是重要的。在此基础上调整认识，认为坚持和忍耐对冥想是必要的、有益的，烦躁必定会消失，整个冥想过程轻松而愉悦起来。在坚持和忍耐中，要想获得成功和出类拔萃，既需要足够的乐观精神以支撑希望，同时也需要足够的悲观心态，以激起对利害的关注，即要学会利用情绪的力量来支撑坚持和忍耐。现代斯多葛主义践行者们就是利用这种思维方式，他们相信能够驯化情绪，通过不断努力训练，能够将恐惧转化为谨慎，将痛苦转化为信息，将错误转化为启示，将欲望转化为事业。如是，就能接受发生在自己身上的各种痛苦和烦恼，进而将各种消极情绪和烦恼化为平静的心态。

生物学家拉马克认为，生物进化包括两个方面：一是垂直进化，即由简单到复杂，从无序到有组织的进化过程；二是水平进化，增大生命的多样性和差异性。人的一生的进化就是一个对抗生命本能的过程。人的本能之一就是及时行乐，短期内看不到收益的事情就不做。所以，无论做任何事情都要学会忍耐和坚持。例如，我们要进行建设性思维训练就要走出生活的舒适区，挑战未来无限可能。进行建设性思维训练，首要是需要长期训练才可能有效果。如果人们不能够克制冲动，不能从长远利益出发，人就是在退化，就会在水平竞争中处于劣势，就会被社会淘汰。因此，进行建设性思维训练过程中，必须学会战胜本能，不能急功近利，还要有足够的耐心，因为好的知识和技能的获得并不像"心灵鸡汤"那样容易让人接受，它会更烧脑，甚至痛苦，但它会使人更加完整。就像足球运动员被要求用各种不舒服的方式去踢球，备受折磨，但会更优秀，攻击力更强大。而一般足球爱好者只用自己喜欢的方式踢球，进步就很小，甚至在离开舒适区的短期内技能还可能会退步。只要能度过最初的不舒适阶段，就能平静接受了。就像学游泳的人，才跳下水，感觉水很冷，若是不能稍稍坚持和忍耐，马上逃出来，那他就永远学不会游泳。我们对生活中的适当的不舒服不能坚持和忍耐，就永远不能适应，不能提高能力。所以，我们在实际生活中甚至要积极主动欢迎适当的不舒服的事件发生，以磨炼我们的能力和意志。

关于接受发生在自己身上的事，好事和好的结果我们容易接受。若是不幸或灾难等不好的事情真的发生了，我们如何在坚持和忍耐中接受呢？先阅读下面资料，看看会有什么感触？

耐寒与药效

天然附子一般喜欢生长在阴寒环境里，所以它才练就了最能抵抗寒冷的本领，使它具有回阳救逆、补火助阳、祛寒除湿的功效，成为中药中回阳救逆的第一名药。

但药物种植研究所的人员发现，将附子种植在阳光充足、土壤肥沃的地上时，它虽然长得很好，产量也很高，但只有第一、第二代附子还能保持原来药效，第三代药效基本消失殆尽，与普通红薯相差无几。附子药效存于忧患，失于安乐。

人的能力亦如此，在相应的逆境中发展提高。我们积极接受发生在我们身上的好事情的同时，也要积极拥抱发生在我们身上的一些坏事情。当你遇到较大的困难时，也许上帝将要给你一个大的惊喜。所以要学会坚持和忍耐。请仔细体会漫画（图3-2）的含义。一个人解决问题克服困难中，其实质是在不断积累着能力，表现在解决问题难度和速度的变化方面。

图3-2　困难意味着惊喜

要做到坚持和忍耐就要学会自律。自律就是遵循法度，自加约束。在每个人最想拥有的品德列表上，大多数人将耐心排在第一位。耐心就是一种安静的毅力，来自你愿意从不同角度看问题，在确定一个最佳的方案之前先检视诸多解答。这种耐心就是要做到对我们狂乱奔走的内心独白（浮躁状态）进行认真观察、凝视，可以进一步用好奇的心态来探索这种内心独白到底代表什么意义？因为很多事情我们很难，甚至不能认识到其本质，因此，为了能够接受这样的事情，我们就要怀着好奇的心态对事情的本质进行探索、发现。这种好奇能够使我们关注当下各种感觉，如烟瘾发作时的焦虑、冲动、恐慌等，而不是一下子被吸烟的冲动所击垮。研究显示，当用这种方式对待吸烟时，吸烟者报告说烟味像化学品，十分难闻，他们从体验上断开了与烟味的联结。当意识到这种内心独白是什么的时候，我们可以有两种对策：一种是谅解，放下这种观念吧！另一种是把注意力集中在呼吸上，不再关注这种内心独白。如此反复，不断培养我们新的对待这些狂乱奔走的内心独白的态度和方式。但要注意的是，那些帮你制定科学自律计划表的人不会告诉你，他们根本没有考虑你的实际情况，也不会问你能不能做到，他们只是站在成功者的角度指导你，而这只不过是一种精英式的幻想。这时我们要获得双重保障才能彻底接受精英人物的这种指导：一是这个精英人士在品德方面的可靠性，即他们要对我们那样做从而获得幸福负责，而不仅仅是乱说一通，最起码他要讲明在怎样的条件下，我们可以追求到想要的幸福；二是那个精英人士的真实水平的确可靠，而不仅仅是他的身份可靠。

第三，满足内心的需要，获得心灵的平静。

人围绕着欲望而生存、活动，欲望和需要是人生存的最根本动力。人的所有的心理活动，如认知、情绪和意志等都是因为需要而展开，人要不断地创造条件来满足需要。人格就是在满足需要的过程中表现出的稳定的心理和行为特点。现代心理学认为，儿童常哭、暴躁、易怒，是因为他们正处于精神饥饿状态。正像身体饥饿要用食物来满足身体的生理需要一样，精神饥饿要用优秀的信息来满足精神需要。可见，满足精神的需要可以获得心灵的满足与平静。例如，一位当小学教导主任的母亲非常渴望自己的儿子学习成绩优秀，但偏偏儿子对学习不感兴趣，母亲想尽一切办法也不能使孩子成绩提高，总是在班里垫底。心高气傲的母亲备受打击，内心需要无法获得满足，导致情绪经常失控，喜怒无常。其实这位母亲所犯的错误恰恰是不能满足儿子内心的真实需要，她只顾着满足自己的虚荣心了。

但在满足需要和欲望之前，我们要仔细地辨别这种需要和欲望到底是什么？它们是否合理？在这个过程中，我们首先仔细地自我观察，倾听内心的感受。要懂得这些感受是我们的需要用来与我们交流的"语言"或信号。例如，当人产生焦虑、恐惧、愤怒、悲哀等消极情绪时，我们要明白这是某种内在需要受挫或无法满足时，内心向我们发出的信号。然后，我们就可以真正理解自己内心深处真正的需要是什么。接着，用正确的规则来约束需要的满足，明白合理需要应该得到满足，不合理需要是要被忽略的。合理需要的满足要符合规律、合乎正义的目的、合于实际情况，而且要对合理需要的满足负起责任，并积极采取行动来满足自己的需要。如毕达哥拉斯所言，不能控制自己欲望的人永远无法获得自由。也就是说，当一个人不能对自己的欲望和需要加以评估和批判时，就会陷入愚蠢的盲目的欲望满足的追求中。只有善于将合理与不合理、正当与不正当需要区分开，并抛弃让人痛苦的需要，改掉滋生有害需要的习惯，生活才能平静而幸福。当然，这还要你认清自己是谁，想要什么，愿意做什么，然后你会发现满足自己特有需要的途径也是需要量身定制的。在满足自身需要的同时，还要注意处理与付出之间的关系。

三、"心静"状态的专门训练

（一）心静训练的可行性

《大学》中有言，所谓修身在正其心者，身有所忿懥，则不得其正；有所恐惧，则不得其正；有所好乐，则不得其正；有所忧患，则不得其正。心不在焉，视而不见，听而不闻，食而不知其味。此谓修身在正其心。由此，我们认为，心静是可以修炼出来的。现实生活中，我们做一件事情，需要不断提高认识，并不断投入积极或消极情感。当投入积极情感越多，收获越多；投入消极情感越多，则停滞不前，越无收获。就像很多学生对于外语的学习，他们在经历了一些挫折和失败后，就不再提升对外语学习的认识，不断积累消极情感。最后，收获的只有可怜的僵化的外语学习状态。他们从不会在考试失败后，试着心平气和地对待这一切，然后学着将这些失败为己所用，即利用失败提示自己应该怎样做事更合理些。他们陷入了失败者的行为模式而不自知。在纳西姆·尼古拉斯·塔勒布来看，他们犯错后不反省、不探究，只是觉得难堪，且听不得批评，试图解释自己的错误而不是用新的信息丰富自己，并开始新的历程。此处切记，犯错不是罪，只是在向我们提供信息，提示我们要改变努力的方向。从另一方面看，情绪是生活中的一部分，否认情绪，阻止情绪发生是不可能的事。但当我们完全被情绪驾驭成为情绪的奴隶，只会使事情变得更糟糕。所以，我们需要的只是不断训练自己如何利用情绪的力量。迈克尔·阿克顿·史密斯认为，人们花大量时间锻炼身体，却很少有人肯花时间来锻炼心灵，这听起来不可思议，难怪这世界上有那么多人闷闷不乐、紧张焦虑。现实中很多年轻人认为，情绪是无法自控的，他们任由情绪主宰自己的行为，沦为情绪的奴隶。这种观念从我心理咨询过程中接触过的很多同学身上得到了验证。其实，"心理训练"的这样的实用心理科学的产生，使人们对一向无能为力的心理状态有了主动调节能力，增添了人们克服各种心理障碍，恢复心理平静的信心和力量。

（二）心静训练的作用

由前述可知，心静训练是提高思维能力的重要前提。但我们要明确心静训练要完成的任务，或者训练的作用。首先，心静训练可以增强人的心理活动强度。当大学生进行思维训练时，最常见的问题是训练动力不足，如注意力不集中、怠慢拖延、信心不足，感情脆弱等，导致训练效果差。其次，心静训练是为了防止心理活动过强造成思维训练中注意力过分集中或分心、思维紊乱、记忆减退导致思维效果很差。再次，心静训练有助于在大强度的思考过程结束后因大量心理能量消耗导致的疲劳的恢复。最后，心静是各种工作和学习活动心理素质形成的前提基础。所以，进行心静训练时，我们一定要明确出于什么样的目标进行有选择的训练，或者要想进行心理训练，首先要弄清楚我们是在什么样的前提条件下通过心理训练达到何种目标，然后再选择相应的心理训练手段进行科学训练，获得满意效果。

（三）心静训练的方法

情绪和情感的包袱是生活本身的结果，因此，我们任何人都会在生活中背负起一定数量的情感包袱。这些情感会影响我们的生活，甚至带来灾难。因此，人类有必要建立一种心理机制用来及时清理这个情感包袱，使人获得心灵的平静。关于获得心灵平静的方法，古今的哲人、科学家们发现了很多途径，只要追求心灵平静的人们按照指引施行即可。例如一生致力于研究成功哲学的拿破仑·希尔认为，人的一生除了追求金钱上的成功，还想要免于恐惧、紧张、压力、疾病、忧虑和不幸等，也就是寻得内心的平静，让人生臻至富足圆满。他总结出十六种获得心灵平静的秘诀，但这些方法哲学气息非常浓厚，不利于初学者操作施行。

我们可以在日常生活中践行斯多葛主义的哲学思想，获得对事件的控制感，增加积极情绪。斯多葛主义强调个人对情绪的自我控制，以求得内心的平和与力量，获得更好的生活。斯多葛主义哲学思想可以用来驯化情绪，其中消极想象的技巧对于获得平静的情绪很有效。所谓消极想象就是在做一件事情之前，按照事情正常的逻辑发展，我们能预想到最坏的结果是什么。这在卡内基成功哲学中也有相似论述。但在这个过程中要特别注意不要把消极想象误用为消极暗示。消极心理暗示是指当人被某种消极信息或消极环境所影响，对信息放大的消极想象，做出消极行为，带来灾难性后果。消极想象也不是悲观主义，悲观主义者只看到了事情的最坏的消极方面，并相信世界就是这样，从而导致悲观绝望。其实，无论消极暗示还是悲观主义，都忽视了人的主观能动性，僵化而片面地看待关于最坏结果的想象作用。而斯多葛主义的消极想象是一种深思熟虑的理智活动表现，它在消极想象中不会放大消极想象的信息，而是要认清周围世界的非永恒性和可能的事件结果。更为重要的是为避免最坏结果发生，斯多葛主义者要积极采取预防措施，为努力挽回损失做准备。这是一种未雨绸缪的心态，并能够按照较为周全的计划坚定地执行下去。所以，通过斯多葛主义的消极想象训练可以获得下面的好处：一是通过预想可能发生的坏事情，可以提前采取预防措施，做到心中有数，尽可能将损失降到最低；二是有时无论怎么努力都不能阻止坏事情的发生，但因为我们早有预料，就不会因坏事发生而惊慌失措，从而保持较为镇定的情绪，不那么痛苦；三是消极想象可以提醒我们珍视自己拥有的事物，比如当我们进行失去了珍视的事物的设想时，就会让我们变得更加珍视所拥有之事物。因此，斯多葛主义的消极想象训练不仅不会使人闷闷不乐，还会提高人的意志力和面对困难的耐受力，提高享受生活的程度和深度等。通过斯多葛主义的训练，我们可以将恐惧转化为谨慎，将痛苦转化为信心，将错误转化为启示，将欲望转化为事业，将愤怒和悲伤转化为力量。

人生就是一个解决问题的实验场，每时每刻我们都会面对不同的问题。有些问题容易解决，有些问题很有难度，不能很快解决，就会给人带来精神压力，产生苦闷，即使是容易解决的问题中也经常会因为我们的解决方案不合别人意愿而导致双方烦恼。这种情况下怎样保持心的平静和安宁呢？这时就需要我们能够在解决问题之前放弃任何固定的态度，不先入为主，不固执己见，要顺其自然地从容应对问题。这是需要通过训练才能达到的一种高级境界。霍华德·维恩在《知己知彼知心术》一书中指出，当问题来时，你要敢于不采取任何态度，也就是没有计划，没有先入为主的思想观念，不用选择并把自己固定在某种态度上。那要做什么呢？你只需要在大脑中看着这些问题，看着它们像流水一样，流过你的脑际，流过你的眼前，让它们自然回转、反复，不要去干涉它们。日久功深，不费丝毫力气，每一件事都像辛勤卖力时一样好，甚至更圆满。在尝试过这个练习后，我发现，开始阶段很难将自我的态度、情绪等抽离出来，总会自动加入先入为主的态度，总会产生积极或消极情绪，总要急着修改发生的错误等。这就不能在练习中保持平静的心态，当然真实情景中也就难以保持镇定的情绪。所以此练习就是要在反复的训练中学会在真实情境中也能保持一颗平静之心。就像采用"头脑风暴"集思广益时，我们虽然知道规则是不要去评价别人的建议，先尽量多让人们表达出各种各样的想法，但这个过程中我们仍不可避免地会自动冒出对某些观点的评价和情绪。经常采用上述方法，这种冲动会得到克服。

也可以借用下面肯·威尔伯的《超越死亡：恩宠与勇气》中的一段文字辅助以上训练。这种训练可以增强人们对情绪和思想的控制感。

> 我有一副身体，但我并非我自己的身体。我可以看见并感觉到我的身体，然而凡是我可以看见并感觉到的，并不是真正的观者。我的身体也许疲惫或兴奋、生病或健康、沉重或轻松，也可能焦虑或平静，但这与我内在的真我无关。我有一副身体，但我并非我的身体。

> 我有欲望，但我并非我的欲望。我能知晓我的欲望，然而那可以被知晓的，并不是真正的知者。欲望来来去去，却影响不到内在的我。我有欲望，但我并非自己的欲望。

> 我有情绪，但我并非自己的情绪。我能察觉出我的情绪，然而凡是可以察觉的，不是真正的觉者。情绪反反复复，却影响不到内在的我。我有情绪，但我并非自己的情绪。

> 我有思想，但我并非自己的思想。我可以看见并知晓自己的思想，然而那可以被知晓的并不是真正的知者。思想来来去去，却影响不了内在的我。我有思想，但我并非自己的思想。

> 我就是那仅存的觉知，是所有思想、情绪、感觉与知觉的见证。

迈克尔·阿克顿·史密斯在《和这本书一样平静》中提出了让内心平静的更加具体的锻炼法，当然你也可以用它们来锻炼如宽容、耐心、自信、毅力等。下面是10个锻炼心灵的方法：做一朵压花；闻一闻安神的香气；做一些放松和减压的伸展运动；列出你生命中让你感到最幸福的10个人；抗焦虑练习法；用座右铭当密码；通过涂色缓解压力；充足的睡眠；列出你的幸福清单；让内心最平静的方式就是读书。如果一个人能靠自己感兴趣的东西（如观察深邃的星空）忘记烦恼，那么当他回到令他烦恼的人世间，就会获得内心的宁静，能以最佳途径应对烦恼。

另一个获得心灵平静和生机活力的方法是将自己遇到的各种消极的情绪、想法等列成一个清单。清单要完整、详细，手写或打印出来。然后，揉成一团，烧掉。冥想也可以作为获得内心平静的有效手段。

附：训练任务3-1

冥想的方法：

（1）找个寂静的地方，不被打扰最好。坐在椅子上，双脚平放在地上，或盘腿坐在地上。背部挺直，双手放在膝盖上，保持肌肉、心情放松，平静。

（2）专注于你的呼吸。闭上眼睛，注意你的呼吸。吸气时，默念"吸"，呼气时，默念"呼"。当你发现自己走神时，重新将注意力集中到呼吸上。如果感到难以保持注意力，就多念几遍"呼""吸"。也可以配合节奏进行训练：吸气（鼻吸4秒）—闭气（7秒）—呼气（口呼8秒）。注意：这样做不要太多。

（3）每天练习5至10分钟左右。若是有负担，就减少练习时间，若是无障碍就坚持练习。可以在睡前或起床前进行练习。当然也可以根据实际情况自己选择练习时间。

四、科学管理愤怒和焦虑等消极情绪

现代心理学研究表明，各种各样积极、消极情绪，如恐惧、愤怒、绝望、兴奋、幸福、希望等，都是我们生活的一部分，它们在增加人的生存概率上功不可没。因此，一味追求积极情绪，否认或压抑消极情绪只能让我们变成傻瓜。相反，如果完全被情绪所驾驭，事情可能会变得更加糟糕。最聪明的做法就是学会利用情绪的力量。我们每个人都有一个"自我"，自我是心灵的主动调控者，不断开发和训练自我的这些调控功能，人们就能够生活得更好。并且只有这种训练使得我们的调控超越熟练阶段成为自身的一种自动的机能，我们才能随心所欲地驾驭自身的情绪。我们都知道控制情绪是件很难的事情，可它对于取得事业成功与和谐的人际关系却又是必不可少的。因此，那些不会控制情绪的人常常会走向危险或破坏性的道路。坦白地说，情绪的表露不是发生在任何情境中，因为情绪表露需要一个安全的环境。而在安全环境下表露情绪，很难让人警觉起来从而调节情绪，即便是消极的情绪。因此，如果一个人能在青少年时期就学会了控制情绪，他将成为生活的强者。下面主要介绍如何应对愤怒、恐惧和焦虑等消极情绪。

（一）愤怒情绪管理

愤怒是指当人的愿望不能实现或者不能达到目的，行为受挫时引起的紧张而不愉快的情绪，也可以由对社会上其他人或事的反感引发。愤怒的发泄存在两个方向：将怒"向外"发泄和将怒"向内"发泄。向外表现为敌对和攻击行为，愤怒在大部分情况下因感到不公平而指向别人，有时候愤怒会针对某个实体，如组织、政府、体系乃至整个世界。但是这种攻击行为也可以因条件而转变成为消极攻击行为：用沉默或退缩潜隐的办法来惩罚或伤害别人。如忽视别人，与别人保持距离，或者只言片语冷冷回应别人的话等。向内发泄常表现为自残等伤害自己的行为。愤怒还有短暂愤怒和长期愤怒之分：短暂愤怒是由场景导致的强烈但短暂的爆发，伤害可大可小；长期愤怒往往是因为思维方式不合理造成的，会分散注意，消耗精力。总之，愤怒是一种攻击性情绪的表达。

愤怒使人昏了头，它会使人恐惧，使人觉得不舒服……表达的愤怒越多，收到的效果越差，越没有人听你的，你越感到亲密的关系在产生隔阂。但有时候发怒是恰当的，只要发怒的反应与当时情况相称。然而真正决定我们发怒的反应是否恰当的因素是我们发怒的强度、持续时间、频度、行为方式。心理学家卡罗尔·塔夫里斯研究证实，发泄敌对情绪是无益的。因此，我们需要建立对愤怒的科学认识，增强合理地驾驭和表达愤怒的能力。

首先我们要清楚愤怒产生的情境及作用。从朋友间到夫妻间，或职场同事间，愤怒产生的理由不外乎三个原因：一是其他人"应该知道"我想要什么，但他却不知道时；二是当我做事的方式是对的，他人做事的方式显然有误时；三是当别人做错事时。总之，当愿望不能实现或行为受挫时都会导致愤怒，人们还希望通过愤怒快速地改变问题状态。但事实上，我们发现怒火是无法将问题"烧掉"的。或者说，我们本以为愤怒可以神奇般促进事情的进展，但多数情况下愤怒导致了事情倒退，让人比发怒前更加被动，陷入更大的麻烦中。因此，我们要学会辨识这些情境，努力不让自己落入愤怒的陷阱。

愤怒作为一种情绪，一定有它存在的合理性。所以，我们要对愤怒给人带来的好处进行分析，并进一步理解何种情况下愤怒会给人造成伤害。

愤怒可能给人带来的好处包括：①动力和激励。特别是那些平时不那么果敢的人，愤怒可以成为他们特别有用的动力。愤怒可以鼓励人们采取行动，帮人们解决问题，满足人们的需要。②威力。通过愤怒迫使他人答应要求。被称为"苹果之父"的史蒂夫·乔布斯和百事可乐的首席执行官都认为，有时候，得到你想要的东西的最好方式，就是发脾气[①]。这大概就是很多人一旦通过愤怒满足了愿望，愤怒会发展成为他的一种行为方式的原因吧。他们的愤怒情绪因此也可能持续得更长、爆发的强度更大、使用更加频繁。这也是愤怒与其他不愉快的情绪的区别点，也就是说很多人本能地想保持愤怒，但很少有人想保持焦虑或者羞耻的感受。③为了使某些人得到教训。如当自己的小孩儿过马路不看车时，就要发怒，使他得到教训，明白危害。

愤怒给人造成的伤害包括：长期、强烈或频繁的发怒可以在多方面损害人们的生活，即愤怒失控会损害身体健康，损害人际关系，损害人生事业。因为人在愤怒时常常会给人乱贴标签，如"混蛋""人渣"等。愤怒无法让我们清醒而理智地思考。因为愤怒的人常使用"专横的应该思维"进行思

---

①埃亚尔·温特.狡猾的情感——为何愤怒、嫉妒、偏见让我们的决策更理性[M].王晓鹂,译.北京:中信出版社,2016.

考，它把我们的注意力从问题解决上转移到关注自己感受到的侵犯、不公正及别人的邪恶等，而且会循环。不清醒的思考和决策会导致错误的决策，会招致更大麻烦。因此，在愤怒时不要说话也不做出决策。在生理方面，频繁或者持续的愤怒会对健康造成损害，会导致高血压、心脑血管疾病等。在行为表现上，愤怒会导致攻击行为（如疏远别人、树敌）、冲动行为做出错误选择，还有可能导致破坏公共财物等恶性行为。在人际关系方面，愤怒就是"炸弹"，先"炸"自己，后"炸"亲人，伤害的都是亲人，吃亏的一定是自己。愤怒之下伤人的言辞就像锋利的回旋镖，既伤别人又伤自己。

了解了愤怒产生的缘由、积极和消极作用后，我们对待愤怒情绪的方式就不要再停留在简单粗暴水平上。心理学研究表明，科学管理情绪的方法并不是要人去压抑自己的愤怒，而是要用健康、建设性方式表达自己心中的不满。受这一观念的影响，人们形成了对愤怒发泄的误解，即抑制愤怒不如发泄愤怒。该理论假定爆发式的反应——咆哮或尖叫是释放愤怒的健康方式。这些方式仅能解决暂时的愤怒，对于长期持续的愤怒或憎恨是无效的。另外，若是直接对别人咆哮或尖叫，则会招致别人对我们也这样，结果只会导致愤怒升级，体会到更多愤怒。所以就产生了没有反抗的发泄对象——橡皮人、机器等作为发泄的工具。其效果好吗？会不会引起发泄愤怒行为在日常生活中的更多使用？其实心理学的研究表明：简单抑制和发泄愤怒效果都不好！

当我们在某种情境下产生（有时候是主动的，多数情况下是被动的）了愤怒，如何判断是否可以利用愤怒情绪达到自己的目的呢？什么情况下又要控制愤怒呢？《伯恩斯新情绪疗法》一书认为，在动怒之前要遵循两条原则：

第一，让我愤怒的这个人伤害我是不是存心故意的？他（她）是不是非得伤害我？

第二，我生气有用（有必要）吗？它能帮我实现预期目标吗，还是只会打击我？

对于简单的情境我们能利用这两个原则做出较好的判断，如孩子不是故意地将碗碟打碎了，我们知道这时动怒于事无补。但对于较为复杂的情况做出明确判断似乎有一定困难。例如，著名的象棋大师乔希·维茨金在《学习的艺术》中介绍过他在比赛中如何处理自己的愤怒情绪的事迹。当对手采用卑鄙手段（在桌子底下用脚踢维茨金）干扰维茨金思考时，维茨金曾一度上当，他动怒了，输掉了比赛。后来的比赛中维茨金又采用了抑制自己的愤怒的策略，但架不住对方变本加厉的干扰，最后他忍无可忍，自制力崩溃，愤怒地输掉比赛。当然再后来乔希·维茨金学会了如何应对这种境况的策略，就像他自己说的，将愤怒的情绪引导到一种极度全神贯注的状态，而不是简单地被愤怒控制或者否认压抑愤怒。我们利用上述两个原则来帮助维茨金分析一下：他生气是必要的吗？首先他的对手肯定是故意存心想激怒他，让他分心，想通过这种伤害击败维茨金。此时我们会根据第一条原则做出要动怒的判断。但第二条提醒我们，维茨金生气有用吗，愤怒能帮他实现赢得比赛的目标吗，还是只能给他带来失败？若是泛泛理解的话，就只能做出不要生气的判断。那维茨金到底应该怎么做呢？伯恩斯和维茨金对此都有着更加深刻的见解，即此时要愤怒，但更为重要的是要学会将愤怒转化为力量，用维茨金的话讲，就是要学会利用使自己分心的事物激励自己，并在内心创造出激发斗志的环境。也可以说，就是将使人愤怒的情境通过内心转化成激发斗志的环境，使愤怒不再具有伤害性。知道了这两个原则固然有益，但在实际情景中合理利用它们才能真正有益。然而这是需要较长时间的训练，才能在动怒与否方面做出最为合理的选择。就像维茨金所说的那样，只有当我们的工作（控制愤怒情绪）超越熟练阶段而成为自身的一种表达的时候，学习才成为一门真正的艺术。此时，我们就能够随心所欲地驾驭愤怒情绪而不再有困惑或受到伤害。

当我们一旦确认确实有必要利用愤怒情绪时，接下来不再考虑该不该动怒，而是要将动怒控制在一个底线上。因此，确实需要愤怒时（让自己有行动力或别人让步满足自己需要），要注意把握分寸：第一，愤怒是为了改变局面失控情况，挽回失控。一旦失控局面得到控制，适时收手。第二，要控制发怒不要达到伤害自己的程度，即不要让自己身体健康受到伤害。

打断愤怒的策略（短暂爆发的愤怒）。当愤怒攻陷我们，且强度过大时，我们要想办法使愤怒对我们的伤害降到最低。可以采用如下方法：一是暂时离开。离开让我们愤怒的情境，有利于缓解愤怒的强度。二是降低生理反应强度。可以利用运动、缓慢呼吸、深度放松（天天练习获得肌群的极度放松状态）等方式。三是卸下包袱。以幽默自嘲的方式，认清问题没有想的那么严重。四是用美好想象替代。准备好可以全身心投入的愉快想象；及时意识到自己的愤怒并喊"停！"；转移注意到想象（30至60秒）；不断喊停并想象，重复以上步骤。五是写信（可寄出也可不寄出），重要的是写信的抒发的过程。六是寻求解决问题的思路。我们要把注意力集中在问题解决上，给自己提出问题："要解决这个问题，采取的最好方法是什么？"当发现无法解决问题时，要善于及时放手或者进行深度沟通。

持续愤怒的认知重评策略。当我们开始没有处理好愤怒情绪，陷入到持续的愤怒中，我们要有能力应对，才不至于让愤怒情绪对我们造成伤害和困扰。对于持续愤怒，我们要及时意识到它已经笼罩了我们，然后想办法鉴别产生愤怒的不合理自动思维，然后针对自动思维进行辩驳、换位思考、应对性陈述等。这种方式一般被称为认知重评法，研究表明它的效果要优于压抑愤怒的方法。因此，绝不能采用简单的压抑愤怒的方法。例如，换位思考法。当我们对某人或某事愤怒了，我们可以站在他人的角度看待问题：我们都是为了生活——利用有限的资源（自己的知识、解决问题的技巧、社会关系、内在的安全感、内在价值感、与人沟通能力等）谋求自己的幸福。人与人存在巨大差异，对事情的理解和应对不会相同，不会有人总是考虑得那么周全细致，总让所有人满意。再如，当某人做了错事，我们可以使用应对性陈述法（也是辩驳性的话）：我接受，这就是现实，而不是它曾经的样子，也不是它可能的样子，或者应该的样子。不是我想要它怎么样，也不是我希望它怎么样或者计划怎么样。我接受这就是它本来的面目。现在我用积极的脚步走在自己的路上。当我们这样重新认识整个情境时，就会使愤怒减弱消失。

还可以使用成本/效益分析法。这也是一种理性认识方法，即当我们处于愤怒状态时，我们要考虑衡量愤怒对我们有什么好处和坏处（付出什么代价)？这时可以借助双栏表格法权衡利弊（见表3-2）。要注意的是，在考虑这些问题时最好针对具体的人和事，这样才易评价好处与坏处，不然很难确定愤怒到底是有益还是有害的。

表3-2 愤怒的好处和坏处

好处（获益）	坏处（付出的代价）
(1)他们惧怕我发怒,暂停消极行为。 (2)我得到了所希望的结果。 (3)使事情很快做完了。 ………	(1)人际关系疏远僵化了,且可能产生对立情绪。 (2)对方仍然不知道怎样做更好。 (3)对方不能建立良好的习惯。 (4)不利于身体健康。 ………

当然，通过这种分析我们会发现，坏处会很多，好处很少，付出代价往往我们难以承受。所以这会使我们认清持续愤怒是不合理的，从而下定决心终止愤怒情绪。

另一种有用的终止持续愤怒的策略是用目的引导的思维。我们首先提出问题"这样想有助于我改善心情或者达到目的吗？"一般的回答都是不利于达到目的的，故决定要终止愤怒情绪。

（二）恐惧和焦虑的管理

恐惧一般指惊慌害怕，惶惶不安，是一种人类及动物都有的心理活动状态，是情绪的一种。恐惧往往是因为周围有不可预料、不确定的因素而导致的无所适从的心理或生理的一种强烈反应。恐惧和焦虑往往相互依存，焦虑是对将要发生的坏事情感受到的担忧和畏惧。焦虑常伴随着不愉快的躯体症状，严重的焦虑会直接影响人的身心健康。

每个人都会偶尔感受到焦虑和恐惧，但是强烈的或者慢性的焦虑和恐惧会成为最具杀伤力的情绪之一，严重损害我们的办事能力。多数情况下，焦虑是因为感受到威胁的存在，威胁解除焦虑就会消失。这种暂时的焦虑被称为"状态性焦虑"。还有一种焦虑的产生是因为某些人具有容易焦虑的倾向，

是他们的个性造成的，称之为"特质性焦虑"。我们真正要克服的主要是
"特质性焦虑"，因为"状态性焦虑"会随着环境转换而不断变化，环境压
力、威胁解除后焦虑和恐惧也就消失了，无须主动积极地治疗。当然，当焦
虑程度过高时，还是需要采取适当对策降低焦虑程度的。但"特质性焦虑"
会导致人们，无论人生是否真的艰辛，他们总是习惯于用焦虑的心来应对世
界。相反，我们也可以习惯于用一颗平静的心来应对周围世界，所以克服焦
虑和恐惧就变成了我们选择一颗什么样的心来应对周围世界。

那我们如何才能战胜焦虑和恐惧呢？

当我们焦虑和恐惧时，最常听到的一句话就是"别担心，一切都会好起
来的"。要是战胜恐惧和焦虑真的这么简单就好了。正如贝克和埃默里合著
的《焦虑症和恐惧症——一种认知的观点》一书中所说，顺着你的直觉或感
受通常都是好主意，但当你焦虑时，这是错误的方法。你必须去做违反直觉
的事。这是因为焦虑是矛盾的。你越是试着捍卫自己，你就越害怕。也就是
说，你越是强调焦虑和恐惧感受的真实性和不可战胜，你就越恐惧和焦虑。
所以，战胜焦虑和恐惧，一定要发展成熟的思维方式。而造成焦虑的常见的
直觉思维方式包括担忧、保持担忧、恐怖化、完美主义、对赞许的过度追
求、对控制的过度追求等。塔玛·琼斯基在《内在成长：心智成熟的四个思
维习惯》一书中介绍的四种成熟的思维习惯，能够帮助深陷焦虑情绪之中的
人完成内在成长，从焦虑状态过渡到从容安宁的心态。塔玛·琼斯基认为，
焦虑主要源自情境的不确定性与威胁基础上，人们负面夸张而又不加选择地、
自动推理的结果。所以，要管理焦虑，对抗不确定性的不是确定性，而是获
取更多信息。因此，当焦虑产生时，我们在重视感觉（焦虑）的同时更要重
视事实证据的收集，要根据事实信息做出决策和评估。处理负面自动推理不
是单纯地转变成正面推理，而是要让焦虑者看清整个情境，让他们看到还有
很多更加有益的选择，他们自动的思维得到的仅是其中最糟糕的选项。心理
学家菲利普·肯德尔与史蒂夫·霍朗研究抑郁症患者的自主想法发现，抑郁
症患者的负面思考多于没有抑郁症的人，但治疗成功后，他们正面思考的数
量并未增加。成就心理健康与福祉的真正秘密是要减少负面思考的想法。所

以，伯恩斯在《伯恩斯新情绪疗法》一书中介绍了大量如何减少负面自动思维的方法，其核心是发现和辩驳负面自动思维。下面我们简要介绍一些认知行为疗法中关于焦虑管理的认知策略和行为策略。

第一，控制焦虑和恐惧的认知策略。当焦虑来袭时，我们想到的往往是坏事，但这些想法与可能性混杂在一起，很多情况下人们会忽略掉坏事发生的可能性，直接承认推论结果，从而使人备受折磨，甚至真的导致所担心的坏事情发生。其实，此时很重要的事是要意识到我们担心的事情发生的可能性到底有多大。如果能够让自己对坏事发生的可能性进行较为理性评估（见表3-3），其结果往往会让人心安很多。但在进行评估之前，焦虑者一定要能意识到自己的焦虑只是一种背景噪音，就像你读书时周围环境中的噪音一样，不能让焦虑占领你意识的中心，不然风险评估工作就很难完成了。或者，在心理咨询过程中帮助焦虑者建立一种新的条件反射，即把焦虑情绪当作一种信号，只要焦虑情绪一来，就要来访者从正面角度考虑这种焦虑传达的正面信息是什么，怎样做才能跳出焦虑，达到成功。

表3-3　对坏事情发生的风险评估

风险评估
(1)你所担忧的事情是____
(2)给你的焦虑感受打分(从0到100%)____
(3)这一情况的最坏结果可能是什么？____
(4)评估这种结果发生的可能性(从0到100%)____
(5)有哪些因素可以减少这种结果发生的可能性？____
(6)实事求是地说，最有可能发生什么？____
(7)有哪些思路可以帮你客观看待事物？____
(8)你可以采取哪些行动？____
(9)实事求是地说，最糟糕的情况发生的可能性有多大？____
(10)重新评估你的焦虑感受(从0到100%)____

另外，当负面想法产生时，大脑会把你碰到的障碍、错误、失望、丧气等都记录为"一切都完了！我没有任何价值！我一无是处！"等。因为大脑会因某一件消极事件发生而产生连锁反应，就像多米诺骨牌不断倒下，你的

想象将使你的未来黯淡无光。这时就需要焦虑者能够缩小问题到具体的一件事情上，抛弃绝对性的说法，不要将整个人全部都否定掉。如同进行风险评估前的准备一样，建立情绪调节的认知评估系统。请回答下面几个问题：

这是永久性的还是暂时性的问题？

你真的总是碰到这种事，还是你感觉如此而已？

未来也会发生这种事，还是只有现在而已？

事情变成这样，责任在我吗？

哪些部分是别人应该负责的？

哪些是不管谁都无法控制的？

是一切都不对劲，还是只有某些事情不对劲？

哪一部分发挥了作用，哪一部分没有成效？

当这样思考时，就会将问题缩小到具体的情境上，从而使焦虑者减少绝对化的思维，减少负面思维倾向。

克服焦虑要注意平时培养自己的良好信念。多重复几遍并牢记这些想法，它们会有助于你得到快乐。如下面的几种信念会使自己变得强大，达到与万事万物的"和解"，达到对情绪的调节效果：当我们身处低潮时，对自己说"不要紧"，这是接纳自己，与平凡的自己和解；当自己遇到伤害时，对自己说"没关系"，这是宽容朋友，与他人的过失和解；当我们对现状不满，对自己说"一切都会过去的"，这是满怀期望，与缺憾的生活和解。当然，在日常生活中，我们常常因为担心犯错误而焦虑和紧张。比如有人参加各种比赛时的紧张，考试面试中因担心不好的结果而紧张焦虑。所以，正确地对待做事过程中各种可能错误，形成科学的认知和态度，也是克服焦虑和恐惧的重要方面。哈佛大学积极心理学家埃利恩·朗格曾做过一个研究来探索对出错的开放态度如何影响公众演讲焦虑。实验将演讲者随机分成三组让他们做演讲：第一组被试者被告知"出错是不好的"（完美主义组）；第二组被试者被告知"出错是难免的"（自我原谅组）；第三组被试者被告知"请在演讲中出一个错误，而且还可以出更多意外的错误"（好奇开放组）。结果表明，第三组被试者在演讲中感到最舒服，最不焦虑，并且得到了观众的最高评分。埃利恩·朗格的解释是这一组被试者把完美主义抛在脑后，只专注于表达，好奇地去探索这次经历所带来的各种可能性。下面一段阅读资料是受认知行为疗法创始人阿朗·贝克思想影响得到的一些新的有助于获得好心情，防止焦虑、抑郁干扰的信念，它们能够持久保护我们心态平静积极。

牢记良好信念

（1）想要让自己快乐，我不一定要强迫自己把所有事情都做得很成功。

（2）为了让自己快乐，我需要朋友、同事和亲人，我不可能让所有人在任何时候都喜欢我、接受我。

（3）我的个人价值不依赖于别人对我的想法。

（4）那些观点同我不一致的人不一定讨厌我。

（5）如果在个人生活或工作中犯了错误，这并不能说明我很蠢、一无是处。

（6）我的生活需要恋人、工作，但缺了它们我也一样能生活下去。

第二，控制恐惧和焦虑的认知行为策略。控制焦虑的认知策略固然重要，但对于大多数焦虑患者，联合使用认知和行为策略效果更好。有时候，我们宁愿相信，道理是很难说服人的东西，说服人的只有"南墙"。这个"南墙"就是解决问题的行为后果，当然行为后果有积极的，也有消极的，它们对改变认识来说具有重要的实证作用。

下面为大家推荐几种效果较好的控制焦虑和恐惧的认知行为策略。

暴露疗法。暴露疗法是指让焦虑症患者暴露在各种不同的使其焦虑的刺激性情境之中，使之逐渐耐受并能适应的一类治疗方法。主要分为两类：一类是快速暴露法，又称满灌疗法；另一类是缓慢暴露法，即系统脱敏法。其治疗方式是使用引发焦虑的诱发刺激（如讨厌的人、商场、公共车辆、会场等），有步骤地消除焦虑者的应激反应。一般来说，暴露治疗是在治疗医师帮助下进行的，也就是说是在治疗医师现场指导下，鼓励病人暴露在使其焦虑的情境之中。如果在治疗间歇指导病人自己进行焦虑情境的暴露，则称为自我暴露家庭作业，这种形式的系统家庭作业是治疗的一个重要部分。

冥想训练。冥想训练可以帮助焦虑者找到或维持开放的思维，不再抱有僵化的成见，有让自己安静、放松下来的能力。它可以给紧张的人带来平和的心情。关于这些得到了越来越多的科学研究的证实。功能性磁共振成像技术证明了大脑的运转会在冥想的作用下发生改变，受压力影响最大的区域在冥想期间活跃性降低。冥想的原则是让自己关注自己的某种感觉，让自己尽可能地把其他思想从头脑中摒除，集中注意力，然后放空自己。在这种状态下，身体得到放松，身体的节奏得到了舒缓。

学会全身心地体验积极情绪，回忆起积极情绪，记住这些积极情绪。法国心理学家米歇尔·勒朱瓦耶在《落差：如何化解我们内心的失望》一书中指出，抑郁不是一种缺失，而是一种遗忘，一种忽视。它让人们忘记了三类事情：一是个人的欲望，二是自己的优点，三是自己的行动和精力。我们认为对于任何一方面的遗忘都可以通过在自己身上重新找到或体验各种积极情绪使抑郁状况得到改善，焦虑状况也同样能得到转变。所以，对抗各种消极情绪的非常有力的策略是在自己身上找到各种积极情绪，感受这些积极情绪，并记住这些积极情绪。还要更进一步，寻找各种机会充分体验这些情绪。一位心理学家找到了八种抗焦虑和抑郁的积极情绪，即好奇、自豪、希望、幸福、感恩、惊讶、动力、满足。我在心理咨询实践中发现，这种策略对抑郁症患者的效果非常好。

至于其他情绪的调节，也是个积极主动的过程。所以，需要有目的地弄清楚各种情绪的危害本质，然后再利用以上所说的策略进行努力调整，就会收到满意的效果。总的来说，愤怒是用别人的错误惩罚自己，烦恼是用自己的过失折磨自己，后悔是用无奈的往事摧毁自己，忧虑是用虚拟的风险惊吓自己，自卑是用别人的长处诋毁自己，孤独是用自制的牢房来禁锢自己。

关于药物治疗的一点说明。当恐惧和焦虑严重影响你的睡眠、心情时，可以根据医生的建议考虑接受药物辅助治疗。药物有助于抑制大脑的边缘系统——大脑中情绪反应控制区，帮助焦虑者获得平静。认知行为疗法则是改变大脑皮层的回路，以响应新学到的认知方式，帮助焦虑者更透彻、更精准地去思考。从治疗效果上看，研究发现，认知行为疗法比精神分析治疗等更有效，甚至比服用抗焦虑药物更有效，效果也更持久。

第四章　吸收并践行建设性思想

　　一个人头脑中拥有的知识和信息的质量同他的生活道路和质量有着直接联系，人们所搜集的关于世界运行的知识和信息的质量会影响他们选择的正确性。也就是说，人们在思考之时，一定是以搜集到的关于世界最为真实合理的信息作为前提，才可能得出较为合理的推论，否则就无法做出恰当的推理，容易犯错误。不幸的是，人们在潜意识层面存储了很多错误的信息，生活中形成的各种各样的偏见就是其重要表现。偏见就是由于社会化或认知错误形成的判断失误，或者判断与判断对象真实情况不相符的现象。因此，吸收建设性思想也可以理解成是一个逐步克服偏见的过程。《荀子·解蔽》中指出"凡人之患，蔽于一曲，而暗于大理"，充分说明了一般人的思考因为推理前提有问题会带来消极后果。从抑郁症发生的机制看出：人的早期经历会导致人形成某些"功能失调性假设"（非建设性思想），在后期生活中遇到重大事件，这种"功能失调性假设"受到激发从而启动，会导致产生大量负面因素，形成抑郁症状。抑郁症形成的机制提示我们，吸收建设性思想观念非常重要。马克·吐温曾经说过，让我们陷入困境的不是无知，而是确信无疑的谬误。因此，建设性思想能帮助我们推理更加客观理性，而不至于陷入"自我真理"的牢笼。建设性思想的获得来自平时对经验反思与阅读信息的累积，同时还要加强对所积累的信息和经验的检验，不断淘汰不合理的思想和观念，形成一个动态的观念库。

　　促进人自身成长或者人生改变的无外乎几种因素：生理和心理的成熟、重要生活事件（如生病、事故、婚姻、转行等）、锻炼、学习和老化。这些因素中，目前我们能够主动控制的主要是锻炼和学习。要掌握建设性思维，培养建设性思维能力，就要通过锻炼和学习，广泛吸收建设性思想并不断践行，才能促进大学生建设性思维能力的发展。

第一节　什么是建设性思想

在日常生活中，人们必须学习和掌握一定"高尚哲学"才能使思维更合理。这些"高尚哲学"就是历经风雨考验的、在漫长的人类历史长河中传承下来的精华，也就是圣贤们的精辟教诲。圣贤们揭示了正确的为人之道，揭示了很多正确的思维方式，给我们积极长远的影响。因此，要成为一个建设性思维者，就首先要接受"高尚哲学"中的一些基本观念和基本精神。选择"高尚哲学"，让它们在头脑中扎下根，人们就能进行更有价值的建设性思维，升华为高尚的人。倘若选择了错误的思想，并让它们在头脑里扎根，人们的思维很可能会使他们堕落成罪犯、禽兽，产生心理疾患等。所以，我们首先要吸收那些能够使人区分是非善恶的思想观念，培养区分是非善恶的智慧。当然，对于先贤圣人们的观念和精神还要批判地继承，因为他们的某些观念也会随着时代变迁而不再适用。

人们每天都会读到、听到或看到各种信息，然后毫无选择地纳入自己的知识体系中，作为以后判断和推理的前提和出发点。康德在《判断力批判》中指出，判断力的功能就是将特殊者（具体事物）归属于普遍者（规律、原则、法则等）之下，并将人类判断过程划分为两种形式：第一种是决定性判断力，是指当普遍的原则、法则已经给出时发生的判断。学生在学校里进行的学业上的大部分推理都属于此类。这个过程中的原则和法则有着明确的外在来源，即由教师或教科书提供，学生可以通过学习直接获得，并利用这些原理和规则进行推理和判断。第二种是当普遍法则和原则没有给定，而是需要判断者根据自己的经验和实践来建立，比如审美标准、什么是尊重，什么是朋友……然后判断是否美、某行为是否为尊重、某人是否称得上朋友等。在日常生活中，人们会根据实践经验自发形成很多类似的原则、法则等，作为以后判断和推理的前提自动使用。人类的推理过程主要形式是亚里士多德的三段论：大前提、小前提、结论。我们生活中的推理过程必须依赖实践经验中形成的一个个大前提（假设）来进行。如果人们根据经验形成的法则、原则等是错误的，或者过于僵化不适合当前的情境，或者我们错误地使用正确的法则等，就会导致整个推理过程发生错误，导致不良结果，影响我们的感受、行为，影响自身发展和幸福。有些信息影响了我们的健康，破坏了我们的婚姻关系，甚至会导致我们进行灾难性的投资（如加入某种理财骗局等），或者引发失业的危险。所以，在进行思考时，无论是从外在来源直接学习获得原则或规则，还是由自己的实践经验形成的原则或法则，都要尽可能经过验证或证明，尽可能合理和具有建设性，如此我们的推理才能更加合理、正确。由此可见，建设性思想就是经过验证或证明的确认为正确合理的思想。

人在与世界打交道的过程中要运用理智，也正是人有理智，才创造并形成了一种理智的行动方式。人与世界打交道的方式不是一成不变的，而是随着经历和阅历的增加不断发展变化的。第一次解决某类问题或进行某种实践活动时，我们从外界环境（世界）中获取各种信息，通过问题解决和实践，形成初步的世界观和规则，然后在新的问题解决和新的实践中再次从环境中获取所需信息，利用以往解决问题中的经验，还有初步的世界观和规则帮助我们采取决定和行动。在新问题解决实践中，又积累了新的经验，修正和完善了世界观和规则，以便在更新的实践中加以利用。这个过程无限循环，人的行为越来越理智，同时也越来越依赖所形成的世界观和各种规则，还有以往解决问题的经验等（见图4-1）。这种依赖会让人形成看待世界的盲点，而盲点使人类行为表现出相反的两个方面：一方面让我们固守原来的世界观和规则，这有利于我们排除外界干扰，从而全神贯注地面对各种挑战和向明确的目标前进；另一方面却令人无视其他选择，让人的思维缺乏灵活性和创造性。因此，我们在应对世界时，需要保持虚心的态度，相信还有更好的答案，只是目前我还没看到，但不久就会看到的。那些功成名就者与众不同之处就在于他们的盲点更少，尽管他们专心致志于自己的目标，但同时他们对事态保持着批判和分析的态度。

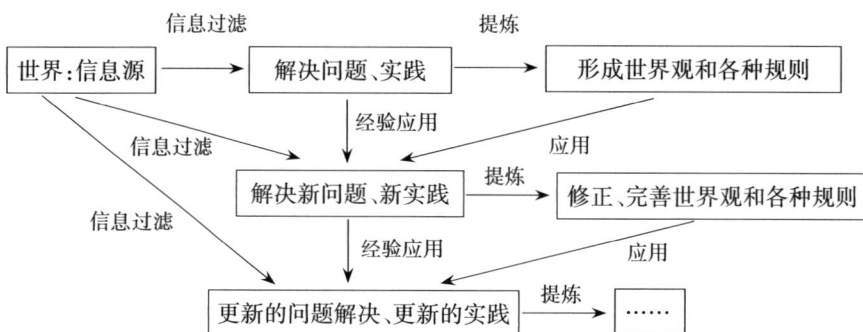

图4-1 世界观和规则的形成、发展与应用

一旦我们形成了较为成熟和稳定的价值观和世界观，掌握了与世界打交道的各种规则，它们就成为影响我们决策和行动的重要因素。若是不适用的或错误的价值观和世界观，则会给我们的生活带来很大不幸。因此，我们要确保形成的价值观和世界观等规则的合理性、正确性。根据斯蒂芬·D.布鲁克菲尔德的观点，我们将这些世界观和各种行为规则分别称为范式型假设、规范型假设、因果型假设①。①范式型假设是最难发现的，这种结构性假设构成了我们的基本世界观。通常我们甚至不觉得它们是假设，我们相信它们是对现实生活和事件的准确反映，而且范式型假设经过长期坚持后才能得到检验，同时还需要大量的反面证据和经验。所以，人们会想当然地接受自己的世界观，并应用在推理中。一旦它们被质疑和改变，将给我们的生活带来爆炸性的影响。如"大学生的学习效果要由他们自己负责"就属于范式型假设，它是对大学生学习事件的基本看法，直接影响着教师的教学和备课行为等。一旦某教师改变了这一看法，认为教师对大学生的学习效果要负主要责任，那他的教学行为就会发生天翻地覆的变化。②规范型假设是关于特定情境下应该怎么办的假设。这类假设不可避免地源于范式型假设，是范式型假设的延伸。比如优秀的学生应该是自觉的积极主动学习的学生，就是"大学生的学习效果要由他们自己负责"这一范式型假设的延伸。③因果型假设是关于世界如何运转及在什么情况下可以做出改变的假设。因果型假设通常有

①斯蒂芬·D.布鲁克菲尔德.批判性思维教与学：帮助学生质疑假设的方法和工具[M].钮跃增,译.谷振诣,校.北京：中国人民大学出版社,2017:16—20.

两种方式，一种是支配未来行为的假设，称之为预测性的，可以概括为"如果做了A，就会发生B"的形式。例如，要求学生学习建设性思维，教师先要掌握建设性思维方式。这种观点中就有预测性假设——教师这样做了，学生也会这样做。第二种方式是追溯性的或回顾性的，我们回顾过去的经验，以指导未来的行动。如，他这次考试成绩不理想，因为他从来不认真学习。这一看法就是对此人当前考试结果的原因的追溯——过去从来不认真学习。因此，在吸收建设性思想时，我们不但要检验自己的关于世界的各种假设是否成立，还要分析在何种情况下是适宜的。从另一个角度看，人类的思想理论可以划分为两种：一种是理论本身，另一种是如何实践某一理论的理论。如与人交往"应诚实做人"是一个理论，但要使这一理论变成现实，还需要一套怎样做才是"诚实"的理论，只有后一种理论才能使人际交往避免陷入美妙的空谈。

要注意的是，吸收建设性思想绝不是饮食大量"心灵鸡汤"。"心灵鸡汤"是对人的安慰和关怀，出于好心，但不一定有效果。"鸡汤"类图书写作风格一般是，小故事大道理地讲述一段扑朔迷离的故事，当然故事不是为了描述客观事实，而是为了给读故事的人一个道德行为的榜样，然后告诉人们像榜样一样去爱、去变强、去改变、去幸福等。"心灵鸡汤"会对心灵成长起到一定促进作用，关键在于那些故事中为我们提供了很多"如何克服重重困难，在痛苦中成长的榜样"行为。其难点在于，故事提供的个案榜样与我们个人的生活、经验、能力等存在着差距，不宜直接模仿榜样行为。建设性思想与"心灵鸡汤"的最主要区别，就在于我们既要讲清楚某种观点是什么，还要指出该观点的来源和研究基础，并给出可操作性程序。也就是说，我们不但要告诉你建设性思想是什么，也告诉你它为什么成立、合理，更要告诉你怎样运用建设性思想于实践中，会获得什么益处。建设性思想带给我们的是获得成长的推理起点，能够使人的心灵和思维能力得到提升，获得发展和成长的机制。

总之，建设性思想就是历经考验的文化精华，是经过验证或证明的规则、原则，是符合自然规律和科学要求的观点，是以爱为出发点，有利于个人成长，变得坚强、乐观，有益于集体和国家发展，是适合特定条件推理的合理前提。它是我们身体里的一股强大的定力，一种自我平衡的力量，随着情境改变而具有很强的稳定性。它是我们掌握的科学的理论知识，是高尚的道德情操，是高贵的人格涵养。它在一定程度上决定了一个人能走多远，思想飞多高，成就有多大。守住这些建设性思想，就把握住了人生的航向，才能到达理想的人生彼岸。但也要注意，价值观、规则等也是相对的，也是在一定条件下才具有建设性作用的。

第二节　吸收建设性思想

思维过程中，绝不能忽略已有知识经验，或相反被知识经验所限制。正如艾尔弗雷德·诺斯·怀特海所说，傻瓜的行为总是基于毫无知识的想象，学究则只凭毫无想象力的知识进行活动。富有创造力意味着将想象与知识融为一体。因此，建设性思想是建设性思维的前提，是推理的前提，它直接决定着整个推理结果的合理性和恰当性，也是决定我们行为效果的重要基础。印度政治家甘地曾告诫有七件事能毁灭我们：没有良知而快乐；没有品格而博学；没有原则而从政；没有奉献却拥有信仰；没经过付出而富有；不讲道德而去经商；不谈人性去研究科学。可见，我们做出任何决策、进行任何行动之前，我们是否具备良知、原则，品格如何，是否懂得付出，都会直接影响决策和行动结果是否有益于社会进步与发展。我们吸收什么样的思想是我们选择的结果，进一步，选择不同，结果也就不同。所以选择什么样思想是非常重要的。因为我们头脑中的知识和信息的质量同我们的生活道路有着直接的联系。外部生活进展不顺，问题可能出在你的思想方面。因此，在吸收建设性思想方面，我们需要首先建立起建设性思想选择的标准。

一、吸收建设性思想的标准

（一）建设性思想吸收的核心是"自我意象"

自我意象就是潜意识对自己的看法，它是关于"你是谁"和"希望成为什么样的人"的内在意象。吸收什么样的建设性思想取决于你将要成为一个什么样的人的核心观念，因为成为一个什么样的人将决定我们选择相信什么和要做什么。运用建设性思维思考"成为一个什么样的人的观念"，首先要具有合理性，也就是我们的世界观、人生观和价值观要具有建设性，而非破坏性。鉴于每个人成长经历和特长的差异性，每个人想成为什么样的人的想法也是千差万别的。但无论差异多大，我们都可以选择明智的行动，最终成为自己想成为的那种人，并有利于个人及周围的人过上幸福的生活。阅读诺斯拉特·佩塞施基安著、白锡堃译的《积极心理治疗：一种新方法的理论和实践》一书中《鹦鹉与糖袋》这一寓言故事，在成为什么样的人方面可以给我们一些启发：故事中的两个角色行动明智吗？他们是否成为他们要成为的那样的人呢？他们的思维方式是否有利于自己及他人过上幸福的生活呢？

例如，有人想要成为一个"志向专一、努力改变自己的人"。这一观念具有建设性吗？这样的人采取的行动一般会是明智的吗？它有利于个人及他人过上幸福的生活吗？若答案是肯定的，然后我们就要围绕这个理想吸收各种建设性思想。比如可以阅读威廉·贝纳德编著、张玉译的《哈佛家训Ⅳ：一位哈佛博士的教子课本》中的《向往大海的小河》，从中吸取精神营养。

从这个寓言故事中，我们能够领悟到：当人们的目标和需要局限在自我层面时，我们就被卡在自我中，内心就会充满恐惧，自身难以发展，对他人、社会也不会有贡献。此时要做的就是要超越自我，融入更大的存在，即归属于某一组织并追求更大的共同目标，去实现一种使命，从而获得幸福。吸收这样的建设性思想并武装自己的头脑，日积月累，并以这样的思想作为推理的前提，我们就能获得个人成长，也能为社会做贡献。总之，当面对的是需要选择做一个什么样的社会的人时，我们所吸收的建设性思想要符合国家大政方针，符合社会主义核心价值观，能激发积极正能量。例如，"国家兴亡，匹夫有责"，这是任何一个人都应该具有的热爱祖国的基本观点和见识，也是一份责任。

再如，当你的自我意象是想成为一个善于解决问题的人时，就要吸收大量关于问题及问题解决的建设性思想和观念，并进行这方面的训练。

第一，一个受到良好教育的人最应该善于解决什么样的问题？通过研究问题的类型（见图4-2，此图改编自理查德保罗著《批判性思维工具》一书中的问题类型），帮助学生认识到解决事实型问题的人不是最高明的，而善于解决判断型问题和创造型问题的人才高明，才是真正受到良好教育的表现。因为事实型问题只有一个固定答案，属于记问之学。如中国的首都在哪里？见仁见智型问题纯属个人偏好，没有完全正确答案。如你喜欢什么颜色？判断型问题有多个答案，但答案有优有劣，需要解决问题者进行全面评估，选择最佳答案。如当前我国治理雾霾的方法是什么？创造型问题暂且没有答案，需要解决问题者去探索发现解决方案。如记忆在人脑中是如何储存的？后两类问题的解决需要长时间的投入和探讨，是教育应该培养的人才的重要能力，善于解决这两类问题也是一个人受到良好教育的标志。

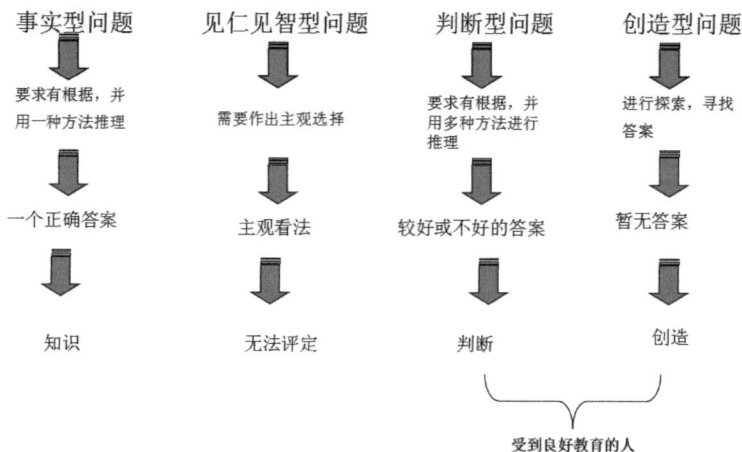

图4-2　四种问题类型

附：训练任务4-1

判断下列问题属于图4-2中的哪类问题：

你叫什名字？

你喜欢哪位明星？

你的身体健康吗？

中国足球怎样才能冲出亚洲走向世界？

普京是一个传奇式政治人物吗？

世界上最伟大的奇迹是什么？

达尔文的进化论科学吗？

什么是批判性思维？

我想考研究生，但不知道考哪所学校，你能告诉我吗？

对于受过良好教育的人善于解决什么样的问题，换个角度回答，我们会得到另一个答案。在学校教学环境中一般都是由教师提出明确的问题，学生可以直接套用规则和（或）公式获得问题的答案。但在实际生活中，却常常遇到结构不良领域，学生不能套用原来的解决方法，只能重新分析问题情境，寻找新的理解方式和解决方案。研究发现，结构不良问题和结构良好问题的解决过程是有明显差异的，它的解决过程主要是一种"设计过程"，而不是在一定的逻辑结构中进行系统的"解法搜索"。因此，结构不良问题解决中最为突出的特征是在这个情境中连需要解决的问题是什么都不清楚，需要学生自己明确。例如，当问有着多年工作经验的教师"心理学知识在教学中有用吗"这一问题时，绝大多数教师凭经验回答是"没有用"，岂不知他们在对待心理学知识在教学中应用的问题上犯了很大的错误。其一，希望简单套用学校课堂上或教科书中的知识来解决具体教育问题。因为他们不知道只要将知识运用到实践情境中去都会遇到大量结构不良问题。这时根据具体情境，以原有知识为基础，建构起理解和解决问题的新方法，这是需要设计的，大概他们从来没有这样考虑过。其二，当教师发现不能套用原有知识时，不去努力思考找到问题解决的新方法，而是选择相信某本书中一定有相应问题的答案，只是自己还没找到，于是他们又犯了另一个方法论上的错误，在他们内心中深信"答案就在某本书中的某处"。有些人韧劲十足，希望通过大量阅读找到那些问题的答案，大多数人很快就放弃了。无论哪种情况，在教学中都不能取得进步。只有勤奋思考重构并努力寻找新方法的人才能有所突破。所以，我们也可以认为受过良好教育的人是善于解决结构不良问题的人。

第二，对于一个善于解决问题的人，同时也要善于终止伪问题。因为对于有些问题，置之不理也能自行解决。但大多数问题不会自动消失，你必须用某种方法主动解决，如果不解决的话，问题可能会变得更糟。但在问题解决前，我们要分析这些问题是否需要解决。因此，要及时终止伪问题，免得给自己带来麻烦，甚至痛苦。①那些与满足错误需要或者实现不合理目标相关的问题属于伪问题，必须终结，而不是解决它们。要终结它们，首先要终结与之相关的不合理需要。检验需要是否合理的方法：分清楚是需要（是必需）还是想要（愿望）。这种方式同样适用于不合理价值观和目标带来的问题。例如：获得食物而生存，锻炼身体保持健康等，都是生活所必需的。买高级赛车、想与某人谈恋爱、想变得更加富有、想要身居高位，或者强迫洗手等不是必需的，仅是想要。②对情境和事件的意义理解不透彻导致的问题，也属于伪问题，需要终结。任何情景都包含有三种不同的意义：合理意义、可能的意义、必然的意义。例如，开车就意味着可能出车祸只是其合理意义，仅理论上是合理的，他只强调推理是合理的，不强调证据是否属实可信。开车出车祸的可能意义是司机醉酒还开车。必然意义是司机醉酒，高速行驶在车流之中，刹车坏了。再如：某学生打算考一所好大学的研究生，她怀疑那所学校排斥外校学生。有的考研学生担心自己考不上自己的理想学校，很焦虑。这些都是把某事件的合理意义当成可能意义或必然意义，当作真实问题来解决，这是不必要的。当然我们可以将合理意义的问题作为问题来对待，因为这样的问题也具有一定积极意义。正确对待他们的方式是，把他们当作对自己可能失误的一种提醒，而不是当作真的问题来解决。③当我们提出的问题中相关因素不能构成因果关系时，也属于伪问题。如"为什么好人不长寿"等问题中，好人与长寿之间根本不能构成论证关系，所以没必要花心思解决这类问题，忽略就行了。④分清问题产生的来源及能够解决的程度也能帮助看清伪问题，让我们放松下来。其一，我们自己的决策和行为产生的问题，这种问题又可以划分为：能部分或全部解决的问题；超出解决能力不能解决的问题。其二，我们自身以外的力量产生的问题：能部分或全部解决的问题；超出解决能力不能解决的问题。费斯廷格提出了一个法则：生活中的问题10%是由发生在你身上的事情组成，而另外的90%，则是由你对所发生的事情如何反应所引起的。也就是说，10%的事情无法掌控，90%的事情能够掌控。很多心理问题的产生源自对伪问题的纠缠。来访者在面对困境时，通过推理产生了伪问题，不但没有及时终结这些问题，反而不断纠结，并深陷这种纠结中不能自拔，导致心理问题产生。例如，有的考研同学，在复习备考中突然想到自己要报考的高校可能在面试中会歧视自己（因为自己所在高校实力不强），于是纠缠下去，整天惴惴不安，干扰了复习。此案例中，报考某院校研究生的问题是面对毕业时由他决定考研所带来的问题，只要认真努力备考就能在一定程度上部分或全部解决这个问题。这属于90%能够掌控的问题。但是当该生考虑自己面试过程中可能受到歧视的问题时，他是难以控制的，或者根本无法控制，这对于他来讲是个伪问题。对于伪问题采取的合理应对方式是终止，绝不纠缠。若是这样，该生就能放松下来，安心复习。

第三，要善于识别重要问题。人不可能事无巨细地将生活的方方面面都进行认真决策，解决每一个细小问题都要花精力，关键是要对人生重大问题进行细致而认真的解决。因此，应该忽略细小问题，有选择地解决重要问题，做重大决策，不要在这些方面失误。重要问题一般有两类：一是其解决方案会产生明显长远后果的问题，例如职业选择、伴侣选择、人生观和价值观选择等；二是长远后果不那么明显的问题，例如饮食习惯、锻炼习惯、卫生习惯等。对于这两类问题要善于识别，并需要深入思考。而要进行深入思考，必须放弃当前的满足感和短期利益获得。

当然，关于问题的建设性思想不仅这些。建设性思想是开放的系统，永远都需要更新、充实、丰富。

人生是方方面面的，当你想在某方面成为一个什么样的人时，你就要吸收与之相应的建设性思想观念。当你想成为一个积极乐观的人时，你可以努力在生活中寻找好奇、自豪、希望、幸福、感恩、动力、惊讶、满足。你可以尝试在自己身上发现这些情绪，感受体验这些情绪，并记住这些体验。你也可以试着寻找机会去体验这些情绪。当你想成为一个有个性的人，你可以在历史中或现实生活中，甚至文学作品中寻找一些你所敬仰、崇拜的人物，阅读他们的生平、轶事，在头脑中建立一个你自己的"精英灵魂团队"。每当遇到问题需要解决时，你可以像你的精英团队中任何一位那样解决问题，充分显示出个性和人格魅力。若是想成为一个自律的人，你可以阅读 M.斯科特·派克的《少有人走的路》等著作。当你想改变不良习惯时，你需要吸收威廉·詹姆斯等人关于习惯改变的建议。当你想培养美德时，你要吸收富兰克林等人关于美德培养的论述。当你想成为一名批判性思维者时，你需要广泛吸收理查德·保罗和大卫·A.亨特等人关于批判性思维的论述。

（二）衡量将要吸收的思想观念对自己和社会的贡献

我们认为建设性思想绝不是死的教条，也绝不是死记硬背的知识，而是一种条件化信念，是一种在不同条件下能够灵活应用的观念。因为这种信念，我们会把事情看得更透彻，一般不会产生消极情绪，这种思想还能让我们采取正确合理的应对行为，促进自己进步和社会的发展。总之，当一种思想对你和社会有贡献，那它就是对的，就是建设性思想；若一种思想阻止你和社会的发展，那它就是错的，不是建设性思想，就要淘汰掉。例如当面对金钱时，我们不可以只采取一种固定不变的态度和行为，至少可以采取两种不同的态度和行为：一般情况下要重视金钱，努力赚取金钱改善自己的生活；另一方面，当与具有更多财富的人进行比较时，又可以强调自己身上无形的财富。钱可以买到房子，却买不到家。钱可以买到床，却买不到睡眠。钱可以买到钟表，却买不到时间。钱可以买到书，却买不到知识。钱可以买到食物，却买不到好胃口。钱可以买到地位，却买不到尊敬。钱可以买到血，却买不到生命。钱可以买到同伙，却买不到朋友。钱可以买到快乐，却买不到幸福。钱可以买到奢华，却买不到文化。钱可以买到保险，却买不到健康。若想让自己感觉很富有，那就计算自己所拥有的用钱买不到的东西。再如，面对麻烦的想法，有人很怕麻烦，总是躲着，一句"太麻烦了"，然后放弃行动和责任，这样的人终将一事无成。但建设性思想让我们能够合理地区分麻烦：有些麻烦躲也躲不掉，就要勇于面对，有些可以少惹。什么样麻烦总要严肃面对呢？你有没有这样想过：当孩子不麻烦你时，可能已经长大成人；当父母不麻烦你时，可能已经不在身边了；当爱人不麻烦你时，可能已经去麻烦别人；当朋友不麻烦你时，可能已经有了隔阂。这样的麻烦就要用耐心面对，善于应对。很多事业和工作中的麻烦是我们不断进步的垫脚石，只有克服掉这些麻烦才能有所进步和成长，为社会和人类做出贡献等。像这些麻烦就一定要克服，坚决不能逃避。只要我们知道了自己生活中什么样的麻烦是不能逃避的，什么情况下可以选择避开，我们其实掌握了一种建设性的思维方式，就足以正确对待各种麻烦。因此，我们要在吸收建设性思想过程中不断衡量自己行为的意义，做出理性恰当的选择，有益于自我成长，有利于社会的进步等。

附：训练任务4-2

判断自己行为的意义：

当自己要进行某种重大活动时，为了看清自己的思想是否具有建设性，我们就要在行动之前，积极主动地深思自己行为的意义和价值，进而评估支配自己行为的思想是否具有建设性。

（1）如果我要做这件事（如背单词），可能会发生什么？

（2）如果我决定不做这件事（如写作训练），可能会发生什么？

（3）如果我们对某种关系（如恋爱关系）做出决定，有什么意义？以前做出的类似决定产生了什么后果？

（4）拖延或忽略某个问题（如子女教育问题、学生考试失败问题）的后果是什么？

（5）如果我继续坚持目前这样生活，我可能会面临什么样的后果？

（三）吸收建设性思想的依据是论证而不是简单推理

人们在选择相信某些信息或观念时，不是依据论证，而是不自觉地根据自我中心的推理：因为我相信它，所以它是对的；因为我们相信它，所以它是对的；因为我想相信它，所以它是对的；因为我曾经总是相信它，所以它是对的；因为相信它符合我的利益，所以它是对的。但这样的判断带有非常大的局限性，往往是错误的。因此，选择相信某种信念时，一定要依据科学论证，而不是简单推理。因为推理的主要问题是结论是如何根据前提得出的，只考虑推理本身是否成立问题；而论证则要考虑论据是否为真，在论据为真的前提下论证能保证主张的真实可信。抑郁症患者等有心理问题的人，过于相信自我为中心的推理但又不去论证，于是困惑重重，内心痛苦。比如，由于一件事情没有做好，它们就会推理认为自己一事无成、百无一用，自己是倒霉蛋等。我们曾听说过这样一个故事：一位老太太，下雨天发愁，担心大女儿的鞋子生意，天晴时又担心卖伞的小女儿的生意。这位老太太只进行了自我为中心的推理，她的推理是合理的、成立的。但结论是否为真，是否可信呢？下雨天大女儿家的生意就真的不好了吗？晴天时小女儿家的伞就不好卖吗？这就需要老太太看看实际情况，再确认推论是否属实，而不是自己在家中妄自推断。再如，请你阅读《幸运的人与努力的人》，分析故事对运气的论证，你有多么相信？

"你相信运气吗？"国王问宰相。

"我相信。"宰相回答。

"能够证明吗？"国王继续问道。

"能。"宰相回答道。

于是一天晚上，宰相在一间房子的天花板上悬挂了一只装有豌豆与钻石的口袋，让两个人进入房间：一个是相信运气的人，另一个则是相信要靠自己努力的人。前者，进入后就静躺在地上，另一个相信靠自己努力的人则开始不断探索起来。终于，在黑暗中他摸到了口袋，并摸到了豌豆和钻石。他吃掉了豌豆，将"石头"扔给了下面那个躺在地上的人。下面那个人将"石头"用毯子收好，包裹起来。第二天，国王让他们把自己得到的东西带走。相信运气的人带走了钻石，而努力的人只吃了几颗豌豆。

这个故事似乎告诉我们，运气是有的，但较为罕见，如豌豆中混入钻石，那个人将"石头"收好，并被允许带走一样。这个故事虽然看似论证，但其实质仍然属于推理范畴，它不足以让人真正相信运气的存在。当然这个故事若从其他角度理解也颇有意味：假设进入房间的是两个饥饿难耐的人呢？吃了豌豆的人就可能活下去，而那个拿到钻石的人因饥饿而死，他的钻石最终还是会落到努力的人或其他人手中。因此，在吸收建设性思想这件事上，不要靠运气，而要仰仗积极地选择吸收通过论证的与自我意象相一致的思想和观念。

对于自己选择相信的观念最好经过论证，若是建立在简单推理基础上就相信的观念很可能是错误的。阅读下面的小故事，会帮助你更加了解论证与推理间的区别。故事中的三个人因为看不见，没有客观证据，只能依靠推理，但推理结果都是错误的。只有罗马尼亚军官明白这里面的一切，他掌握着所有客观证据。

在火车厢的小房间里，仅有四位乘客：一位美国老太太和她年轻而引人注目的孙女，一个罗马尼亚军官和一个纳粹军官。当火车通过一座漆黑的隧道时，突然听到了一声清脆的接吻，接着就是一声响亮的耳光。火车驶出隧道后，他们四个人没有一个人说话。而这时，四个人心中都在为刚才的声音展开思考。

老太太心里想："我真为我的孙女感到骄傲。"

而他的孙女心中却说："嗨，祖母都那么大年纪了，接一次吻有什么大不了的，还动那么大肝火，也真是的。更何况，那两个人长得也挺帅的。我真感到惊奇，祖母那么大年纪了，可打起耳光来还是那么有劲！"

心中窝火但仍然笔直坐立的纳粹军官心中说："这罗马尼亚人真狡猾，他偷偷地去吻一个女人，却让人替他挨耳光。"

只有那个罗马尼亚军官心中暗笑："我这一手干得漂亮，真解气：我只不过在自己手上吻了一口，却打了那纳粹分子一记响亮的耳光。这个纳粹分子可能不会怀疑是我打了他。"

无论我们通过何种途径接受的思想，都要进行反思并判断其是否属于建设性思想。这就需要认真回答好这些问题：①这种思想是什么？它是否经过检验确证为真的思想？②它能帮我做成什么？会使我成为一个什么样的人？或者会使我避免成为什么样的人？③这种思想在什么情况下有利于自我成长，对自己的发展起到正向引导作用？在什么情况下有利于社会，使每个人都成为赢家。经过这样的反思，将所吸收的思想观念暂时接收为建设性思想，并在实践中进行检验，发现其适用的边界条件，逐渐达到灵活应用的程度。

附：训练任务4-3

判断某种思想是否属于建设性思想：

我认同并感觉合理的思想是：_____

对这一观念进行下面反思：_____

（1）这种思想是什么？它是否经过检验确证为真的思想？

_____

（2）它能帮我做成什么？会使我成为一个什么样的人？或者会使我避免成为什么样的人？

_____

（3）这种思想在什么情况下有利于自我成长，对自己的发展起到正向引导作用？在什么情况下有利于社会，使每个人都成为赢家？

二、建设性思想的源泉

在积极选择和吸收建设性思想时，也就是在不断纠正我们对生活和事业、学习存有的错误观念。我们怎么知道错误何在呢？可以向智慧和资深人士请教，或积极反思。当然吸收什么样的信息，还是首先取决于我们想做什么样的人，当我们做人的态度和意向改变了，选择和吸收的建设性思想也会发生一致的变化。现实生活中，建设性思想来源于何处呢？

一是直接理解和接受圣人先贤的思想、社会精英的观点、科学研究的成果，并用来指导自己的行动。一种非常有用的方式就是阅读有思想深度的经典古籍，那些有着几十年，甚至上百上千年历史的书籍。通过这些书中提供的批判性视角，你可以尝试建设性地摆脱某些思维假设的约束，构建出富有创造性的观点。但无论我们从何处吸收建设性思想，当我们遇到某种思想时，首先要理解这些思想的含义，弄清楚这些思想到底想要告诉我们什么，要我们怎样行动。在此基础上，对所吸收思想进行逻辑论证，也可以运用所吸收的建设性思想指导我们的行动，对其进行实践检验。如马丁·路德·金认为：谅解并非临时法案，它是永久的姿态。我们要弄清楚马丁·路德·金到底要说什么，要我们怎样做？所以，先要理解谅解的意义：什么是谅解？谅解就是了解实情后，原谅或消除意见。马丁·路德·金想告诉我们的是，在人际交往中，我们要永远保持了解事情后原谅和消除意见的姿态，不是时有时无或偶尔使用的交往规则。当一个人能够按照此建设性思想进行思考时，就能够谅解周围绝大多数人，他懂得周围人的想法，理解他们那样做的理由，非常有利于建立良好的人际关系。当然，最重要的是要在交往的实践中对此观念进行检验，最终发现这一思想使用的各种具体条件。再比如，当我们阅读时看到"凡有所学，皆成性格"，首先要搞清楚作者想说的意思是什么？可能会有很多人认为非遇到特别重大的事件才能改变人的性格特征，日常生活事件根本不足以改变性格。其实重大事件发生时只是性格特征改变比较大、比较明显罢了。事实上，我们的性格每时每刻都在发生变化，只要善于学习，学有所获，皆在改善我们的性格。这一思想会启发那些想改善性格的人处处留心，仔细思考：其所学与想要培养的性格之间是否存在某种关系，如何利用所学来改善性格。我们知道，学习是通过经验导致行为和行为潜能发生持久变化的过程，而性格是指稳定的习惯化的行为方式。所以，我们可以推理：凡是学习一定会导致行为的变化，表现出一种新的行为，一定会影响到原来的习惯化的行为方式，甚至导致新的性格特征的出现。学习与性格关系还需要进一步在实践中进行深刻体验。当学习了关于成长型思维的研究成果，并从中得知要怎样才能从固定型思维转变成成长型思维的步骤后，首先要弄清楚，何为固定型思维？何为成长型思维？它们的表现是什么样的？然后再理解这些步骤是什么？这个训练程序要求我们怎样做？这样操作是否能够使思维方式得到有效转变？有何事实证据支持操作的有效性？通过逻辑推理我们认为这个步骤是可行的：首先要能够领会固定型思维的"声音"（内部言语），也就是意识到当时我们的固定型思维是怎样思考的。当然这时一定要有另一种意识，就是还有其他选择，进一步采用成长型思维对固定型思维进行反驳，更进一步按照成长型思维的结果进行行动。经过一段时间的练习，我们就能体会到自己思维方式是否有所转变。

二是通过生活经验教训总结，发现并反思自己对世界的各种假定，进一步转变成建设性思想。判断自己总结的观念是否属于建设性思想的标准依然参照衡量建设性思想的标准。但首要的是在反思中要找出自己对世界形成的各种假定。所谓假定就是我们持有的对世界和自己的处境自以为正确的观念。这些假定决定了我们思考和行动的框架，赋予我们自己和行为以意义等。例如，发现自己生活中感到痛苦的事，通过反思弄清楚使自己痛苦的假定是什么并要求我们怎样做，然后学习驳斥它，学习从相反方向思考和行动，就会得到幸福与快乐。这是两种生活态度，前一种导致人们无尽的痛苦，后面一种态度则给人们以希望和幸福。当然，生活是复杂多变的，只是简单地转向相反方面未必总能解决问题。有时候，人要通过自律主动地接受苦难的磨炼才能取得成功，这时接受的建设性思想就是让人主动受苦。为此，这就要求人们灵活地不断调整人生态度（价值观等），最重要的是要调整心态，调整自己的认识，提升思考方式，就可以与幸福不期而遇。所以，这种吸收建设性思想的途径，就是将个人生活经验进行总结，通过反思、实践转变成"条件化知识"，绝不是简单地吸收所谓绝对真理的过程。

当然总结自己的生活经验教训，可以发现建设性思想。但在后期使用过程中还要善于不断有意识地重新评估前期形成的建设性思想，以保证吸收的建设性思想的合理性和有效性。

三是吸收新的建设性的思考方式。我们可以利用某种思考工具帮助自己和社会发展进步。例如积极心理学的思维方式就是一种很有价值的思维方式，它有利于人们保持积极向上的状态，构建积极的心理素质。对于抑郁症病人来说，自己是无能的，世界是灰暗的，情绪是消极的。但我们可以通过积极心理学进行思想指引，让他们发现自己世界中的惊讶、好奇、满足、感恩、幸福、自豪、动力、希望，从而使他们的情绪积极起来。训练从积极角度思考问题，使抑郁情绪得到很大缓解，而不是让患者看到更多消极面，使抑郁症状更加严重。当我们遇到困难时，要相信"凡事一定会有出路！"这种思想能帮助我们积极主动克服困难，寻找问题解决的对策。它是有利于激发斗志和奋斗精神的思想，所以要吸收。但也要注意它的适用范围，绝不是任何时候都要这样执着地坚持，因为确实存在一些困难是我们现阶段无法解决的。当我们考察教学过程时，常会出现这样两种情况：第一种情况是，很多教师和学生会认为，教师总能理解他们自己在做什么，也理解自己对学生的影响是什么，并认为他们的教学行动所具有的意义和重要性与学生领会到的完全一致。这其实是对教学的天真的理解。另一种情况相反，由于语言的局限，我们从来不能对自己的动机和意图完全了解，更会经常错误地理解别人对我们行动的感受。持这种观念的教师会认为自己是无能的、教学充满着挫败，导致悲观主义和懒散教学。为了打破这种天真和自责的恶性循环怪圈，需要对教学采取建设性思维的立场，这种立场有助于提高教学成功的机会，防止教师掉进丧失信心和自我伤害的陷阱。

第三节　践行建设性思想的两个步骤

当我们吸收了建设性思想之后，我们要如何对待它们就成为一个关键问题。蒙田说过，不应把知识只当作标签贴在心灵之外，而是把知识和心灵紧密联系在一起；不应只是用知识轻轻涂抹心灵，而是必须让心灵蘸饱浸透知识。所以，我们一旦吸收了建设性思想，就要深思熟虑，身体力行，践行这些知识，领悟其成立的条件和适用的范围，把它们变成真正的人生智慧。就如同古人践行"礼"一样，道理是相似的。一本真正的好书教给我们的不只是阅读它，我们必须很快将它放在一边，然后按照它来生活。始于阅读，终于行动。这是梭罗《瓦尔登湖》中的观点。生活中，各种建设性思想——智慧之语、人生意义、黄金法则——每天都能听到或读到很多，但是除非我们花时间用心欣赏、理解、质问、改进，并能与自己的生活联系起来，付诸行动，否则建设性思想仍然只是思想，与我们的思维能力和生活又有什么关系呢？其实，我们大多数人的生活方式何尝不是如此呢？践行建设性思想，就是要在做出决策和行动之时，要以建设性思想作为决策和下定决心的推理前提，并养成习惯，为个人成长和利国利民的事业作贡献。下面介绍践行建设性思想的两个步骤：

一、战略思考

恩格斯指出：一个民族要想站在科学的最高峰，一刻也不能没有理论思维。同样，一个人若想站在人生的最高峰，也一刻离不开理论思维——我们在此特指"战略思考"。因此，践行建设性思想首先要从思考建设性思想开始。所谓战略思考就是在不确定的情况下，从理论层面做出决策采纳一定原则和观点，这些原则或观点对个体将产生实质性的长期影响，旨在改善所想、所感或所做的一系列行为。进行战略思考有助于人们做好思想准备为不同情况下做出合理推理奠定基础，显著改善思维方式。

战略思考具体由三个部分组成：（1）鉴别阶段。发现你的思维何时处于非理性或存在谬误，并且明确陈述此情境中你的情感和欲望（需要）。（2）智力行动。找出导致结果的非理性思维；找出将非理性思维转化为理性思维（在该情景中有积极意义）的方法；每当出现消极情绪或需要，就重复你认为可以替代非理性思维的理性思维，直到你感觉到伴随合理想法出现的理性情感。以上两个部分属于接受建设性思想的第一阶段，下面介绍第二阶段。（3）负起责任。建设性思维是终生需要培养的习惯。各种形式的个人发展中，思维的发展意味着根深蒂固的习惯的改变。而这只有作为理性的人为自己的成长担负起责任的时候，变化才能发生。这一阶段主要是能够发现建设性思想在决策和行动中的意义。战略思考的重点在于理解并巩固建设性思想，并下定决心将在各种可能使用建设性思想的情境中运用该建设性思想。

例如，关于"如何进行深刻思考"的战略性思考。（1）鉴别阶段。当别人要求，或我们自己也想对某些事情"再好好想想"时，或者当别人说"你的想法太肤浅"时，这些情境都是在要求人们进行深入的思考。但从小学到大学，我们并没有直接看到过怎样才算进行深入的思考，所以收到这样的指令时，我们一般只能装模作样地思考一番作罢，什么都没改变：仍然处于困境，一筹莫展，停滞不前。其实我们也想从这种困境中挣脱出来。这个过程中，人们最大的谬误就是不知道何为思维的深刻性，非理性冲动却只是想找到答案，而没有可行的方法和途径。通过上述鉴别过程，我们弄清楚了不能进行深刻思考的原因是对深刻思考本身的无知和急于找到答案的急迫情绪。（2）智力行动。通过学习和研究，我们发现真正深刻的思考包括以下几个方面：第一，彻底地理解事物或问题的复杂本质，善于见微知著。本质是指在任何情况下，都保持不变的事物的属性和联系。怎样找到它们呢？正如马文·明斯基所说：如果只用一种方式了解某样事物，你就不会真正了解它。了解事物真正含义的秘密取决于如何将其与我们所了解的其他事物相联系。通过联系，你可将想法内化于心，从各种角度看问题，直至找到适合自己的方法。这才是思考的真谛！也就是说要能将解决的问题复杂化，善于从不同角度分析看待事物，善于用联系的观点看待事物和要解决的问题。如解决空气污染问题就要从不同角度和联系的观点看待并解决问题，才可能获得更加合理全面的解决方案。同时，要了解问题解决结果的积极和消极意义，并能够知道怎样预防消极后果的发生。第二，要能够把握住问题的关键细节、重点和难点，抓住问题的主要矛盾，看清问题的难点，集中精力进行攻关。最好能够抓住问题的核心细节，再将问题简化、模式化。以后遇到类似问题就容易解决了。第三，要知道事物或问题的来龙去脉（通过文献综述获得相关知识）。这一事物、问题形成的原因是什么，怎么产生出来的？有什么局限性？事物形成和问题产生的逻辑是什么？解决了这些问题对我们有什么作用，会如何影响我们的生活？对这些问题的回答也是深刻思考的标志。第四，学会挖掘反思自己在问题解决过程中作为推理前提的基本概念和深层假设，评估概念的清晰性和假设的合理性，特别是对范式型假设进行取舍，进而做出最合理且利己利人的决策。这也是深入思考的标志之一。第五，思维深刻成立的必要条件是问题解决过程中要坚持和执着，只有这样才可能有深刻的思维结果。因为有创造性的思维成果绝不是瞬间思考所能获得的，往往需要经历一个漫长而艰难的过程。第六，在问题解决过程中能够灵活熟练地将理论应用于实践，并且很好地指导实践，也是思维深刻的表现。通过以上鉴别过程和智力过程，我们对如何进行有深度的思考有了深刻理解，下定决心在以后的思考中，一遇到需要深刻思考的情境，就提醒自己按照上述六点要求不断实践，形成新的思考习惯。（3）负起责任。要真正对自己能够做到深刻思维负起责任，就要看透深刻思考在决策和行动中的意义。一个能够深刻思考的人：思维的目的明确——使自己明智地选择相信什么和做什么，并能做到多赢；深刻思考使事情结果的可控性更强，因为通过深刻思考能够抓住问题本质和重点等，对积极和消极结果都能够提前预测，特别是对消极结果能够设计预案进行防范；深刻思考使人做出明智的选择，可以从众多的应对方案中选择最佳。当你能够看清深刻思考的意义时，就会坚定地负起责任，努力使自己在以后的生活学习和工作中尽力深刻思考。

二、通过实践将建设性思想转化成"条件性知识"

不经过深度的思考和训练，学到的东西只能是"花拳绣腿"。因此，一旦我们获得了建设性思想就要将之应用在自己的生活实践中，使之内化为潜意识，成为熟练化的指导思想。若只是停留在理性认识程度上，就不能真正持久地改变我们的行为。就如同轮船上的舵盘与自动导航系统的关系一样。我们手控舵盘，一时改变了航向，但若是不调整自动导航系统，手一松，自动导航就会马上重新控制轮船的航向。意识相当于手控舵盘，潜意识类似于自动导航系统，而我们的行为深受潜意识的影响和支配。所以，一旦吸收了建设性思想就要通过实际行动将之转化为自动化指导思维的假设。

在人生的赛场上，没有一成不变的规则。大多数时间里，生活不断重复考验着人的耐心和细心，考验着人们随机应变的调整能力。因此，我们不要相信完美的真理，也不要相信存在恒久不变的信条。建设性思想者的头脑是开放的，随时接受新的有价值的信息，他们也会随着条件的改变灵活应用所掌握的信息。也就是说，践行建设性思想就是将所吸收的各种建设性思想观念转化成"条件性知识"的过程。因为，凡是不考虑时代因素，不考虑具体情境而生搬硬套地运用所学知识或所掌握的规则，就会出现僵化，就会不合时宜地应付现实，就会犯错误，付出巨大代价，甚至牺牲生命。如纸上谈兵的赵括、刚愎自用的马谡等就是最佳范例。因此，在吸收建设性思想阶段，我们一方面要努力掌握规则、建设性思想等，掌握之后还要进一步对其应用范围和情境进行试验，将建设性思想变成条件化知识。如前所述，完成了"如何进行深刻思考"的战略思考后，还要进一步对其进行实践检验，将其深深根植于现实的土壤中，直面现实中的种种问题，利用建设性思想进行深刻思维，来解决问题。例如，通过深刻思考认清人际关系问题的本质在于："现实分离"导致的观点不一致，但仍然坚持自己行为方式就会产生人际冲突。同时努力将这一思想作为指导人际交往的原则，不断进行交流消除不一致观点或者改变自己或他人的行为方式，实现人际关系的改善。

将各种思想和观念转化成条件性知识，并非要将不健康的思想剔除或消除干净，也不是简单拒绝吸收评判为错误或不健康的思想。有人认为，你需要像为苹果树捉虫除草一样，剔除内心那些不健康的、有碍自身发展的因素。只有这样，才能让思想保持纯净。也就是说，应该把内心的消极思想全部替换：把"困难"替换成"转机"，如不再想"这项工作很困难"，而要想"这项工作存在着转机"；把"磨难"替换成"旅程"，如不再想"我的人生磨难重重"，而要想"我的人生是一次跌宕起伏的旅行"；把"遭受"替换成"享受"，如不再想"我遭受了挫折打击"，而要想"我享受着挫折带来的挑战"。这样做的人，头脑中有一个错误假设，即头脑中只剩下了积极健康思想的人就能健康。但这样做的结果又如何呢？我们知道，世界是复杂的，在某种条件下合理正确的认知在另外的条件情境下很可能是错误的知识和思想，或者起不到原先预期的作用，转而这些所谓合理、健康的思想就变成了不合理、不健康的思想。因此，一味清除消极和错误思想的做法是不可行的，转而把各种思想在实践过程中转变成条件化知识和规则，能够灵活应用于实践才是最好的做法。

将各种思想和观念转化成条件性知识，还要让大学生懂得"做什么可以不让消极事件发生"。这也是非常重要的能力获得，因为人生不如意十之八九嘛！比如我们进行地震逃生演练，是为了在地震真的发生时能够尽可能科学逃避灾害；滑冰戴上护膝和手套等，是为了防止摔倒时受伤等。而这样的知识和技能在教科书中是很少见到的，需要我们积极深入生活并不断积累才能获得。获得了知识，既懂得能干什么，又懂得能防止消极事件发生，两方面知识的获得才能使生活过得更好。

因此，践行建设性思想的过程就是一个不断吸收建设性思想，通过践行、犯错发现不适用条件，然后进行矫正发现所谓建设性思想适用的边界条件，总结经验教训预防消极后果产生，进一步有条件地吸收建设性思想的过程。这是一个循环往复、不断深化、曲折前进的反思过程。具体可以从下面问题的回答中总结和构建正确的视角，即转化成条件性知识，并进行长期训练。

第一，这种思想是什么？它能帮我做成什么？

第二，这种思想是否有利于我的个人成长？在此种思想的指引下，在什么情况下它能帮助我成长为什么样的人，或者避免我成为什么样的人？

第三，若这种思想（旧有的或者新吸收的）可能不利于我的成长，甚至不利于集体、国家，那么为了不让它放任自流，我需要做些什么才能克服它，我需要找谁帮忙战胜它？

第四，独立思考这种思想在何种条件下是有益的，或向谁请教这种思想在何种条件下是有益的？

第五，经历了以上思考，怎样保证自己能够合理利用这种思想？

如此反复，坚持不断地对任何一条自己选择相信的思想观念进行反思，创建条件性知识。这样建设性思维才能打破原有思维的僵化、片面性，打破自我为中心的普遍真理，达到具体问题具体分析的水平。

附：训练任务4-4

对某种建设性思想进行战略思考，然后通过实践将其转化为条件性知识：

你获得的建设性思想是：用几秒钟的时间浅尝辄止地思考一个问题，通常是没有结果的，往往需要花两三分钟的时间，甚至高度集中地、不间断地深思才会得到真正的启示。

战略思考：（1）鉴别：关于思考在时间维度上你存在哪些谬误？（2）智力行动：找出你的谬误的非理性思维，并找到用理性思维代替非理性思维的方法。（3）负起责任：要在思考中使自己真正做到思有所得，自己要负起何种责任，要怎样做才能提高建设性思维能力？

_____

_____

总结形成条件化知识：通过实践，你认为在何种条件下这种思想有利于自身发展，什么情况下不利于个人成长？这种思想何时对他人及团体有利或不利？

_____

_____

改换建设性思想的内容，不断地训练。勤加练习，你的建设性思维能力一定能够得到改善和提高。

　　坚持不断地吸收建设性思想，然后利用建设性思想进行战略思考，并在实践中总结转化为条件化知识。每当有所收获时就将其写出来，当天晚上或一周后进行整理，日积月累就会形成我们自己的建设性思想体系。

第五章　建设性思维能力培养的方法

威林厄姆在《为什么学生不喜欢上学?》一书中指出，尽管人天生具有好奇心，但并不是天生的杰出的思想者。除非认知环境符合一定的要求，否则人们会尽可能避免思考。因为人类大多数情况下会利用视觉、依靠记忆等来解决问题，而不愿意利用自己的思维能力处理难题。所以，要训练思维能力，就需要大学生改变态度和意识，为其创设一定的情境，在不断引导中进行思考并养成思考的习惯。

第一节　下定培养建设性思维能力的决心

在日常生活中，我们常常想得到某些东西，实际上只是想要而已，并未下定决心一定要得到。丹·米尔曼在《不凡时刻》中认为，知道该怎么做往往并不难。难就难在把意向变为行动，把解答变成结果。在大部分人的生活中，知道该怎么做跟实际上怎么做并没有太大联系。因此，当我们知道了要做什么（目标和使命）、怎么做之后（计划和方法），一定要下定决心坚决地付诸行动才能够实现目标。可以看出这是一个长期与自我惰性斗争的过程，是一个决心做成一件事的追求过程。

一、打破自我惰性

丹·米尔曼在《不凡时刻》一书中认为，我们大都相信自己有革新的愿望，但我们有着相当大的惯性——也就是对变化的阻抗……我们总是循规蹈矩甚至重蹈覆辙，难以改变旧习惯，哪怕这些习惯显然行不通。因此，自我改变显然不是人们擅长的领域，更多时候人们不知道怎样改变自己，为什么要改变自己，因此总是不情愿，自我改变的效率是非常低的，而且人们还会因为想改善而得不到提升陷入苦恼和苦闷的情绪中。因此，"自我改变"就成为每个人的一块"彼得高地"。劳伦斯·彼得在《彼得原理》一书中对"彼得高地"的定义是，对某人来讲，一个不称职的岗位是使他感到最苦恼、最苦闷的岗位。这与明代王阳明所说的"破山中贼易，破心中贼难"有着异曲同工之妙。王阳明认为"山中贼"系戕害百姓的世间祸害，属于胜人之事，容易处理；违背天性、肆虐人情的心中祸害，则属于自胜之事，是很难根除的。那么，当代大学生进行建设性思维训练也将是一块"彼得高地"，属于自胜之事。下面我们来探讨怎样帮助他们跨越这个难关。

（一）认识自我惰性

自我改变的干扰主要来自内在的惰性，主要是自我防御和保护。在成长过程中，我们建立起强大的保护和防御机制，并学会了保护属于我们的物质，比如身体、所属物品等。身体的免疫系统、法律、道德规范等都是我们建立起来的自我保护和防御机制。这是人类防御本能的体现，只有这样人才能生存下去。那么人类的另一方面——精神、思想需要保护和防御机制吗？答案是肯定的。我们每个人头脑中充满着一大堆思想和观念，这些思想和观念是通过证明和推理而得到的结论。每个人都在为捍卫自己的思想和观念的正确性而忙碌着收集新的证据，也有人表现出仅仅抱着成见固执地坚守自己思想的阵地。无论哪种情况，他们都会表现出改变自己的惰性，会为了保护自己认为合理的思想来对抗别人的思想，这种对抗往往缺乏证据支持，表现为固执、刚愎自用、武断等，是消极的自我防御机制的使用——退化、反向、否定、压抑、合理化等。

人的惰性在精神世界方面的表现为"意义巢穴"的坚守。人是意义动物，人的大脑的一个重要功能就是使人获得意义，建立一个个复杂而成体系的价值系统。一个人一旦为自己的人生赋予了某种意义，从此就生活在这个意义的"巢穴"里。例如，某晚看书，突然领悟到人生需要修身养性。修身固然重要，但养性呢？养性是什么？我认为养性更为重要，或者说与修身并重才对。通过阅读发现养性包含着品行、人格的修养提升，其中一个重要方面是对情绪的调节和控制。因为情绪转变有可能导致人的呼吸节奏异常，从而引发疾病。要调节情绪让自己平静下来，就需要看透事件的究竟，看透引发自己情绪的思想和行为。这是我发现的关于个体修身养性的一个意义"巢穴"，我是否按照这个意义巢穴思考和行动呢？后来发生在我身上的很多事情都证明我的确生活在这样的意义之巢穴中。例如我能够坚持锻炼身体，不断学习各种关于情绪调节和提升个人修养的思想、技能，等等。我会自然反对与我所持观念相反的意见和观点。比如让我早晨睡懒觉，睡到十点再起床，我是难以接受的，心情烦躁得很。但当我陷入另一个意义的巢穴之中，如生病了，早晨不早起就会心安理得。加缪在《西西弗的神话》中论述人的"荒诞性"时这样说过："任何一个人都是自己真理的猎物，这些真理一旦得到确认，他就很难摆脱。"意思就是，我们一旦接受了某种观点，就自动地承认其正确性，就要坚持，自动地反驳相反的意见，难以改变。约翰·亨利·纽曼在《大学的理想》中这样阐述：人类的生命力往往取决于某一门知识，或者某一种思维方式。和小孩子一样，人们只能在自己的能力范围内去追求想要的东西。你或许认为，这种局限会使一个人态度谦虚，可是，没有人因为自己知识的贫瘠而有所顾虑，恰恰相反，每个人都对自己的观点深信不疑，并坚决捍卫它们。尽管人们蔑视偏执者，但其实自己和偏执者们一样顽固，而且作为偏执者还会为自己的观点进行解释，认为自己的信仰是真理。因此，那些通常被称为持片面观点的人，只信奉一种科学、一种见解。尽管有时人们所持的观点只有几分真理，里面不乏谬误，但人们就是坚定不移地相信，这种类型的人在大学生中也会不时见到。例如在与一个学生交谈中发现，她固执地认为自己若是在参加比赛前向教师请教，对其他同学是不公平的。还有一个正在复习考研的同学，宁可放弃包含120分题目部分的知识的复习，一定先要先复习好只有30分题目的那部分知识，还坚持说这是他自己的习惯了的复习方法。我努力让她发现各种其他更加合理的可能性，但没有什么效果。最终我只能承认她的固执让我无能为力，她不肯接受我的帮助。

（二）打破自我惰性

一个人一定要有所作为，即选择对自己重要且正确的事情来做，而不仅仅是解决迫在眉睫的事情。要做到这点，就要有高度的自律和自我管理能力。

1. 自律。

一个人能改变自己，意味着自身理智的胜利；自己感动自己，意味着心灵的升华；自己征服自己，意味着人生的成熟。能够改变自己、感动自己、征服自己的人，便有力量战胜一切挫折、痛苦和不幸。人生中，不是你面对的事物决定你的幸福，而是你面对事物的方式决定你的幸福。当前的社会，我们被无数的诱惑所包围，如癖好一些饮料、甜点等可能危害身体健康的东西，甚至某些刺激性物质。为了避免这些，保持自律是维护身心健康的重要应对方式，自律在某种程度上可以减少"三高"、糖尿病等疾病的发生。

自律是以积极主动的态度，通过自我约束、自我控制面对人生痛苦的过程。自律就是自己控制自己，控制自己的冲动，使我们成为有修养、有意志力的人。从马斯洛的需要层次理论看，自律就是用自我实现的需要（成长需要）来约束低级（生存和归属）需要的过程，也就是说让成长的需要成为主导需要，只有这样个体才能不断成长，才能创造成功的人生。相反，倘若是低级需要制约控制着高级需要（成长），人生将围绕生存需要展开，生活将会平淡无奇，人最后有可能成为失败者（见图5-1）。凯利·麦格尼格尔的《自控力》为我们揭示了自控力的奥秘，他认为自我控制就是自己的一部分想控制自己的另一部分。人的大脑存在三个功能区域：我想要的力量（使关键时刻能够坚持明确目标）区域、我要做的力量（掌管改善生活质量）区域、我不要的力量（抵御诱惑）区域。这三个区域在功能上互相抵制、交错控制我们的行为，任何一方占了上风，就成为控制我们行为的主要力量。它们三者间的矛盾冲突成为我们内部的干扰。所以，我们绝不能将其中任何一个方面当作敌人那样来控制，最好的方法是使其三者之间互相接受，采取接纳的态度。比如面对消极诱惑时，我想要的力量很强，但我不要的方面就会与之对抗，产生动机冲突。到底采取何种行为呢？就看哪一方在斗争中获胜。而此时最需要的就是个人的自律。

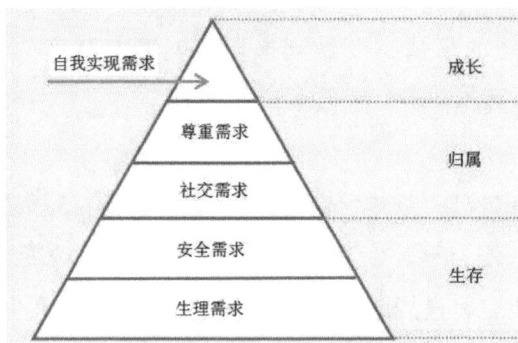

图 5-1　马斯洛的需要层次

自律是一件非常不容易的事，需要自我不断磨炼，才能发挥作用。斯科特·派克在其著作《少有人走的路：心智成熟的旅程》中认为，自律主要包括四个方面：延迟满足、承担责任、尊重事实、保持平衡。

（1）延迟满足就是要在生活中贯彻不贪图眼前暂时的安逸，重新设置快乐和痛苦的次序，即要先面对问题承受痛苦，然后解决问题享受快乐。若是采用先享受、后付费的生活方式的话，只能带来更大更多的痛苦。

（2）承担责任指主动勇敢地面对问题，自己的问题自己来解决，不承认自己的问题是由别人或环境造成的，从而推脱自己的责任。只有勇敢地承担起解决问题的责任，才能自我约束，改变自我状态。

（3）尊重事实意味着如实看待现实，杜绝虚假。我们越是了解事实，处理问题也就越得心应手；对现实了解越少，思维也就越混乱。我们对现实的了解就像一张地图，随着现实的改变，地图要不断更新，不能拿着一张过时的地图指导当前的行动。

（4）自律是艰苦而复杂的意志过程，你需要拥有足够的勇气和判断力，对自律本身也要适当"约束"，这就是保持平衡。第一，我们要学会延迟满足，眼光放远，但也不能让眼前生活过于痛苦；第二，我们要追求事实真相，但有时也要保留部分事实真相；第三，我们既要承担起该承担的责任，又要拒绝不该承担的责任。在实践中不断运用这些自律的原则，并总结经验，使自律具有一定的弹性，让人能够真正坚持。

2.利用条件反射原理。

单靠自律等意志力，人脑内在的控制性系统很难打败自动化系统对人的控制。在自动化系统面前，控制性系统就像一块紧绷的肌肉一样，很快就会因疲惫不堪而疲软无力，失去控制权，而自动化系统却能毫不费力地且全年无休地自动运转。也正因为如此，人才把生存这等重要大事交给自动化系统掌管。这也正是为什么我们稍有不安感，理性系统就会很快投降的原因。这就可以解释大学生群体中的某些行为：为什么总是想着要好好学习，一拿到手机就失去控制力；为什么总下决心要锻炼身体，一到早晨就起不来床；为什么总要减肥却总也瘦不下来；为什么总在寒暑假拿回家一摞书，却一本也看不完……面对这种种局面，我们除了依赖自律等意志力外，还可以充分利用自动化系统对刺激（特别是消极刺激）的反应特点来加强自律，过上更幸福的生活。我们知道，人对痛苦消极的事件比积极事件更敏感，特别是对消极刺激的回避反射更容易建立。所以，除了通过自律来回避那些消极刺激物外，我们还可以通过多想想那些诱惑的不利的方面，这样不至于我们陷入诱惑的陷阱。例如，我通过想象吃糖让我感受到甜得发慌，胃里发腻，甚至恶心等，让自己对糖的诱惑产生了很强的抵抗力，减少了吃糖的量。人们还利用发黑的肺的图像来帮助烟民戒烟等。这些方法的共性就是，只要经常清晰想象，多次看到令自动化系统反感的东西，人就能抵制诱惑，建立理性决策，选择明智行为。对于思维训练过程中可能遇到的各种干扰，如视频、游戏、懒惰等，也同样可以采取这种方法，想象自己一看视频就心里发慌，一玩游戏就不自在，并要强化这种身体感受。当然这种方法只是帮助我们不把大量时间用于不利的事件上，并不能直接使我们投身于思维训练中。在此基础上，我们可以顺势想象通过建设性思维训练后的生活很美好的样子，尽可能想象得真实些。这种想象有助于激发建设性思维的训练动机。

二、下定培养建设性思维能力的决心

人的思维方式能通过后天训练得到改善和更新吗？人能否控制自己的思维并为自己思维结果负责？只有这些问题的答案是肯定的，在此基础上讨论"下定真诚改变思维方式的决心"和进行建设性思维能力训练才有意义。虽然人类思维活动很多时候并不理性（人类思维方式具有局限性），受条件反射所支配，但这并不能说明人的一切行为都受条件反射支配，因为人类具有非常强大的主观能动性，或说是自由意志。我们能够选择受条件反射支配，也可以选择理性思维方式，并为自己思维的结果负责。我们也相信能够控制自己的语言和行为，承认通过理性思考和实践训练可以改变思维方式。只有首先相信能够改变，才能投入训练，学会用建设性思维处理各种问题，毕竟人们是不会去做自己认为做不到的事情。心理咨询领域中大量来访者通过认知行为疗法的帮助得到康复，主要原因是来访者思维方式的改变。各学科领域中理论发现和研究方法的改进，也多得益于思想方式的改进。作为普通人，也是可以通过思维方式的改变来获得更加幸福的生活的。总之，大量实践表明，人的思维方式是可以通过训练和培养改变的。

理论上接受了思维方式可以改变，实际上只是认识发生了改变。若要人真正付诸行动去改变自己原来的思维方式，是需要树立这样做的决心的。孙中山在《建国方略·自序》中指出："吾心信其可行，则移山填海之难，终有成功之日；吾心信其不可行，则反掌折枝之易，亦无收效之期也。心之为用大矣哉！"[1]爱默生认为，一旦你下定决心，宇宙万物都会帮助你实现心愿。可见，下定决心或立下雄心壮志是决定一个人能否成功的第一要素。当大学生下定决心改善思维方式时，行动动机就被激发了，成功的机会就会大大增加。但这种改变的决心要具有以下特征：

（1）这种改变的决心是真诚的，因为它是建立在个人的真实体验基础上。当一个人发现因为自己思维的问题及局限性导致他切实体验到恰是思维方式给自己的生活带来了不少麻烦和痛苦，他想要改变是发自内心的，绝不

①孙中山.建国方略[M].北京：生活·读书·新知三联书店，2014：4—5.

是敷衍搪塞。另一方面当通过改变思维方式获得益处或者体验到了快乐与健康，个人的自我形象就会跟着改变。当然我们也可以主动积极利用这种体验来获得思维方式的改变。那就是利用"人工经验——充分想象自己思维方式改变后的收益和好处"①来强化我们改变思维方式的决心。这种想象训练可以使你的神经系统形成一种暂时神经联系，把现状和未来联系在一起，让你对达成目标充满信心，并促使你不断行动。

（2）这种改变的决心是自觉的，通过榜样或者强迫等方式未必能够让人改变，最重要的是当事者本人想要改变。如一个小孩子早晨起来想要在父母不在家时替父母煮粥做早饭，一个高考生想考上大学、本科毕业生想考研究生，以后想考博士等。别人说什么，规劝、启发、树立榜样等，大概都不能使当事人想要改变，他要自己意识到自己想要什么，才能改变当前状况。也就是在做出改变这件事上一个人自己要承担责任，不能指望别人代做决定。只有当我们对自己说"这是我的问题，应该由我自己解决"时，问题才可能得到真正解决。但也有很多情况是迫于环境的压力，然后才能下定决心改变。例如，一只鸟在荒漠枯树上搭了一个巢，艰难度日。有一天，大风将枯树连根拔起吹走了。鸟飞了几百里找到一个绿洲，食物丰富。正是它在压力下想改变的想法起了决定作用。倘若，风只把窝吹走了，枯树还在，它是不是仍然在枯树上再搭一个窝呢？因此，自觉地树立目标并为实现目标而奋斗才能找到真正的幸福和安宁。

（3）这种改变的决心是坚定有力的，随时准备与困难作斗争。在做出改变的决定之后，内心的恶魔就会用恐惧和忧虑来阻碍我们追求成长和发展。于是很多人习惯性地开始担心，如考不上研究生，担心找不到好工作，担心会失败，担心被人瞧不起，担心……在此，如果朝着"改变自己思维方式"方向奋斗，担心就是若失败或者最后发现这种思维方式还不如自己原来的思维方式等。这种担心将不费吹灰之力使人失控，让人丧失信心，变得怯懦，使人顾虑重重，直接影响思维训练的效果，甚至使思维改变训练行动陷

---

① M.S.马尔茨.人性的控制[M].郭序,张力,姜雪梅,译.北京:职工教育出版社,1988:6—7.

入无限期拖延。阿纳伊斯·宁在《亨利和琼》中写道：人生是按照我们有多少勇气而得以扩展或萎缩的。因此，我们应该下定决心，鼓足勇气，战胜恐惧，让自己在坚定的信念指引下，阔步向前，提升自己的思维能力。就如哲人所说的那样，怀着坚定的信念的人，即使看不清前面的楼梯，也能大胆地向前迈出一步。经历痛苦和磨难是常有的，也是一个很难省略的过程。这一点在很多英雄故事中总可以看到，人们是如何在经历了各种磨难之后，又是如何获得成长，最后才取得成功的。因此，不要把精力浪费在对苦难的畏惧上，而是要坚定自己的信念，相信水到渠成时苦难会自然化解。因为幸福不会一直存续，苦难也不会无尽无休的。

（4）这种改变需要高度热情的。古今中外的成功者们的事迹足以证明对事业和目标的追求都需要高度的热情。痴迷一样的热情使他们忘我地探索科学，寻找人生真谛等。同样这一原理也适用于思维方式改变这一活动。人的兴趣的形成分成三个阶段：第一阶段是感官兴趣，主要是由外部刺激引发，吸引感官而引起的兴趣，具有较弱的稳定性。第二阶段是自觉兴趣，这时对刺激的兴趣除了受刺激本身特点控制之外，最主要的是受本人认知目的和偏好所支配，具有相当强的自控性和稳定性。第三阶段称之为志趣。决定兴趣的除了刺激本身，还有认知的偏好和目的。此阶段的兴趣具有强大的内控性和稳定性。同时志趣也是通过大量的实践逐渐发展起来的，人们对这种活动具有非常强烈的热情，能够全身心地投入活动中去。思维方式的探索和改变如果能够成为人们的一种志趣，也会具有同样高的热情使人积极投入到思维方式的更新中去。

（5）这种改变的决心要有大局观。格局越大，结果越好；小的格局只能从小方面改变，收获也小。正如周恩来"为中华之崛起而读书"的志向一样，我们每个人都要有一种改变思维方式的大局观。符合大局观的改变才能具有源源不断的动力，才能符合建设性思维的培养的方向。

附：训练任务5-1

针对自己下定的某一决心，从决心需要具备的五个特征进行反思，并写下反思的结果。

我决心要：_____

（1）真诚：_____

（2）自觉性：_____

（3）坚定性：_____

（4）热情（忘我）：_____

（5）大局观：_____

第二节 建设性思维意识的培养

一、人文精神的培养

人文精神也译作人文主义、人本主义、人道主义。狭义的人文精神是指文艺复兴时期的一种思潮，其核心思想为：关心人，重视人的价值，反对神学对人性的压抑；张扬人的理性，反对神学对理性的贬低；立足于尘世生活的超越性精神追求。广义的人文精神则指欧洲始于古希腊的一种文化传统，它包括三个层次：人性，对人的幸福和尊严的追求，是广义的人道主义精神；理性，对真理的追求，是广义的科学精神；超越性，对生活意义的追求，对人类存在的终极关怀。也就是关心人，尤其是关心人的精神生活。尊重人的价值，尤其是尊重人作为精神存在的价值。因此，人文精神的基本含义就是尊重人的价值，尊重精神的价值。

陈旭光在《21世纪素质教育系列教材——艺术的意蕴》中认为，人文精神不仅是精神文明的主要内容，且会影响到物质文明建设。它是构成一个民族、一个地区文化个性的核心内容，也是衡量一个民族、一个地区的文明程度的重要尺度。一个国家的国民人文修养的水准，在很大程度上取决于国民教育中人文教育的地位和水平。徐志坚在《人文精神的时代内涵与大学生人文素养培养》中认为，人文精神的核心是人们关于"人应当如何生活""人之为人的价值标准"等一系列命题的自我意识。遵照人文精神的基本内

127

涵，教育也要以培养思想道德和专业文化知识双优的高素质人才为宗旨，调动人们思想的积极性，投入到各项事业的建设中去，尊重个性发展，开创更大的百家争鸣的局面。也就是说，我们要培养以人文精神为核心价值的社会主义事业的建设者，即在我国社会主义现代化建设中解决一切问题都要以人民为中心，以民族、国家的利益为归宿。我国社会主义核心价值观的基本内容与人文精神也是高度一致的，它要求我们每个人以成为爱国、敬业、诚信、友善的人为追求，以建设富强、民主、文明、和谐的国家为目标，以实现自由、平等、公正、法治社会为理想。要完成这样的宏图大业，除了要具备这样的价值观，还要求我们未来的建设者们足智多谋，富有创造性，在各种复杂多变的环境中善于明智决策。而这一切都与建设性思维能力的内涵相一致。我们的教育中，培养出来的人才，若是缺乏人文精神和社会主义核心价值观等基本素养，很可能是极端的利己主义者，也可能是绝对的理性主义者，这都不是我们想要培养的人。因为这样的人在做事的过程中要么过度关心自己利益，置民族、国家利益于不顾，要么过于关注事业本身，置人于次要地位。英国著名启蒙思想家詹姆斯·艾伦在《原因和结果的法则》中写道：与心地肮脏的人相比，心灵纯洁的人更容易达成眼前的目标和人生的目的。心地肮脏的人因为害怕而不敢涉足的领域，心灵纯洁的人随意踏入就轻易获胜，这样的事例并不鲜见。艾伦所说的心灵纯洁的人就是心怀人文精神的人。

人文精神怎样培养呢？关于人文精神的培养最重要的就是价值观和世界观的形成，而这一切都有赖于我们吸收的建设性思想。因此，人文精神的养成需要我们谨慎吸收建设性思想，使之符合人文精神的实质和内涵。例如，医学中的人文精神的培养，可以参照美国特鲁多医生的墓志铭帮助理解："有时，是治愈；常常，是帮助；总是，去安慰。"它告诉医生，治愈不是无限的，不要盲目相信医学的本事。给病人以援助是医生的经常性行为，也是医生的繁重任务，其意义远远超过了"治愈"。安慰是一种人性的传递，是在平等基础上的感情表达，它是一种饱含了深深情感的医学责任。作为当代合格的大学生，首先要通过努力学习获得丰富的知识；其次，学会深度而系统地思考，并能解决各种复杂的专业和生活中的问题；最后，也是非常重要的一方面，就是要培养人文主义精神，具备终极关怀情怀，并将人类、国家、集体的命运时刻放在心中。在这个方面，一个重要的课题就是如何将大学生培养成为能够深刻思考国家和人类命运的"铁肩担道义，妙手著文章"的"大儒"。这里我们只明确了人文精神的培养方向，具体方法详见建设性思想吸收部分。

二、创新意识培养

创造力意味着要运用想象力和原创方法解决遇到的挑战。在现实生活中，解决问题和争议需要采取新办法、设计新程序或制度、发明新事物、旧物新用等。而这一切工作的完成首先要能够积极有意识地寻找挑战，而不是在某个特殊时刻才去适应挑战，这就是创新意识和创新精神。通过对富有创造力的成功人士进行研究，人们发现他们拥有许多共同特质。而这些特质的培养和形成就成为创新意识培养的重要内容。

第一，充满好奇和活力。富有创造力的人总是设法让自己保持强烈的好奇心，因为好奇会激发人的积极性，为人注入活力，促使人总是津津有味地探索周围的各种现象，追根问底。所以富有创造力的人不允许自己被动地、不加质疑地接受他人的思想。而且好奇还能帮助人们换一种眼光来看待世界和问题，为创造打开了广阔的大门。就像牛顿要追问"苹果为什么总要落到地面上？"要做一个建设性思维者就要怀着好奇心先成为一个怀疑主义者，充满热情的从新的角度来看待问题。例如，很多教师对"教学过程"一点也不好奇，也不想加以深究，理所当然地认为自己能懂的知识，讲出来学生也一定能听懂，通过教师的讲解就转化成学生的理解，两者的理解是相同的。也就是说，教师总能正确地理解自己在做什么，总能正确地理解自己所具有的影响，学生也能理解教师所讲授的一切。这显然是对教学的天真的看法，是值得严重怀疑的。有人说过，什么都不怀疑是傻子，只怀疑而不求证是精神病人，经过怀疑求证或更怀疑或相信才是优秀的思考者。所以，具有创新意识的头脑中比常人具有更丰富多彩的想法，他们的头脑是开放的。要培养创造力，就要重塑好奇心，因为好奇心是探索世界真相和追求真理的原动力。而好奇心的培养需要大学生们做到七个方面：一是面对自己的开放和诚实心态。因为好奇意味着承认自己的无知，拥有对某事物的看法和知道某事物并不是一回事。二是对新事物保持开放的心态。当遇到新事物时，能够感到惊讶并愿意积极探索。三是对众所周知的事物要以开放的心态，即不断地重新审视早已司空见惯的事物，如同初见一般。四是尊重异己，承认并尊重他人和他物。五是清醒、专注且不知疲倦地搜索着周围环境中的一切有意思的事物。六是利用感官感受和体验，不仅仅利用心智思考。七是愿意以游戏般的和乐于实验的心态对待新旧事物。

第二，富有冒险精神和勇气。对于创造力强的人而言，思考就是一种探险。与冒险精神和思维的勇气相对的是思维的懦弱，总是害怕自己与他人的观点不同。如果这样，我们就不敢对那些我们认为危险荒谬的意见、信念和观点进行认真思考并反驳，因而就容易受既定观念和偏见的束缚，被流行观点影响，就会顺从周围人的想法，特别是权威者的想法。富有创造力的人则观念大胆，乐于接受非大众化的想法和看起来不可能的事。如伽利略、哥伦布、莱特兄弟这类人，就更愿意接受新的想法。我们的每个新想法都会把我们与其他人区分开来，而将想法表达出来则会使这种区别放大十倍。这样的区别让人害怕，尤其是那些要依靠他人看法来认同自己的人。他们不乐意接受新想法，更别说表达新想法，他们太害怕被否定。而具有创新精神的人不在意他人对自己观念的认同，他们所追求的是自己对观念的认同。他们表现得更加自信，不害怕自己的表现有多古怪，他们总能更加独立地自由行动。相比较而言，具有创新精神的人更少顾虑面子问题，愿意面对不愉快的经验。即使在面对激烈的观点冲突受到威胁时，自己的观念在被质疑时，也绝不屈服于自己观念被证明是错误的恐惧。因为他们不再将自己的身份与信念相联系，他们更加热爱真理。因此，要培养冒险精神和勇气，进行大胆的创造，并表达自己的创新思想。

第三，更加勤奋努力。富有创造力的人是勤奋的，这既可以归结于他们全神贯注地思考问题，也源于他们的竞争意识。这种竞争意识不是要与别人争个高低，而是对某个想法的挑战精神。建设性思考者要不断吸收各种建设性思想，更新不良的旧观念。这就需要对各种想法进行挑战的精神和意识。富有创造力的人要面对这种挑战，就需要坚持不懈地长期思考。他们不愿意接受失败的威胁，下定决心无论付出何种努力都要争取胜利。所以，他们会比常人更愿付出加倍的努力。如萧伯纳所说，在他年轻时，发现他所做的事情里十件有九件是失败的。他不想成为失败者，所以能付出十倍的努力。

附：训练任务5-2

人文精神和创新意识的训练：

确定你今后在人文精神和创新意识方面会有哪些变化，把它写下来，用于下面内心演练的内容。

练习：

（1）闭上眼睛，逐渐放松。想象你站在有10层台阶的楼梯顶部。尽可能花些时间，发挥想象力注意楼梯的细节，一步一步走下楼梯。到达楼梯底部时你的头脑会变得平静而清新。这时处于内心演练的最佳状态。

（2）演练理想的心理状态、行为方式或希望习得的技能。沉浸在未来的活动中，想象完美的效能。此处主要是关于人文精神和创新意识的内容。

（3）在自己规定的时间范围内，睁开眼睛，结束内心演练。

（4）重复以上内心演练三次。每天进行至少一次这样的演练。

三、科学怀疑精神和提问训练

（一）科学怀疑精神和提问训练的必要性

认识到我们思考中运用的理论、观点、概念、假设等可能存在的问题，是树立科学怀疑精神的起点。人的非理性思维主要根源在于过度依赖抽象理论，而忽视实际证据。理论是人们由实践概括出来的关于自然界和社会的知识的有系统的结论。这是对理论的较为正规的解释，也是对有较好的理论形态的理论的称呼，这样的理论一般具有内在的逻辑和严密的理论结构。但这是对理论概念的狭义理解，更广义的理解应该是指任何对自然和社会实践活动概括的结论，都应该叫理论。而且，同样的实践，不同的人在不同条件下还可以概括出完全不同的理论来。这样一来，每个人头脑中不正确、不合理、不科学、站不住脚的理论会占多数，而合理、正确、科学的理论占少数。事实上，我们的生活主要是由非理性思维产生的理论所指导的。比如，我刚刚认识了王先生，一起开会两天。会后我认为王先生很不错，有学识、为人和蔼等，并愿意跟王先生保持朋友关系。这里面我本人对王先生的印象就是一种暂时的理论，一个非常不全面的理论（如我并不知道王先生是为了骗取我的信任故意取悦于我），并用来指导我与王先生以后的交往活动。鉴于人们生活中形成的理论的片面性、片段性、封闭性、缺乏统整性等特点，我们认为，通过理论对事物的认识也具有同样的缺陷，影响人们做事的效果。因此，我们对一切理论、观点、概念，包括那些已成定论的、那些风靡于世的、那些貌似高深的以及每个人通过自身经历所积累形成的理论，都要抱着科学的怀疑精神，都要有一股冲破桎梏的锐劲。尤其对那种自己比较信服的观念，更要警惕被其束缚。注意经常拿当下的情况去对照检查一下自己的思考、说话、写作，也应尽量避免引用现成的观点思考。要时时、事事、处处注意锻炼自己从实际中归纳总结抽象观点的思维能力，和用实践来检验各种思想观点的能力，让思维方式逐步走上用实事求是原则指导下的更完善的轨道。

我们还要克服自身的很多不良习惯，来提高质疑、思考的意识和积极性。每个人都有很多不良习惯会阻碍提问和思考的进行。一是"我是更好的"想法。随着我们的长大，我们会形成以自我为中心的想法。罗兰·杰普森认为：在长大后的生活中，人们开始认为自己身边的世界就是最好的世界，认为自己所遵守的习俗和观念是充满智慧并极富内涵的。我们总是倾向于认为我们现在的观念、价值观、政治观和宗教信仰是优于他人的。这种思想就会阻碍我们思考，使我们思考缺乏客观性。二是爱面子。爱面子往往发生在自我形象遭到破坏之后，为了维护自我形象而采取的自我防御策略。自我保护是重点，而不是追求客观真理，所以在人们遇到自我形象受到威胁或遭到破坏时，人们就会急于推卸责任或者进行合理化解释，而拒绝承认自己的错误，进而避免对问题进行客观思考。事实上，拒绝承认自己错误的人会加深错误的严重性。三是拒绝改变的态度。这是一种对新的观点和做法不假思索就拒绝的倾向。由于懒惰，或对传统观点和做法的过度认可，或对改变的恐惧，人们总是相信旧的观念和方式才是最好的。但我们知道，传统的观念和方式有些情况下行得通，但有些情况下是行不通的，甚至是错误的观念和方式。因此，拒绝改变就意味着我们很可能错过了发现、发明、创造、进步的机会，放弃了最有价值、最好的观念和行为方式。当然接受改变也不是任意接受每一种新观念，而是经过思考和考证来选择吸收的。四是缺乏追求真理的勇气。为了获得别人更好的评价，很多人宁愿牺牲自我独立性。也就是说，很多时候，我们更在乎别人对我们评价的优劣，而不太在乎什么是对的，什么是真实而合理的。这时我们选择的观念和行为就更能得到他人的好评和认可（从众），但这严重阻碍了思维的创造性和建设性。要避免从众不是件容易的事，需要我们坚持真理的勇气。

附：训练任务5-3

扫除阻碍自己思考的坏习惯：

（1）当你得到一个问题的解决方案或决定采纳某种观念时，这个方案或观念是：

_____

_____

　　然后，你进一步告诉自己：我知道这个想法对我来说很不错，我想到了它，当然希望它是完美的。充分利用好奇心：现在是时候看它不足的地方了！当我的想法付诸行动时效果如何？其他人会有什么反应？

　　或想象一个这样的情境：一个人尤其是一个你并非很在乎的人指出了你的一个严重错误，你的感受是什么？想象以下这个情境：你局促不安、尴尬难耐、惊慌失措时就胡乱找个借口力图挽回面子。这种想象有助于督促你对自己的想法进行评价，然后回到自己观念的评价上，找到它的瑕疵。

　　它的瑕疵或不足是：

_____

_____

　　（2）回忆自己某次丢面子的事情。战略性思考：怎样防止让丢面子的事情变得更糟？

_____

_____

　　（3）回忆自己经历过的拒绝改变的事例。战略性思考：怎样克服恐惧、懒惰等缺点转而积极主动改变自己？

_____

_____

　　（4）回想自己没有坚持真理，选择从众而导致失败的事例。战略性思考：在真理与从众之间怎样做出合理选择？

_____

_____

　　要克服阻碍提问和思考的坏习惯，就要自我反思：认清自己思考过程的局限性的相关知识，并进行大量的思维训练。

　　对质疑和提问影响最大的是提问和质疑的勇气。质疑和提问需要勇气，是因为提问意味着要质疑自己或挑战大众。我们每个人都有自己的信仰和价值观，那么当这些信仰和价值观被质疑，特别是要自己对自己的价值观产生疑问时，我们内心自然产生恐惧。另一方面提问就意味着承认自己的无知，这对每个人来说都是或大或小的挑战，需要足够的勇气来面对。我们知道，很多被社会认同的观点可能包含着错误，而被社会认为是错误或危险的观点常常也会包含着某些真理。为了追求真理，我们必须具备足够的勇气对这些观点质疑，但这时可能会受到社会的严厉惩罚。我们若是屈服于恐惧，就会放弃质疑提问，就会不加批判，被动接受所有观点。我们个人和社会一切归于现状，丧失了发展和成长的机会，因此提问质疑的勇气需要培养。

　　提问的勇气源于我们对提问的正确认识。所以，培养提问的勇气，首先要重新认识和解读"问题"是什么，提问的作用如何？一般心理学教科书中将问题界定为人遇到的困境，难以用现成的经验直接找到答案。问题一般包括三个基本成分：一是给定条件，即一组关于问题条件的描述，也可以称之为问题的起始状态；二是要达到的目标，即关于问题的结论的描述，称为目标状态；三是存在的障碍，即解决问题不是直接的，必须间接通过一定的思维活动才能达到目标状态。所以，提问就是要在一个情境中设置起始状态和目标状态，进一步明确要达到目标状态需要克服的障碍是什么。解决问题就要通过克服障碍实现由初始状态到目标状态的转变。一个不善于提问的人不会是一个优秀的思考者。就像管理学家德鲁克所说"带着无知（去除偏见）去提出问题"，因为答案是不能推动思考的，只有问题、提问才能推动思考。我们知道每个学科领域的产生和发展，都是得益于研究者们不断提出的问题。因为提出问题是思维发展的驱动力量，它使人们在理解信息的过程中，能够拓宽和改善思维的方式和行为方式，用一种更聪明的方法去分析和解读信息。同时，通过提问我们可以看到别人所看到的、所观察到的，你将拥有别人的视野，使思维具有创造性。从另一个角度看，问题就是机会，提出问题就是发现机会，解决问题就是利用机会。例如，公司的问题，就是你改善公司效益的机会；客户的问题就是你提供服务的机会；自己的问题就是你成长的机会；同事的问题就是你提供支持建立合作的机会；领导的问题就是你积极获得信任的机会；竞争对手的问题就是你变强的机会。再者，问题也是成功与失败的分水岭，具有怀疑精神并能提出问题，才能启发我们的智慧，激发我们的勇气，为解决问题而付出努力，才能使思想和心智不断成熟。但在遇到困难时,有些人却缺乏勇气面对,要么慌不择路,望风而逃;要么拖延时间,等待问题自己消失;要么对问题视而不见,或尽量忘记它们的存在。所有这些规避问题和逃避痛苦的趋向,最终都会导致更加恶劣的结果,甚至可以说它们是心理疾病产生的根源。在一个处于改革巨变时期的社会里,我们需要掌握一种重要技能——学会质疑和提问,只有这样,问题才能被发现,制度、规则、流程工艺等才能被完善。因此,只有培养科学的怀疑精神和提问的勇气,在真实的生活中把握住机会发现问题并提出问题,才会启动思考,才能进一步探索问题的答案。所以训练建设性思维能力就要从做一名怀疑主义者并勇敢地提出问题开始。

(二)提问训练实践

提出问题光靠无知无畏的勇气是不行的,还要掌握提问的一些技巧。

1.质疑和提问的目的性。

我们的生活、工作、学习、休闲中充满着质疑和提问,提问是这些活动的重要组成部分。因为任何人想要同别人合作,必须先提出好的问题,只有这样才能互相沟通,利用别人的知识和见识去发现问题,去学习和提高。例如警察要通过质疑和提问来获得信息破案;医生通过质疑和提问来诊断病因并制定治疗方案;教师通过质疑和提问帮助学生获得知识等。可以看出,在提问之前要先弄清楚提问的目的是非常重要的。总体而言,人们提问的常见目的有:获得更多信息、展开讨论或辩论、发现更多细节、获得别人的帮助、鼓动别人、帮助别人表达思想和获得信息等。具体讲,可以通过搭讪型问题建立和谐气氛,通过各种方式询问来发掘进一步的信息,通过观点询问了解和探究对方的某一特殊观点或态度,通过封闭性问题来获得具体事实和信息等。因此,我们要根据不同目的来选择适当的提问。关于著名的苏格拉底提问法的使用,帕德斯基认为,"改变想法"的治疗师想证明患者的想法不合逻辑,而那些"引导发现"的治疗师揭示了新的可能的想法。蒂斯代尔对帕德斯基的观点进行评论,认为在心理学层面上,"改变想法"是证明某种特别的想法或含义没有意义,而"引导发现"是创造一个替代性的心理框架。弗兰克·赛思诺在《提问的力量》一书中总结出十一种提问模型，每一种提问都有独特的目的性。例如，诊断型提问是为了引出潜藏的争议和原因；战略型提问涉及较大挑战和长期目标，是为了辅助人们了解定义、做出解释、确立视野、厘清目标、思考阻碍；共情型提问在于探究人的工作动力、恐惧的根源等；桥接型提问旨在鼓励人们在不想开口讲话时开口说话……

　　提问前首先要明确自己的目的，也是需要通过不断训练来提高的。例如当你问别人："你为什么要学这门课？"得到的回答很可能是："我老板让我来学的。""因为我想学这些知识。""学校开设了这门课程。"其实，你若是想知道被问的人想从课程中获得什么，那就问错了。现在把问题改过来："你希望从这门课程中学到什么呢？"这样提问目的明确，才能听到你想要的信息。当你想启发、鼓励学生要好好读书时，你问学生："你为什么要上大学啊？"绝大多数学生会说："上大学是为了将来找到更好的工作。"这些大学生想当然地认为，上大学能找到好工作是顺理成章的事，与好好读书没什么直接关系。我们提问的目的也未达到。不如这样问："你想在大学里获得什么知识，才能帮助你将来找到更好且是你心仪的工作？""大学里学到什么知识，才能让你过上更好的生活？"这两个问题都能深刻启发学生好好思考，到底要学会什么样的知识呢？当他们明确了答案后，就会更加用功读书。当然，为了激发学生的学习动力，我们也可以利用"基本问题"来提问，如"大学阶段什么知识是值得学习的？""教育是人生成功的基本要求吗？"对于基本问题的探索更能激发学生的学习动力。因为这样的问题对学生来说是更加普遍性的问题，是更贴近生活实际的问题，它们能把专业学习与生活实际联系起来。这类问题应该处于校内校外学习的核心地位。

　　2.问题清单库的建立。

　　"提出问题比解决问题更重要"，因为提出问题就等于问题解决了一半。问题能反映出提问者是什么样的人，将去往何方，他们的沟通方式等。问题还能帮助人们打破障碍，发现秘密，解决困难，改善关系，辨别机遇，发现新的做事方式，争取他人的支持。尽管我们知晓提问的很多好处，但要更好地利用提问来帮助我们，那就要懂得如何有章法地提问，建立起问题清单库。

问题清单库就像一个藏书丰富的图书馆有利于我们更好地生活，更靠近成功。问题清单就是一个不同人生领域的问题列表（清单），它由流程驱动，帮助我们全面收集相关领域的资料，少有遗漏目标信息的可能。我们称这个清单的问题为有章法的提问。每个问题列表由流程驱动是指我们提出的问题是有情境条件的，也就是我们要懂得在什么样条件下提出什么样的建设性问题。例如，当我们与人合作时，发现某种行为引发了问题。这时最好的问题是为了解决问题和预防问题再次发生而提出的问题，有章法地提出问题，构建一个问题清单：解决此问题的最佳方案是什么？这种行为什么时候还会在你的生活中什么地方出现再次引发问题？还可以通过有章法的提问厘清事实。当我们想较为彻底地理解一个事物、弄清一些事实时，我们就要借助有章法的提问才能获得对该事物或事实的较为全面而深刻的认知。比如，我们通过下面的疑问词提出有章法的问题，就能帮助我们弄清楚事实。用"What"型问题帮助我们理解与事实相关的主题、问题、困难，与现象相关的定义。用"Who，Where，When"型问题帮助我们弄清楚事件发生的时间、地点及相关人物。其中"What"型问题的答案是最为主要的，特别是关于事实的相关定义。这些是对事实的多方面描述，是了解事实的基础性步骤。这些问题都不清楚，后面就会越来越混乱。所以我们要弄清楚事实，就要养成这样的问问题的习惯。要弄清何人、何时、何地干什么，而且这个干什么越具体越好。"How"型问题能帮助我们弄清某因素怎样起作用，事件怎样发生、发展、结束的过程。"Why"型问题帮我们深刻认识到某事件发生的理由或原理。"How和Why"型问题是对事实的分析，使人对事物了解得更加深入。不同情况下，原理分析和过程分析依据其重要性可分别单独进行。很多大学生在统计学的学习中，就是因为忽视了"What"型问题的答案，如什么是随机事件、数据分布等，而过度关注"How"型问题答案，即怎样计算、怎样得到统计推论等，再加上很多文科课程教师又不讲关于公式推导过程这样的原理性知识（Why型问题），最终导致大批学生学不懂统计学。最后一方面是对事实的评价，用"What if，So what，What next"型问题进行提问，帮助我们对事实的意义、价值和影响等形成全面认识。如："若发生了事实错误，将会怎样？还有其他选择吗？这样的结果意味着什么？我们能从中学到什么？"通过这样的提问和回答，使人清楚事件的意义和影响等。

进行建设性思维能力训练的一个重要任务就是学习和建立在各种情境中能够灵活思考的问题清单库。问题清单用得相当多的一个领域是人类编制各种测验量表来测量各种心理特质，构成测验的就是一系列问题清单，只要被测验者很好地回答这个问题清单，心理学家就能给出相应的心理测验结果，或描述被试的心理特点，或诊断被试的心理健康状态，或预测被试的未来行为等。当然，这类问题清单使用要标准化，显得不够灵活。它们也不是用来帮助我们进行思考的。我们想要建立的问题清单是为了帮助对各种具体情境进行灵活思考的。从很多的著作中我们能找到这样的有章法提问的榜样。例如，为了更有效率地学习，亚当·罗宾逊在《如何学习：用更短的时间达到更佳效果和更好成绩》中开列了12个问题的清单，并详细介绍了这12个问题如何灵活有效使用来提高学习成绩。为了更好地说服别人，迈克尔·潘塔隆在《6个问题竟能说服各种人》中详细探讨了如何利用六个问题说服别人。当学生听不懂教师上课所讲内容时，为了弄清楚就要向自己提问。其中一种有章法的提问方式就是针对含混不清的表达形式进行提问。学生可以这样提问：教师表达过程中，什么知识过于模糊？哪些知识存在歧义？什么词汇过于抽象或没有界定清楚？这就构成了一个当学生处于混乱时可以利用的简单实用的自我提问的清单，用于寻找听不懂的知识点。为了明确自己当前的问题，我们可以问自己"身在何处"，但此时千万注意不能把问题的结果当成问题本身。如一个大学毕业生没有找到实习机会。这只是问题的结果，不是他的问题。问题是什么因素导致了他当前没有找到实习机会。然后，寻找原因。但要注意区分，问题产生的原因有直接、间接之别。直接原因是他没做什么而导致了没找到实习机会，间接原因也就是根本原因，是他为什么没有去做。问题的答案很可能是他因为人际交往能力太差而没有去争取各种机会导致的。当然在学会有章法地提问这个问题上，我们要怀着批判意识不断改进自己的各种问题清单，因为不存在完美的问题清单。

附：训练任务5-4

建立思考的问题清单：

当你处于（　　　）情境时，请你提出尽可能多的问题：

_____

_____

_____

_____

_____

_____

对这些问题进行思考，构成一个结构和功能较完善的问题清单（用于以后类似情境中）：

_____

_____

_____

_____

_____

_____

第三节　建设性思维能力的培养方法

目前已有的大量文献旨在帮助学生认识和实践各种思维能力，如创造性思维能力、批判性思维能力、形象思维能力等。关于批判性思维能力的书籍着重分析批判性思维的思考过程，提供批判性思维能力培养的辅助练习，其中大部分着力于如何分辨观点对错。具体材料方面运用逻辑学思想帮助读者提出正确的问题，进行正确的思考，判断伪科学和盲信的命题；还有的探索道德判断问题和信仰问题；也有的指导读者进行批判性写作，或将批判性思维运用于个人的生活与工作中。关于创造性思维和想象力的书籍介绍了大量实用性的训练活动，如想象心态的准备——自我肯定、阿尔法波状态训练，还有创造方法介绍和练习、联想训练、发散思维训练等。无论采用什么方式进行训练，根本目标是为了改变原来的思维方式，使旧的思维方式得到改善提升，形成新的思维方式。

乔纳森·海特在《象与骑象人：幸福的假设》中指出，改变思维方式的有效方法，包括冥想、认知疗法和百忧解。同时，我们借鉴和吸收了斯蒂芬·D.布鲁克菲尔德《批判性思维教与学：帮助学生质疑假设的方法和工具》中的很多关于训练批判性思维的方法和工具。下面介绍如何成为一名建设性思维者的方法和途径。

一、澄清词汇和概念的训练

澄清词汇和概念是建设性思维的基础。概念作为大脑对客观现实的本质反映，是人类思维体系中最基本的构筑单位，也是思维活动中基础单元。在建设性思维展开前，我们需要确保已经清楚地定义了相关词汇和概念。因为相关词汇或概念被用于表述我们的信念，描述我们正在考虑的提议，作为进行创造性想象的起点，用于我们正在解决的问题的结构化等。我们掌握的词汇和概念是我们思想的纤维，它们决定了我们如何看待世界，构想出什么样假设，用什么理论来寻求答案等。如果这些相关概念或词汇含义不清楚，我们就会陷入相信不该相信的事、做不可能成功的事或去解决不可能解决的问题等危险之中。世上很多歪理邪说就是躲在一个抽象的概念背后的，根本不是出于自己的良知做出的理性选择。但只要认真让其澄清那个抽象的概念，那些歪理邪说瞬间就会现出原形。另外，澄清词汇和概念也是理解并投身于一个专业领域的基础。每个学科都有自己的基本概念、词汇，而且每个专业的基本概念和词汇都不同。它们是一个专业内部人们相互交流所凭借的工具。就像哲学家维特根斯坦所说："我们被囚禁在一幅画中，无法从中挣脱，因为这幅画就存在于我们的语言里，而语言似乎在向我们不断重复着这幅画。"要想与其他专业的人进行沟通交流，就要掌握学习另一领域的词汇和概念，然后跳入另一幅"画"中。特别值得注意的是，一些专业学科（如心理学）的词汇和概念名称与日常词汇表述一样但又与日常概念含义不同时，就更加需要澄清概念的含义。澄清词汇和概念的含义也是解决问题的基本步骤。要想成为一名建设性思维者，就要努力学会使自己的思维变得清晰。思维混乱，人生则自然混乱。

在日常生活中，我们都习以为常，认为把自己清楚的想法说出来，别人也像我们一样清楚。而事实上这是错误的。如教师上课时，都会认为他们对讲解的知识很清楚，但往往发生的事情是很多学生听不懂老师所讲内容。导致听不懂的重要原因之一是表达者表达得含混不清。课堂教学中教师的表达尚且如此，社会生活中的各种交往表达、含混不清的情况就会更多，也导致了不可胜数的误解。这些含混不清的表达包括过度模糊、歧义、过于抽象、未界定术语。过度模糊是指词或短语相对应的对象是不明确的。例如"秃头"这个词可以指那些只有少量头发的人吗？再如"酷刑"到底包含哪些种类的刑罚呢？"行驶太快"到底是指速度超过每小时多少公里呢？贝特兰·罗素曾说过，直到你试图追求精确的时候，你才会发现所有的事情都在一定程度上是模糊的。当然，有时候模糊也被当作人们不想回答问题而有意追求的一种手段。一般人们可以在断言不至于因为模糊而不能恰当地表达有用的信息的情况下，是可以接受模糊表达的。歧义是指词语、短语、句子有多重含义，但在相应情境中又不确定作哪种具体解释的现象。常见的有语义歧义、组合歧义和语形歧义三种。抽象是指不具体，一般词语、短语所指的范围越广就越抽象。如"孩子"这个词语既模糊，还具有歧义，还抽象。模糊是因为孩子与非孩子的界限不明，有歧义是因为它可以指成年人也可以指婴儿，抽象是因为孩子的范围太广，任何人都可以被母亲或年长的亲朋好友称为孩子。

教学中学生对知识产生误解的一个重要原因是学生对教师所说的关键词汇的误解、不理解等。哈伯德在《有效理解的窍门》一书中指出，懒惰、被动、迟钝以及在某个岗位上和课程上的错误，都可以归咎于被误解了的关键词汇①。

在这种情况下，为了清晰地思考和交际，建设性思维者的最佳策略和行之有效的方法就是澄清关键词汇。哈伯德认为，在进行阅读或学习过程中，发现自己所表现出的生理或心理状态属于（见表5-1）哪一种现象，然后找到出现这种状态前的某些关键概念，抓住关键概念和观念，通过重新查阅词典和资料，或者自己造句彻底弄清楚重要概念的含义，如此，人们就立即恢复了办事能力，这是非常有效的。在与学生的交流中我们发现，很多学生对《心理与教育统计学》就表现出感觉上的空白，学生与学习内容的分离，逃避学科知识学习，死记硬背等现象。根据哈伯德的观点，我对这些学生基本概念掌握情况进行检测发现，连最基本的概念如随机变量（随机性和规律性）、概率分布、数据的变异性、显著性检验中的5%或1%、相关关系等都不理解。当要求他们一些人认真理解这些词汇的意义后，他们报告说对统计学的理解不像以前那样模糊了，大概懂了统计学能帮助他们做什么事情了。大学生们要想真正恢复统计分析的能力，还需要对统计学中的基本概念进一步深入理解。

表5-1 一个被误解的词导致的生理和心理现象及解决办法②

障碍	生理和心理现象	解决办法
一个被误解的词	现象一:感觉上出现空白、精疲力竭、心不在焉 现象二:1.空白感,使学生与学习内容分离; 2.为解决上述问题而故意做出的有害行为,要么强迫完成阅读行为,要么忽略阅读任务,开始讨厌阅读; 3.抑制自己的有害行为,但开始表现为各种怨言、找茬、牢骚等; 4.未经允许逃避本学科学习; 5.学生产生分离于思维的心理机械功能——死记硬背	找到出现感觉空白之前的词进行澄清

① L.罗恩·哈伯德.有效理解的窍门[M].杨红秋,译.北京:生活·读书·新知三联书店,1987:42.
② L.罗恩·哈伯德.有效理解的窍门[M].杨红秋,译.北京:生活·读书·新知三联书店,1987:12—18.此表根据本书第12页原表及表后面解释内容作适当的概括而成。

给概念下定义是澄清概念和词语的最佳方法。要追求思维上的高清晰度效果，就要谨慎地定义各种词汇和关键概念，甚至要弄清楚学习中的常见词语的含义。我们先了解一下关于定义的目的：一是告知词语的日常意义，词典所给的解释就是词语的通常含义，叫词典定义。二是在特定语境下的词义，如很多事物的名称都属于这类定义。三是精确定义，为了减轻模糊、抽象和消除歧义而下的定义。四是用于说服的定义或修辞定义，它包含了词语的日常含义和各方约定的意义，为了说服别人，这些在本质上都不是定义。如把堕胎定义为"谋杀未出生的孩子"就属于说服性定义。我们在这里要讨论的主要是用于减轻模糊、抽象和消除歧义的定义。而好的定义应该是：第一，尽可能简洁、清晰地表述其含义，这通常是用包含关键词的标语。例如，"知识是确证为真的信念"就是知识定义的标语。第二，好的定义要对标语进行阐述，弥补标语遗漏的一些细节。例如，对思维定义中间接、概括、本质等关键词的解释，以及这些词之间关系的解释。第三，对定义进行举例说明，包括正例和反例，例子可以来自现实生活，可以虚构，只要清晰无争议便可。第四，列举一些相对的概念，防止人们将相对概念与定义概念相混淆。通过好的定义，我们基本能够弄清楚概念和词汇的含义，防止模糊、抽象和歧义的发生，使思考者的思维清晰。

在实际交流过程中，词义到底有没有澄清，思维是否足够清晰？我们需要建立一定的检验机制。一方面是为了正确理解他人的观点，另一方面防止被别有用心之人的言论所蒙蔽。当我们的观点与某人的意见相左时，尽可能准确地描述对方的观点，并注意自己的用词是否得当。也可以用自己的话总结对方的话，然后转述给对方听，如果对方能够满意你的转述，说明你理解了对方的话。相反，则表明你没有完全理解对方所说的话。为此，在交流中要遵循的基本策略有：一次只陈述一个观点；详细阐述自己话里的意思；将自己的想法与生活经历联系在一起；运用举例、联想、比喻的方法帮助他人理解等。

但又要必须承认，在实际生活和学习中，我们会遇到很多不完整的定义。比如常用的"友谊""公平""自由""权利""主观""逻辑"等词汇和概念都非常抽象。如果试图对其进行完整的定义，那就要立志终其一生地探究这些概念所包含的各种微妙、复杂的因素。这是不现实的。因此，基于实用的目的，关于概念的精确定义，只要能够为我们解决当下问题提供指引就够了。经常对自己常用但不太能准确说出其意义的词和概念进行重新理解和澄清，非常有利于建设性思维能力的发展。

附：训练任务5-5

寻找一些你在日常生活中常用但不理解其含义的词汇和概念，并尝试通过下定义澄清其含义：

朋友：_____

_____

尊重：_____

_____

逻辑：_____

_____

能动性：_____

_____

二、情境分析训练

情境材料是人们观察的事实，会唤起人们相关的回忆。事实会暗示一定的结果，也就是人们要通过推理超越事实，得到各种可能的预测、设计、推断、想象等。思维就是在疑难、不安的情境中产生，最后使可能的预测、设计、推断、想象等趋向确定和明确。这是一个探究的过程，是一个检验核实的论证过程，最后达到理智的安宁的过程。

在所设置的情境中，某个人面临选择，要求训练者站在此人的立场，试着从多角度、多层次进行复杂的推理，并进一步找出相应的推理所依赖的假设。为训练所设计的情境一般较为简短，实用性较强。研究发现，"困境迷惑"的情况能迫使人们改变想当然的看法。这一观点是由教育家麦基洛在其关于转化式学习的开创性著作中提出的。我们在这种思想的指导下，利用一些使学生感到困惑的日常生活中的矛盾、文学故事、道德疑难问题、危机决策、具有分歧的专业研究资料等，对学生想当然的想法进行转化，提供建设性思维培养的机会。

当然，训练的前提是训练者首先要具备"对某一问题存在多种看法和观点"的意识但这需要两个条件：一是能够接受多种看法和观点的勇气和态度；二是掌握产生和提出多种看法和观点的方法。关于第一点，可以参考前文中创造性意识的培养部分。下面对第二点进行阐释：面对情境材料时，大学生可以通过发散思维产生和提出多种问题解决的方案。对于发散性思维的流畅性和新异性的操作训练我们暂时了解不多，但对于思维的变通性我们愿意探讨一些训练思想。思维的变通性往往是伴随着人们的思维状态的改变发生的。所谓思维状态是指人们在思考时的思维准备状态。如人们在编审稿件时的思维状态是不同于当初构思时的思维状态的。思维状态的改变可以通过改变视角、改变焦距和改变思维层面来实现。改变视角时，例如我们观察一间房子，可以只观察房屋的水平线或垂直线，或者某一种花纹等，就能从三个不同的视角来了解房间的构造。改变焦距时，就是从看细节（分析式）转化到整体综观（全局式），如从看到一片树林到看清楚某一棵具体的树或相反。改变思维层次就是由全身心投入认知理解向对认知的认知和监控调节活动的转变。如由全身心阅读理解一篇文章到对自己阅读效果过程的反思：自己阅读过程是高效的还是低效的，是有收获的还是一无所获的？下面我们再举一个综合的例子。如当学生阅读时，读到"记忆的三个系统"时，可能因为知识比较抽象，觉得难以理解，于是改变思维层面问自己"什么是系统"，然后根据这一元认知的监控调整认知活动从宏观角度理解什么是"系统"，于是就要查词典或者利用搜索引擎进行搜索。当了解到"系统是由相互作用相互依赖的若干组成部分结合而成的，具有特定功能的有机整体，而且这个有机整体又是它从属的更大系统的组成部分"之后，学生就会再回到理解"记忆系统"这一概念的具体认知活动上来，再联系以前关于"消化系统"等人体系统，就会容易把记忆系统理解为：大脑皮层上的几个相互联系的功能区域构成的发挥记忆功能的整体。再换成其他角度进一步深刻理解记忆系统的涵义，如第一信号系统、系统思维、生态系统、计算机的操作系统、思维过程的系统化等。通过以上举例，要求学生在情境分析中训练思维的变通性，学会从不同角度、焦距和思维层面上分析问题情景，发现更多可能的解决方案，从而做出最佳决策。

要从更多角度发现问题的多种解决方案，就要防止发散思维时发生自我阻断、迷失方向和思维僵硬。自我阻断是指思维者思维停顿，焦虑不安，却又毫无进展。防止思维阻断的最好的办法，就是进行思维时不要急于评价各种想法的好坏。迷失方向是指由于看不清问题实质导致的，所以最好的办法就是重温问题，明确方向。思维僵硬就是脑子一片空白或总是一种思路。此时只要看到一个新鲜事物马上就能刺激大脑，激活思路。要训练发散思维能力可以借助几种活动：①构思故事标题，就是在阅读或听完故事后，要能给出不同的故事标题。②想象结局，就是读或听到故事的前半部分，然后发挥想象力，给故事补充不同的结尾。③罗列物品用途，就是尽可能多地罗列出某一物品的各种用途，不必特别考虑答案的现实性。例如由著名心理学家吉尔福特设计的"砖块用途测验"，你能想到砖块可以取暖吗？④假想思维训练，就是假想某件事发生的后果，如假设人类变异了，长出了第三只眼，后果将会如何？①在此，建议同学们多做这几项训练，使发散思维能力得到提高，为情境分析奠定基础。

因此，利用情境分析进行建设性思维训练的主要目标是：通过发散思维对某一问题情境的多种可能推论的结果和相应的假设的分析，培养大学生想象力、创造意识和创新能力，发现自己世界观的局限，有利于吸收建设性思想，发展积极向上的世界观。

（一）利用日常生活中的问题和困境进行情境分析训练

日常生活中充满着矛盾和困境，它们是我们用来训练建设性思维的好材料。例如，在大学生群体中，同学间的人际关系问题和矛盾、学习成绩不佳

①乔治·麦考莱.超级想象力训练[M].徐世明,译.哈尔滨:哈尔滨出版社,2004.这些活动根据本书相关内容进行总结。

问题、失眠问题、考试焦虑问题等，都需要用心关注，形成科学合理认识，并理性对待这些矛盾和问题。但实际生活中，很多大学生不会正确对待和合理面对这些问题，从而导致了人际矛盾形成，处于学习困境中不能自拔，甚至产生了心理问题。例如，在为大学生做心理咨询中，我发现很多学生因为人际交往问题苦闷异常，他们或隐忍，或逃避解决问题，就是不知道如何正确解决同学间矛盾。一个极端的个案，甚至想用家长的一句话——不要和同学闹矛盾——来指导她与所有同学和朋友的人际交往。可是矛盾一旦产生，她对自己首先不满，但又不知道怎样消除矛盾。所以，困惑、逃避、流泪……因此，大学生掌握建设性思维，学会科学合理处理生活中的个人矛盾和困境，有利于他们获得满意的人际关系，良好的成绩，幸福的生活等。

阅读下面的情境描述，试分析该情境可能产生的推理，推理所依赖的假设，在此基础上做出的决定是什么。通过对情境资料分析，我们将情境中各种可能的推理、假设、决定等方面列成一个表格呈现出来（见表5-2）。希望同学们大量进行这种训练提高建设性思维能力。

情境：小明看到商场里的一个昂贵的玩具，非常喜欢，于是下决心，通过攒零用钱买玩具。经过长时间积攒，他终于攒够了钱。于是在爸爸陪伴下兴冲冲地赶到商场去买。结果到那里一问，玩具涨价了，现在小明存的钱又不够了。他该怎么办？他父亲该怎么办？

表5-2　各种可能的推理、背后的假设及做出的决定

可能的推理	推理所依据的假设	做出相应的决定
钱不够,买不了,回家	钱够了才能买东西	回家继续攒钱
付首付,赊一部分账,买玩具	老板是个好人,愿意赊账	买玩具,准备还账
为老板提供某些有偿服务,获得报酬,买玩具	老板愿意接受小明提供的有偿服务,折抵玩具价格的不足	买玩具,提供服务
用有限的钱租玩具玩几天	老板愿意出租玩具	租玩具
向店里的陌生人求助买玩具	陌生人愿意帮助小明	求助别人买玩具
打电话给亲戚或朋友,借钱买	有好朋友,或愿意帮忙的亲戚能借钱给小明买玩具	给朋友或亲戚打电话,借钱买玩具

续　表

可能的推理	推理所依据的假设	做出相应的决定
爸爸不给买时,给妈妈打电话,让妈妈给爸爸施压,出钱买玩具	爸爸听妈妈的话	给妈妈打电话,给爸爸施压,买玩具
得到爸爸的资助,买玩具	爸爸一定会帮助我的	求助爸爸买玩具
…………	…………	…………

　　建设性自我交谈与决策:针对这些可能的推理、假设和相应的决定我们帮助小明进行建设性自我交谈和决策。建设性自我交谈就是通过理性地挑选对自己所说的话,说服自己做或不做某事,靠近或远离某事物。重要的是通过自我交谈累积起来积极良好的自我意象,使你乐于从事对你、对社会有益的事情,促进个人成长,甚至社会发展。从以上可能的推理及所依据的假设、采取相应决定的数量看,它们都是站在小明自己的立场上考虑问题的,问题存在着多种解决方案,但小明最终只能选择某一种方案采取行动。我们还可以看到每种解决问题的方案中问题的重心,解决问题的重难点都不同。但从当前小明最愿意坚持的假设"钱够了才能买东西"进行分析,他最有可能回家继续攒钱,而采用其他方案的可能性较低。对此情境,我们还可以站在几个不同的人的角度和立场来看待,如父亲的立场上,若是父亲认为孩子已经很努力攒钱了,为鼓励他,愿意帮助他,就很可能促成上表中最后一个方案的选择。也许父亲是一个刻板的人,小明仍然只好自己攒钱。店老板、小明妈妈、亲戚等都可以站在自己的立场发表看法。当然,也可以把对于这个虚构的情境的思考作为理论指导,结合现实生活中更加具体化、真实化情境,对此理论做出相应实证检验。另一方面,也同样需要对此情境不断深入持久地思考,添加各种可能的推理、假设和决定,为解决实际问题开拓视野和思路。选择其中的某个决定进行检验、试探,发现问题的解决途径,有利于我们改变思维方式,将其应用在类似情境中,发现最佳问题解决方案。

　　在国家发展建设中也会遇到各种困境,如雾霾的治理问题、严惩与犯罪的关系问题、高考改革问题、惩处腐败问题等。这些问题的解决直接关乎国家的发展,人民的福祉。通过对这些问题情景进行深入分析,有利于认清问题的复杂性，全面地看待问题，并尝试检验其中的某些假设，做出最佳最合理的决策，培养大学生的建设性思维能力。

（二）利用假想的道德问题进行情境分析训练

情境：朱莉和马克是一对亲兄妹。大学放暑假，两人一起到法国旅行。有一天晚上，他俩单独待在海边的小木屋里。后来两个人想到一个点子，即做一件让大家意想不到的不道德的事①。

对上述情境进行分析，得出关于该情境的推理、假设和决定见表5-3。

表5-3 各种可能的推理、背后的假设及做出的决定

可能的推理	推理所依据的假设	做出的决定
这件事是不对的	这件事是不道德的	谴责、不能再发生此类事
他们一时冲动错了一次	人一时冲动偶尔犯次错误是可以原谅的	可以发生，原谅其错误
两个人都想到了后果，并未造成恶劣的后果，本着负责的态度，仅他们俩知道	不负责任的行为才会受到谴责	可以发生、不必谴责
因为有了共同的秘密，所以他们更加亲密了	共同秘密是建立亲密关系的途径	可以发生，但最好建立其他共同秘密关系
……………	……………	…………

建设性自我交谈与决策：当分析这个情境时，头脑中一个很难摆脱的观念——这种行为是不道德的，以至于对其他各种可能的假设和推理产生了严重干扰和阻碍。所以，大多数人会坚持选择第一种推理，并谴责他们的行为。我们应该明白任何事情都可以从不同角度来给出不同的观点。如共同秘密的形成可以帮助人们建立更加亲密关系；一时冲动的行为是可以原谅的；尽管是冲动行为，但他们还是有责任感的，并未完全丧失理智。从这个情境

①摘自乔纳森·海特，等.《象与骑象人：幸福的假设》，[M]李静瑶，译.浙江人民出版社，2012：28.此情景及表5-3皆根据本书介绍的内容设置。

分析中，我们能够深刻体会到我们根深蒂固的观念是很难撼动的。同时，对该情景的分析也给我们一些启示，尽管多数人会谴责这种行为，但仍然会有部分人选择原谅或是不谴责。这会帮助我们建立一种心态，即当我们自己犯了错误时，并不一定是世界末日等。我们还可以学习与人建立亲密关系的手段——建立共同的秘密。这让人们更加全面地了解这个世界是什么样子，以及如何选择应对这个世界的行为方式。从检验这些观念的角度分析，我们并不建议他们这样，然后看他人的反应。再有，建议大学生们对此情境不断深入持久思考，添加各种可能的推理、假设和决定，为解决实际问题开拓视野和思路。选择其中的某个决定进行检验、试探，发现问题的解决途径，有利于我们改变思维方式，将其应用在类似情境中，发现最佳问题解决方案。

在与人进行交往过程中，难免会发生各种误解，进而产生矛盾和冲突，如恋人之间、亲人之间、同事之间等。在各种道德情境中进行个人利益和集体、国家利益之间的权衡，做出遵守道德、法律的决策和行动。在处理各种冲突之时，就需要大学生们能站在他人（或利益集团）角度，充分理解他人（或利益集团）的感受、需要，甚至别人希望我们做什么。当然不同情景下，不同经历的人（或利益集团）的感受、需要等都会不同，这就要建设性思维者能够洞悉更多更全面的情况，从而做出最佳决策。

（三）在情境分析过程中要注意的几个问题

第一，情境分析训练可以单独练习，也可以组成小组进行社会学习训练。由于个人的观点和经验是有局限的，创造性的推理和想法不易产生，特别是开始阶段。所以，情境分析初期可以采用小组讨论的方式，来共同对情境中可能推理和假设进行发现，使学生更容易发现不同的推理和假设，有利于提高学习效果。

第二，从训练内容的难度上要循序渐进，开始阶段分析一些简单的情境，当积累了一定的经验后，就可以增加情境的难度，如增加人物和选择的复杂性等。难度的提高是在简单的情境分析较熟练的基础上才逐渐增加的。

第三，要让学生了解，所给出的答案没有对错之分。这样可以减轻学生因"对错"而导致的压力。训练的目的就是要学生尽可能多地从不同角度、立场进行思考和推理，发现相应的假设，并做出与立场相一致的决定。当然，值得一提的是，这些情境中都是虚构人物的推理和假设的思考，所以学生的精神压力较小。

第四，教师在整个训练过程中，要注意提供各种难易程度不同和类型的情境，并帮助学生澄清推理立场、假设的类型等。还可以帮助学生学会独立进行情境分析。

第五，对情境进行分析不要抱着一劳永逸的观念，而是需要不断地对这些情境进行重复反思和分析，以期看透该情境的本质，发现创造性强、效果最佳的解决方案。

附：训练任务5-6

回忆自己或同学、朋友在某一具体情境中做的事、说的话，然后分析自己及他们的推理是什么？紧接着确定导出推理的信念或假设是什么？做出的决定是什么？不断进行这种练习，你就会逐渐发现任何情况下的推理选择都是借助于早已形成的假设，并且结论存在多种可能性。将某一具体的情境分析结果填入下表中。

可能的推理	推理所依据的假设(信念)	做出的决定
…………	…………	…………

建设性自我交谈与决策：＿＿＿＿＿＿＿＿＿＿＿＿＿＿＿＿

三、反思自己思维过程的训练

（一）意识到反思的重要价值

反思是最复杂、层次最高的心理活动。反思能使自己看清楚整个活动过程的所有细节，并根据一定的内化的标准，通过有章法的提问，弄清楚成败的关键所在。而真实世界中，人们又是如何对待反思的呢？很多人知道"观点不等于事实"。观点只是代表着判断、推理、信仰、推论等。事实是被证明是真实的信息。当我们用某些信息构建观点时，我们要确定这些信息是真实的。也就是说我们接收到从某人发出的思想观点时，应该自动地质疑，需要多角度、多方位、多层次寻找事实证据来判断其可靠性。实际上，几乎所有的人都可能会自动地认为自己或他人的观点就是事实。因为这样做，我们可以省去很多麻烦来检验他人观点的可靠性和真实性，同时这样做一般也不会造成什么太坏的结果。但是当相信某人观点的代价太大，有较大风险时，人们又会谨慎小心起来。事实上人们不愿意反思自己的推理和判断，主要是因为付出的代价不够，就是所谓的执迷不悟吧。

因此，多想想自己行为的代价，或者想想自己行为可能带来的后果，尤其是预测到可能发生的消极不良的后果，并积极采取对策，进行预防。这才是反思的真正价值。

（二）对自己思维过程反思的可行性

一位思想家说过，人类的一切智慧，都蕴藏于希望和自知之中。而进行建设性思维能力培养的智慧就蕴藏在我们每个人对自己及自己思维方式改变的希望和自知中。但我们对自己的思维方式自知吗？对自己思维方式的改善存有希望吗？

人们大多数思考过程属于自动化的、无意识的，无论分析还是综合，比较与分类，抽象与概括，还是具体化或系统化等。它们的发生过程都难以自主控制，都是在沟通交流过程中自发形成或通过模仿获得的。发生的次数多了，人们就习得了相应的思维操作方式，但人们并不知道自己的思维方式有何缺陷。就如同人们靠着摸索而非视觉，探索出一条走出迷宫的通道后，只要一进入此迷宫就自动反应，按照探索出来的路径前进，走出迷宫。但人们并不知道这条路径是不是最短的、效率最高的那条，更为重要的是缺乏重新探索新出路的勇气和期望。现在要做的就是要对自己习惯化的思维方式进行观察，为反思评价做准备，提升思维质量。

从某种意义上讲，人的一生就是一个寻找自我的过程，我们的思维特点和方式也是在自我观察中寻找出来的。自我观察就是带着一种好奇的探索精神去发掘你的思想、感受和需要，弄清楚自我所坚持的真理到底是什么。最重要的是要弄清楚我们采用的思维方式到底是什么样子的。因为你不可能想要改变你不知道的东西。人们若能像照镜子一样，能够在头脑中看到自己的思考过程，那就能更好地发现自己思考的弱点和局限。就像在镜子中看到自己脸上是否有泥垢然后洗掉一样，我们就能很快纠正、改善思维方式，从而获得更好的思维结果，改变人生。其实更多时候，我们在镜子中看到的是自己脸上的斑点或伤疤，这样的瑕疵就不容易改变了，因为它们也是我们自身的一部分。不良的思维方式也是我们自身的一部分，所以改变起来就不大容易。但无论如何，为了弄清楚我们的思考过程，找到能照出思维方式的那面镜子才是重点。那么从哪里找到这面镜子呢？日本设计师山本耀司认为，自己这个东西是看不见的，但是当自己的人性与周围世界中事物相遇时，我们的反应、行动等被自己感知到，就会逐渐了解自己。所以，人活着就要找那些很强、很可怕、水准很高的东西相遇，通过反思后才能知道自己是什么，并从不断的行动中提升自己。人与自己的行动是一体的，我就存在于自我的行动之中。此时，行动及行动的后果（也包括情绪的愉悦或痛苦等）就成为自我的一面镜子，让人看到自我的样子。因此，要观察到自己的思维过程，首先要让自己的思维启动起来，那就要解决问题。在解决问题中让思维发生了，我们才能有机会对自己的思维进行观察。我们自己实践行动中思维的样子及思维结果就成为我们思维的镜子，显示出我们思维的水平和高度。

某调查研究显示，人们每天会在毫无意识的情况下做出和食物相关的决策大约有220多个。为了减少不良决策，我们首先需要意识到它们是何时、怎样做出的，这就需要自我观察程序。而为了达到对自己思维的观察，就需要借助语言，人类也正是借助语言指导来形成各种好习惯的。因此，为了促进自我观察，我们要常常用语言来提醒自己："在种种情况下，到底真正在发生些什么？这样做的后果是什么？"然后把这个思维方式贯彻到种种具体情况下，促进人们理性地观察自己的思维过程并纠正不合理思考和行为。如：听课时，我到底真正在想什么？这样做的后果是什么？看书时，我到底真正在想什么和做什么？这样做的后果是什么？完成作业时，我到底真正在想什么？这样做的后果是什么？批评别人时，……演讲时，……恋爱时，……沟通时，我们到底真正在想什么和做什么？这样做的后果是什么？也许我们永远都不能看到事情的真相，但在这种语言指导下的自我观察，通过放慢速度、放平心情，至少能够让我们对自己所思、所做的一切看得更加清晰。当人们看清楚了自己的思维现状，再加上通过想象预见到可能的消极结果，就会对思维方式做出积极调整。如当我们发现自己总是拖延时，然后通过想象预见到未来自己的贫困样子，我们就会因此而警醒，毅然改变原来的行为和思考方式，从而走向成功。

我们的大脑是在冲动系统和自控系统控制下发挥作用的，如果没有意识，自控系统就毫无用武之地，大脑就会默认选择冲动系统。薛定谔认为对意识来说，只有包括记忆和期望在内的现在。这就是说人们能够意识到的更多的要么是过去记忆，要么是未来的期望，很少意识到正在发生什么的当下。因此，为了加强控制，就需要意识到我们正在做什么。增强这种意识能力的方法是进行冥想训练，同时冥想还有助于提升个体的自控力、集中注意力、克制冲动和认识自我的能力等。研究发现，仅仅经过3小时的冥想训练，被试的注意力和自控力就有大幅度的提高，11小时后，就能观察到大脑的变化，控制冲动、排除干扰的脑区之间增加了许多类神经元。

（三）反思自己思维过程的训练

1.反思自己的日常行为的认知基础。

反思过程中一定要有好的理论作为指导，不然我们的反思就只能是凭空乱想，无根无据地指责自己有什么缺点，指出一些优点等，什么发现或创见也不会有，更谈不上通过反思来提高自己了。所以，反思之前一定要多角度、多方位、多层次寻找更好的理论（建设性思想），然后再运用这些理论衡量评估自己的实际活动情况的优劣，找到需要改进的地方。因此，好的优秀反思一定是先吸收学习优秀的理论观点，有好的理论作为指导的反思。这样进行反思才可能真正有所收获，不然就只能停留在回忆的层次上，随意找到些什么不足或缺点（依据经验来衡量优劣），然后加以纠正，最后很可能不了了之。因为这样，人们并不知道自己为什么是错误的。例如人们对"指责别人"的行为做的反思：当指责别人时到底在发生着什么？人们是怎样思考的呢？一般情况下，人们的反思就是意识到自己在指责别人了，加上一句"这样不好，以后避免"，就草率收场了。真正深刻的反思是什么样子呢？首先要深入考虑：指责会不会让被指责者有更好的表现，他能不能马上懂得应该怎样改变想法和行为，从而对事件有所改善呢？当得知指责实际上是一种情绪上的攻击，只会导致被指责者抵触情绪增强，不会使被指责者积极主动承担责任。当人们发现答案多是否定的之后，再做更深入自我观察，发现指责实际上意味着放弃了自己的力量，否定了自己的责任，只是在一味述说被指责对象的过错，自己在这件事情的改善方面不再发挥作用了。此时，你是在帮他还是在打击他呢？答案不言自明。另一方面，指责只会导致对方产生消极情绪，我们自己的情绪也陷入消极状态。好，现在利用"人际交往理论"来指导自己对指责的反思：指责，即指出过失并责备。难道一般情况下，犯有错误的人不知道自己的错误吗？非得需要你指出来吗？指责的最终目的何在？无非想把事情办好，但事已至此，需要的是后面的工作要尽可能避免更大损失。要尽最大努力把危害降到最低，这是正理，一味指责不起任何作用，还破坏合作关系。更加糟糕的是，指责在群体中会迅速传染。研究表明，目睹某人受指责的场景，会大大增加人们为自己过失指责其他人的概率，尽管目睹场景与人们的过失毫无关系。因此，我们应该放弃指责，主动担负起制止事情进一步变坏的职责，尽量把事情的消极状况控制在可以接受的范围内。所以，永远不要指责别人。相反，我们如何正确化解别人对我们的指责呢？首先要承认批评指责者与我们头脑中想法是不同的。可以根据不同情况采取不同应对策略：当你觉得指责有道理时，可以承认批评指责；当觉得不完全对，但有一定道理时可以采用模糊策略，即部分同意、同意可能性或同意原则；当不能接受对方指责时，可以与对方进行深入探究，详细了解指责的合理性。

　　大学生在学习中，总有些人很贪心，想一下子把所有内容都学会。这种面面俱到抓不住重点的做法，终将一事无成，最后获得的只有灰心失望。在学习过程中，一定要善于抓住重点所在，优先加以对待，并集中时间，集中精力，认准目标，学有所成。不会管理自己时间和学习的学生整天也在忙碌，却收效甚微。他们忙碌的形式主要包括：一是瞎忙，毫无目标，毫无想法，他们认为只要忙就能学习好，就能有所收获。这是对忙碌和成功关系的误解导致的。二是乱忙，目标有，但毫无条理，没有重点地忙。为了帮大学生弄清楚他们整个学习生活中所作所为，我们可以借助一些优秀的理论（建设性思想）来帮助大学生们反省他们的学习生活，以起到警醒作用。首先，利用时间管理的四象限法对大学生学习生活中的事件进行分类。共有四类：重要紧急事件、重要不紧急事件、不重要紧急事件和不重要不紧急事件。对这四类事件的应对措施一般是：紧急重要事件就需要立即去办；重要不紧急事件要进行规划，花大量时间去做；不重要紧急事件要有选择地做或让人代劳；不紧急也不重要的事件要尽量不做，有空再做。但大学生们对这四类事件的应对实际情况如何呢？把大学生们每天可能做的事情按照控制程度分为三类：第一类是完全不能控制的事情，第二类是完全能控制的事情，第三类是能控制一部分但不能全部控制的事情。从图5-2中可以看出，完全不能控制的事情基本不存在，Ⅰ、Ⅱ、Ⅳ类事件都属于能控制一部分的事件，Ⅲ类事件是学生能够完全控制的事件。实际情况却是，对于Ⅲ类事件有相当数量大学生竟然完全失控：沉溺于网游、视频、交际等，甚至因此耽误了学习和正常生活等。对于重要而不紧急的事件，通过与大学生的谈话、咨询等，发现绝大部分大学生缺乏长远规划、没有奋斗目标，花在这些事件上的时间也严重不足。对于Ⅰ类紧急重要的事件，多数学生只是能做到被动参与，简单应付的程度，严重缺乏主观能动性。只有第Ⅳ类紧急却不重要的事件多数学生能做到恰当处理。总体上看，重要的事件都没有用心做，不重要的事情倒是全力以赴、夜以继日地想要完成。我们认为这是一名大学生的失职，必须要反省改正。一个年轻人要想有所作为，就要做重要而正确的事情。例如，读一本书时，也要常停下来想想自己是否在浪费时间和精力，还有必要继续看下去吗？以此来检视自己是否正在做重要且正确的事情。

图5-2　大学生时间管理与应对

　　当我们遇到困难问题而不知所措时，一定要静下心来进行思考，反思自己当前的行为有什么问题。其实不仅行为本身，任何行为都是依照一定的理论想法来展开的，所以对行动的指导思想的反思也很关键。真正的反思是要首先弄清楚我们当前真正到底在做什么？这样做所依据的思想是什么？换一种新的思想怎样？新的思想选择哪一种呢？我们选择哪一种新思想作为自己行动的指导呢？这就非常关键，选择怎样的思想直接决定了我的行为方式及新的后果。例如，一个学生英语水平不高，总想着提高英语成绩，通过反思他发现自己的词汇量不足，但他只增加了晨读英语的行为，其他方面都没有改变。这样能提高英语成绩吗？很难！（很多学英语的学生自己都没有搞清楚自己到底在做什么——背些单词、读读课文、他们不知道英语考试到底要考什么，不知道怎样准备英语考试，不知道……）所以很多学生，想提高自己英语学习成绩，但他们对自己的学习反思不到位，没有采纳优秀的思想作为指导自己学习行为变革的指导思想，所以往往导致失败。再如，旧中国时期的很多仁人志士都想挽救民族危机，都怀有赤诚的报国之心，他们积极行动，当然是按照他们选择的救国思想理论作为行动指导，后来都失败了。中国共产党选择了马克思主义，毛泽东思想作为革命的指导思想，取得了新民主主义革命胜利，新时期还要带领全国人民进行社会主义现代化建设。一个人在遇到难题时，越是不知所措，越需要找到正确的思想来指引自己对行为的认知基础进行反思。

2.反思自己的写作作品。

自己通过思考并完成一些写作作品。在写作过程中或结束后，利用思维的结构和标准进行分析和评价，提高自己的建设性思维能力。我们认为，《批判性思维工具》一书中提出的思维的八个结构及评价标准是很好地对自己思维过程进行反思的工具。该书认为，我们在任何情况下思考都是：由一个想表达的目的和要解决的问题出发，自然地选择从某一角度（立场），默认一些基本假设，依据基本概念从当前信息（事实）得到推论（结论），然后进一步推断出推论的相关含义。进一步，他们总结出思维的组成，即思维的基本要素或称之为思维的根本结构，包括：①目的——表达的是个人的愿望、需要、目标、价值观。②角度（观点、立场）——思维是有重点方向的。如：对一个问题可以侧重法律方面，也可以从宗教、政治、哲学、保守等方向上思考。③概念——指解释、汇总、分类信息时所使用的总的范畴或观念。它是思考过程中的重要基础，概念不清容易导致误解和推理错误。④问题——所有思维都要有清楚、明确的问题有待解决，即思考者想要通过推理回答的问题是什么？⑤信息——指数据、论据、经验，即事实，一般是指在某种情境下真实发生的事情，用以支持结论（注意辨别信息：死记硬背的被动信息；积极吸收并主动运用的主动谬误；积极吸收并主动运用的主动真理）。⑥结论（推论）——思维的一个步骤，是指根据已知事实、信息得出的推论。⑦假设——已知的深信不疑的观念。为了得出新的结论，我们假定已知事实或观念是成立的。⑧含义——由推论进一步推理所产生的其他结论，指当结论发生时产生的影响和后果等。任何情境中都会有三种含义——合理的、可能的、必然的（真实的）。在思考过程中要注意进行区分。例如，我们买轿车就包括合理的含义（发生车祸），可能的含义（在喝酒后开车发生车祸），必然的含义（酒后在车流量很大的路上开车，刹车失灵）三种情况[①]。

借助于思维的这八个结构，使之成为照亮自己思维过程的聚光灯，随时能够知道自己的思维在这几个方面是什么样子。然后才可能用思维的标准加以评估，发现思维的不足之处，进行改善。

用下面的思维标准衡量思维的合理性，衡量的依据是思维的清晰、正确、精确、切题、有深度、有广度、有逻辑、有意义、公正。这些标准适用于判断一个或多个思维要素。清晰就是明白对方在说什么。正确就是真实、准确，以真实的方式表述某事或某物。精确意味着给出一些必要的细节，更确切地理解说话人的意思。切题就是各要素间应该相关，将不相干的东西放到一边。深度意味着突破表面现象，认识到问题的复杂性，并抓住重难点，以富有智慧的方式解决问题。广度就是从一切相关的角度考虑问题解决的可能性。逻辑性表明各种想法相互匹配并相互支持时才有逻辑。如教师认为自己的教学完美无缺就不合逻辑，因为学生各个方面都有缺陷。意义就是对思维要素进行价值判断和重要性分析。公正是指能满足上述八个标准，就是公正的理性思考。当然还有其他，如可信度、可预测性、可行性，但这些不常用。

附：训练任务 5-7

第一，自己写一篇日记或对某些事物的看法，在写作过程中边写边思考思维的8个结构，并不断利用评价标准进行评价，提高写作质量。

第二，利用完成的写作作品，分析其思维结构，并利用评价标

---

①理查德·保罗,琳达·埃尔德.批判性思维工具[M].侯玉波,等,译.北京:机械工业出版社,2013.

准进行评价，然后修改作品。对比作品修改前后的优劣。

第四节　持之以恒，轻松自如

生活由一系列事情组成，事情的本质就是一连串的行动、犯错误与矫正的过程；也是一连串检验我们吸取的思想的合理性的过程：不合理的淘汰，合理的吸纳；也是一个永无止息地优化各种行为方式、思维方式的努力进化过程。培养建设性思维能力也是一个驯化的过程，让人脱离胡乱思维，进入有秩序，有创新思想，有建设性的新思维模式之中。人一旦被驯化成为建设性思考者之后，就会自动按照这种思维方式进行思考，并认为这是理所当然的事。

一、做一个理性、负责的人

建设性思维方式是需要终生培养的习惯。个人各方面的发展中，思维的改变意味着根深蒂固的习惯的改变。因此，建设性思维能力培养需要我们持之以恒，养成新习惯，最后达到轻松自如的境界。而这只有成为一个理性的人并为自己的成长担负起责任的时候，变化才能发生。

在生活中我们会遇到各种问题，这本身是一种痛苦，解决问题的过程又会带来新的痛苦。人的一生中各种问题接连不断，因此，我们会觉得人的一生苦难重重。但只要我们真正理解和接受了这一事实，并相信问题和困难对人的发展具有非凡的价值时，我们就会愿意正视人生中一连串的难题，愿意积极想办法解决问题。这种认识是理性的。建设性思维能力构成了我们成功与失败的分水岭。面对问题，具有建设性思维能力的人，会坦然承受面对问题和解决问题带来的痛苦，因为他们相信问题一定能得到解决。作家周国平也讲过，在每一个人的生活中，苦与乐的数量取决于他的遭遇，苦与乐的品质取决于他的灵魂。苦难是人格的试金石，面对困难的态度最能表明一个人是否具有内在的尊严。就好比一个掘金者，长期挖地掘金，很久也没有什么收获，终于有一天他精疲力尽，再也忍不下去了，以很低的价格将矿洞卖给了另一个人。这个人没多久就挖出了黄金矿石。你要是第一个人，你会不会放弃挖掘，将你的矿洞卖掉呢？

　　人们在改变自我的过程中为什么往往会在经历了一番奋斗后却最终又要放弃呢？因为不愿意承受改变习惯的痛苦和不适。下面详细分析其中到底发生了什么？我们发现自己养成了坏习惯，并想要改变坏习惯，如饮酒过量、运动不足、花太多时间看电视上网、等到考试前才复习等。我们下决心要改变坏习惯。而且短期内，我们的确改变了自己的行为。但在此期间，我们承受了痛苦和不适。这些消极的情绪让我们沮丧从而失去耐心和信心。于是，我们放弃。这个过程中，非理性推理起着决定作用：（1）"尽管这种习惯已经形成多年，我应该不必经受任何痛苦和不适就能改变它。"这是典型的非理性信念，表现为竟然相信"既能得到好处又不用付出努力"的幼稚思维。事实上，要走出舒适区，就一定会经历不适与痛苦。（2）以"这太痛苦了，我受不了啦"为借口。很多存在心理问题的来访者具有这种心态。他们明白自己要改变现状，而且有较高的摆脱痛苦的期望。可一旦心理问题发作，他们马上举手投降，用"我受不了啦"作为借口，停止与问题抗争。（3）"我看不出改变行为对我有多少帮助。"这种思维的问题是短视，缺乏长期奋斗的思想准备，表现为急功近利的毛病。（4）"尽管做出如此多的牺牲，我看不出有多大进步，这不值得。"这种思维是放大痛苦和不适，认为这是巨大牺牲，并且存在短视和急功近利的毛病。所有这些非理性的思维推理都会导致人们在改变原来的不良习惯过程中容易放弃。

　　要获得建设性思维能力，就要经历痛苦的改变，我们要依赖理性思维，要对自己的未来负起责任。因此，我们要说服自己改变思维方式：每当我们试图改变一个习惯，就必须想到要经历不适，甚至痛苦。要改变就必须忍受痛苦，而且我们要用"不适与痛苦"作为转变的标志。我们要坚信，没有痛苦就没有收获。从此以后，每当非理性思维出现，就要意识到并用理性思维替代，并负起责任努力改变，直到产生理性情感。

　　现实生活中，我们每做一件事，每解决一个问题，都是在为自己"建造房子"。可是许多人不是积极行动，精益求精，而是消极拖延，漫不经心，最后留给自己的只能是一座"破房子"及后悔的人生。

二、自我诚实

《大学》认为："人之视己，如见其肺肝然，则何益矣。此谓诚于中，形于外，故君子必慎其独也。"也就是说，谦谦君子是什么样的呢？无论做学问还是做人都要真诚，要发自内心，不要自己欺骗自己。因此，君子人格修养的重要内容就是"慎独"。也就是当其一个人时，其一言一行也要发自于内心，做到言行与内心一致。古代为什么要人们诚实呢？甚至一个人时也要对自己诚实呢？因为在真实世界中，我们经常做着自我欺骗的勾当，却不自知。例如，当某人得了重病（癌症），却会欺骗自己说情况还没有严重到要看医生的程度；很多离婚者不能正视自己离婚的真正原因；许多酗酒者不承认自己对酒精的过度依赖，仍然信誓旦旦说自己可以随时戒酒。还有很多人对自己能力认识方面也存在自我欺骗，他们会假装自己懂得很多，并且随着装的次数的增多，自己也就相信懂得很多。这种人最典型的表现是不谦虚，甚至狂妄自大。如他们会对他们根本不了解的复杂问题毫不犹豫发表个人意见，而且觉得自己说得很有道理，不会想到他们的意见的肤浅、来源不正确或者失之偏颇。某学生学习成绩不好，旷课、不写作业、没有备考，却认为这些都是教师对自己的偏见造成的。有些学生某门课程成绩不好，就归因于自己不是学某课程的料，没有学该课程的脑子，等等。这些都是自我欺骗的表现，都在说着各种各样的谎话。再比如，人要形成良好品德，培养各种能力，一定要经过一个训练过程。然而，在这个过程中，也会存在一些假象。例如，当道德变成一种表演，变身为各种形态的演出，就会让最没有道德的人变成最有道德的人，因为这时人的内心已经和语言、行为开始分离，他们只是在撒谎而已[①]。所有这些人都需要认认真真地反省一下："发生在自己身上的某些事到底是怎么回事？"所以，任何形式的思维训练的关键在于内心与外在的统一，若是貌合神离的话，怎样训练都是无效的。

自我诚实就是有勇气，敢于探究自己的一切，是真是假，是对是错，绝

---

①蒋勋.当道德变成一种表演[J].读者,2018(3):58.

不自欺，也不逃避。然后用真相把虚伪融化，没有什么比自我诚实对自己的成长更实际有用的事情了。

在建设性思维训练中，自我诚实首先表现在探索训练目标的现实性。拥有远大目标没有错，但要确认这样的理想是现实的，而且要能够实现。若总确立不能实现的目标，那就会落入一种巨大的危险中：我不称职，缺乏能力，然后以此作为放弃的借口，最终陷入堕落、停滞不前的困境。因此，在制定目标时，一定要踏踏实实，有自知之明，根据自身实际情况来设定任务，决不能好高骛远，不然吃亏的只能是自己。同时，目标的现实性还表现在能从当前情况出发，制定出切实可行的计划来实现目标。若是只有目标，没有实现它的计划，那只能是一场梦而已。

建设性思维训练过程中，自我诚实还表现在监督自己思维模式发生的变化，对其进行客观的评价和反思，及时反馈。当建设性思维训练进行了一段时间后，我们要知道我们的水平是否有所提升，有没有犯错误，需要对这一段工作进行评价与反思。评价是指考察思维训练与最初目标之间的吻合情况。反思意味着我们用全新的视角审视自己思维训练的结果、所用的方法和整个过程，借以找到问题并提出解决问题的方案。整个过程中，我们要对自己保持客观，不能对问题视而不见，更不能逃避，因为没有解决的问题以后必定还会出现，可能导致其他更严重问题，阻碍我们的进步。当通过评价发现我们的工作与目标保持一致，我们就可放心大胆地继续前进。通过反思淘汰那些不起作用的策略，坚定地使用那些被自己证明有效的策略，但不能为了图安逸而坚持使用自己原来喜欢的熟悉的却效果不佳的策略。

最好的抵制自我欺骗的方法就是建设性思维训练。关于这一点请各位读者在前面的建设性思维培养方法部分自己去体会。

三、持之以恒直到熟练化，轻松自如

罗马不是一天建成的，建设性思维能力绝不是一天两天就能培养出来的。无论采用何种方法和工具，都要保持训练过程循序渐进，绝不能毕其功于一役。在训练的最初阶段进行没有风险和威胁的训练——不会涉及学生本

身的推理和选择，随着时间推移，慢慢向直接分析学生自己的思维和行为靠近。最后介绍的方法则是让学生直接分析自己的思维和推理方法。

向固有的思维方式发起挑战，训练者需要耗费大量的时间和精力，需要不断激励自我，持之以恒地坚持训练。但心理学研究告诉我们，人的行为受两个相反的动机系统控制：一个是趋近系统，这个系统会引发正面的情绪反应，使人接近特定的事物；另一个是逃避系统，引发消极情绪反应，让人逃避或离开特定事物。逃避系统会经常出来捣乱，让人放松和懈怠，使人变得胸无大志，得过且过，会严重干扰建设性思维能力训练效果。我们要怎样与逃避系统斗争呢？

第一，常想想训练的理由。迈克尔·潘塔隆经过大量研究和应用发现，通过"6个问题"①能迅速说服人，效果持久而坚固，甚至可以改变人的基本观念和人生。他认为，在各种情况下如何说服人们去做改变自己生活的事情呢？答案很简单，就是找到他们自己的改变的理由。因为人们做某事，完全出于自己的理由，不可能是因为其他任何人的理由。所以，我们就不难理解这样的说法：道理是很难说服人的东西，能说服人的只有"南墙"。因为"南墙"给了人们不能做某事的理由，是经过人们亲身验证的理由，属于他自己的理由。下面请你根据迈克尔六问的方法回答下面的问题，发现你进行建设性思维的理由：

第一问，我为什么想进行建设性思维训练？（如果没想过，可以假设如果你想做这件事）

第二问，我有多想参加建设性思维训练——从1-10中选择一个数字，1代表"一点都不想"，10代表"很想"？

第三问，我为什么没有选择更小的数字？（如果你选择了1，重新问一遍第二个问题，不过稍作修改，问"如果从1变成2，需要做什么？"）

第四问，设想一下，如果我训练建设性思维成功了，会有什么好的结果？

---

①迈克尔·潘塔隆.6个问题竟能说服各种人[M].路本福,译.南京:江苏文艺出版社,2012.

第五问，对我来说，这些结果为什么非常重要？

第六问，接下来我会做什么，如果我想行动的话？

第二，懂得激发训练动机的条件。心理学关于动机的研究表明，学习动机是人们处于积极心理状态和良好的支持环境中表现出来的一种倾向性。所以要保持建设性思维训练的动机，你只需要积极探索克服消极思维、消极情绪和行为的方法，并要看到自己的积极方面，恢复原本的健康状态，以激发学习动机。在训练过程中要注意以下条件的创设：一是引导和鼓励自己投入自己的活动中，即自己感兴趣、符合自己的需要、与自己目标相联系的活动。而这一切则依赖于我们能够将建设性思维培养作为自己的人生使命和目标，对建设性思维训练意义和价值的充分认识。二是选择难度适当，能完成的任务，即思维训练任务安排控制要与自己能力和需要相匹配。因此，在建设性思维训练中，要多问问自己：建设性思维训练是不是我的人生使命和目标？它对我的成长至关重要吗？我现在的训练任务与我现有能力匹配吗？通过这些问题的肯定回答，我们来激励自己，使自己明白建设性思维训练是必须的，而且是要进行长期甚至是终身训练的一项思维技能。研究表明，以问答的方式激励自己比直接告诉自己在某方面一定行更具有激励作用。再有，将建设性思维训练作为自我成长的目标，要懂得思维训练是一个永无止境过程。这就是让人意识到当人们通过训练虽然能够熟练应对生活中某些问题的挑战，但是一定还会有新的更加复杂且困难的挑战，这是以前训练的结果无法应对的。正如著名史学家阿诺德·汤因比总结历史时所说的"成功是最大的失败"。另外，训练动机的激发和提高需要充满安全、信任和支持的环境。这样的环境包括：与自己的老师或朋友建立和谐的人际关系，他们能够对我们的思维训练能够积极认同，并能给予大力支持，还会给我们的训练带来适当的挑战，但我们又不用担心失败。当然，在实际训练中，我们也要善于为自己创造并利用这样的环境。例如，泰德·威廉姆斯是美国波士顿红袜队的击球手。他被誉为史上最佳击球手，在棒球界的地位，一点也不比巴菲特在金融圈差。巴菲特也说：泰德是对他投资理念影响极大的一个人。泰德在《击打的科学》这本书中提出：做到高击打率的秘诀，不是每个球都打，而是打甜蜜区里的球。甜蜜区是指击中概率较高，容易把球打到合适区域的击球区。只有当球进入理想区域时，才挥棒击打，这样可以保持较高的击打率。如果每个球都去击打，击打率就会下降。所以，只打甜蜜区的球，其他区域的球，任其嗖嗖飞过。赛场上有两种击打者：一种是拼命地击打每一个球，争取做到每个都全垒打，这非常耗费体力，甚至有人会因此铤而走险去服违禁的兴奋剂。另一种是泰德的聪明做法，只打高概率的球。这并不是件容易的事。全场观众屏息期待你打出一个好球，这时球飞在最边缘位置。打，降低击打率。不打，全场嘘声。放弃击打，需要极强且冷静的内心。所以，在建设性思维能力训练中，要注意循序渐进，找到最适合自己能力水平的任务，但这是极具挑战性的，需要我们极认真地选择才能找到。当然这种能力也是需要训练的。

第三，坚持就是胜利。有了强有力、个性化的建设性思维训练的理由，具备了控制训练任务的策略，又能积极主动挑战自己，剩下的就只有两个字"坚持"。正如塞缪尔·詹森说过，大自然不会一下子把所有东西都给予你。就像小鸡的孵化，太着急就变成了煎鸡蛋，太没效率必定成为死胎。所以，任何你想得到的东西，都要慢慢追求，有一个努力争取、奋斗的过程。要改变已经形成几年甚至十几年的思维习惯更是一个循序渐进的过程，不可能一挥而就，想改变马上就改变的。当然，这个过程还是需要有个期限的，不然总觉得是一个遥不可及的奢望，就会使人们丧失动力与斗志。迪安·德尔·塞斯托在《有效思考：让人生快速精进》一书中主张，30天养成的习惯只能维持90天，而90天养成的习惯通常会维持一生的时间。因此，为培养习惯，练习都要坚持90天。明白了上述道理，还需要真正让自己能够做到内心的坚忍，不断克服浮躁的情绪。为了克服在训练过程中产生的浮躁情绪，就要培养认真的能力。如可以通过思考"大树的成长条件"来帮助克服浮躁心态。要成长为一棵参天大树，需要经历漫长岁月，需要在一个地方坚持不动（具备坚定的信念），需要深深扎根吸收营养（汲取知识营养），需要积极向上长（成长、发展的方向），需要面向阳光（成长发展的目标要正确）。我们或许能从"体育运动"这件事上获得一些启发：没有什么捷径，也不用说什么宏伟的目标或长远计划，最简单的就是你每天花点时间与自己的身体相处，每天单调地坚持、重复，认真而不敷衍。也许短期内觉得毫无价值且十分无聊，但长此下去，自然就会看到变化，找到方向。

通过不断的坚持，随着建设性思维技能的熟练化、自动化程度提高，并养成习惯，我们的智慧就逐步养成了。王蒙在《说知论慧》中说，智慧不是渊博，不是能工巧匠，也不是心眼多，它是西方人认为的在多种选择条件下能够做出最佳而明智的选择。在遇到困难时，能够将知识和行动紧密结合在一起，灵活高效地解决问题的能力。无论多么好的行为，如果只是表演一两回，而不能终生去做，那是扮戏；无论怎样有价值的知识，如果只是挂在嘴上说说，而不能彻底消化，举一反三，解决实际问题，那只是语言游戏。建设性思维必须化为思维习惯，才可以一辈子受用。

第六章　大学生学习中建设性思维能力培养

21世纪人才的核心素养包括五个方面：文化理解与传承、批判性思维、创新能力、沟通、合作。文化理解与传承是核心，该素养包含的价值取向对所有行为都有导向作用，批判性思维与创新素养更多地表现为认知能力，批判性思维强调理性、有条理、符合逻辑，创新素养强调突破边界、打破常规。沟通与合作素养侧重反映个体社会技能，沟通强调尊重、理解、共情，合作强调在实现共同目标的前提下的坚持与妥协。同时，创新离不开批判性思维，沟通是合作的基础，批判性思维能够提升沟通与合作效率，有效的沟通与合作有助于实现高质量的创新。建设性思维是集高尚的价值观、建设性思想、创新能力与批判思维于一体的一种思维模式。它的形成需要在各种实践活动中磨炼，当然大学生的学习和交往活动为此提供了大量机会。本章将探讨大学生学习中如何培养建设性思维能力。

第一节　大学生关于学习的思想误区

对于大学生来讲，学习应该是他们最擅长的领域，实际情况真的如此吗？我们对在校大学生进行了开放式问卷调查，主要涉及令大学生困惑的学习方面的问题是什么、怎样应对、结果怎样三个方面。我们对收集到的资料进行梳理，发现大学生对学习存在很多误区，在学习问题解决上要么束手无策，错误百出，学习效果的改进总体效果不佳。具体表现为下面几个方面：

一、大学生对学习含义、目的和意义的思想误区

关于学习是什么，我问过很多学生，他们的基本答案是：读书、听课、自习等。师范生的答案差不多，也不能给出一个科学的学习的解释。虽然他们觉得学习的形式是多样的，不拘形式和内容，但总体上看，他们对学习理解的共同点都集中在学习的形式上，误以为只要有信息传播过程就会学习。每一位大学生都知道"我们大学的教育目标就是要把学生培养成德、智、体、美、劳全方面发展的国家有用人才"的说法。但进一步细问：大学是怎样实现这一目标的？大学生的智力是怎样得到发展的？多数回答就基本支支吾吾了。当我们问一个更具体的问题：公共课程知识的学习中智力会不会得到提升？很多大学生不能回答。因为他们觉得老师提出这个带有暗示性的问题，那意味着可以改变，但他们又没有切实感受到智力的改变。内心存在矛盾所以不知怎么回答。当然更多学生认为智力是个天生遗传的东西，是不会因为学习而改变的。这部分同学很自信，但这种自信是盲目的。极少学生同意学习可以提升智商水平，可这些同学根本找不出什么能够证明这一观点的可靠证据，大概只有盲从教师提问中的暗示了。所以学生中很多人会产生大量困惑，比如"为什么要学习与专业无关的课？""为什么老师上课讲的内容与书本不一样？"而且对这些课程及任课教师产生了很强反感态度，实际学习行为就可想而知了。也有学生把不爱学习归因于自身懒惰，实质上是对学习的意义和价值不明确造成的。有学生对很多课程的考试产生误解、反感："既然考试都能通过，为什么还要考试呢？"认为考试就是要背好书，然后填到答卷上就是了。

我们曾对学生上大学的目的进行过一次问卷调查，问学生为什么要上大学？（见本书第二章图2-1）这一调查结果再一次显示出大多数学生的实用主义读书观。他们努力读书学习，第一位的是要找到工作，更进一步找到一个自己满意的好工作。所以他们进校后积极转专业、考研、考公务员、留学、考编制等，无一不是为了让个人生活得更好，这本身没有什么问题，问题在于对国家和集体发展的严重忽视，也很难出现一次"为中华之崛起而读

书"的呐喊。从学生对某一门具体课程的听课、不听课的理由的调查结果看，大学生们的读书观也是实用主义的。听课、不听课的理由主要集中在有没有兴趣，有没有用和收获等。

从马斯洛的需要层次理论来理解多数大学生上学的理由，基本属于生理和安全的需要，加上一些社会归属与尊重的需要。以此低层次的需要推动的学习生活是不会幸福的，只有在高层次需要推动下的学习生活才会更加幸福，才能与我们在前面论述中关于树立使命和目标要遵循黄金圈法则保持一致。要改变现状，必须重新吸收和践行关于学习的本质、意义和目的等方面的建设性思想。

二、大学生对学习过程的思想误区

很多大学生认为学习是非常简单的事情，无非就是听课、阅读教材、记笔记。如何将笔记或教材中的内容转化到头脑中呢？这一问题根本得不到学习成绩较差的学生的关注，他们更倾向于认为考前浏览一下教材或笔记就可以了。所以，知识根本就没有真正进入他们的大脑。整个学习过程需要上课认真听，阅读时仔细理解，然后通过对笔记进行温习、背诵和反思，才能将笔记中的信息变成头脑中的知识。任何一个环节不认真对待，就会导致学习失败。学习是一个整体工程，任何一个环节都不能有缺陷。事实上，一些大学生真的把温习、练习、复习反思这些环节给省略了，他们只满足于听课、记笔记，然后只在期末浏览背诵教材或笔记来应付考试。更有甚者，还认为学习内容教材上都写着呢，或在很多网络资源上随时都能找到，上课听讲也不认真起来。所以，这些大学生在学习过程中，又多了一个大毛病，那就是懒惰。他们不思考，也不学习怎样思考，表现在课堂上不提问题，也不参与教师的问答。不记笔记，直接拷贝教师的教学课件，或手机拍照课件内容，甚至认为教师讲的内容网络上都能找到，课下学习来得及。

大学生们希望读书学习可以成为一件快乐的事，却又做不到。因此，只能将读书视为令人厌倦的、痛苦的事情。原因是对学习过程存在许多思想误区：

第一，入门困难。许多大学生学了三年专业知识，最后还是缺乏专业兴趣、对专业陌生，不知道怎样应用所学专业知识和技能，也就是说根本没有入门（见图6-1）。不入门就是对该领域的知识不了解、陌生、没有把握感，更不能应用相关知识来解决问题。逃课的学生一般会是这样的结果。当前大多学生的状态是串门或是被迫串门，他们对专业知识有所了解，也较为熟悉，但不能掌握知识，更不能应用知识、创造知识。真正入门的学生不但了解、熟悉所学知识和技能，对知识技能有把控能力，对学科具有浓厚的兴趣，甚至能积极主动钻研学科知识。

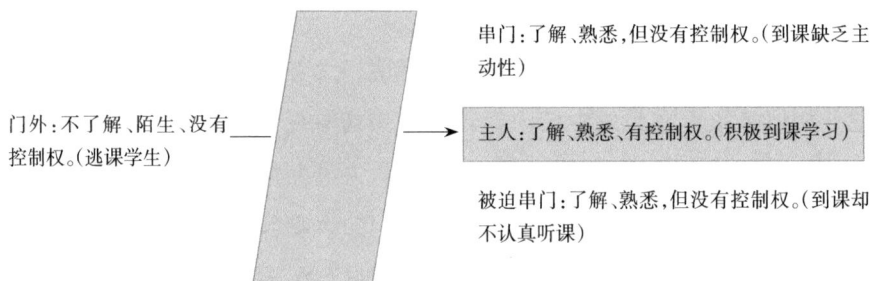

所谓真正入门就是：有浓厚兴趣，积极主动了解
一切，不断熟悉，并学会运用知识，还能进行深
入研究的状态。

串门：了解、熟悉，但没有控制权。（到课缺乏主动性）

门外：不了解、陌生、没有控制权。（逃课学生）

主人：了解、熟悉，有控制权。（积极到课学习）

被迫串门：了解、熟悉，但没有控制权。（到课却不认真听课）

图6-1　大学生专业学习入门示意图

不能入门的原因可以用皮亚杰关于顺应和同化的观点来说明。关于课程学习，我们分三种情况进行讨论。①很多课程学习开始都要学习新的定义、分类等基本概念知识，甚至每一章节开始都要学生掌握基本概念及其分类知识。就像学唱歌需要记忆理解歌词一样，学习专业课程都要记忆理解基本概念、专业术语、公式、定理，对现象进行分类，这需要初学者改变自身的认知结构，或者对该课程（章节）新建一个认知结构。这一阶段是一个顺应阶段，难度极大。而大学生们却是在开学初的轻松自在状态下学习这些知识的。所以，顺应阶段的知识结构不牢固，理解定义不深，记不住，更不能应用到后面的知识的同化过程中。最终导致学习很难入门，后面章节知识的学习越来越困难。因为任何一门学科知识的学习最终总是要达到同化与顺应的平衡的。若是开始阶段顺应不良的话，后面所有知识都将没有根基，新学习

的知识无法归类，没有规律可依，都变成了顺应过程，导致整个课程学习都很艰难。②另一类课程开头并没有太多特别的概念术语，即便有也较容易理解接受。如像心理学专业课程中的发展心理学、异常心理学等。但是这些课程的学习也会让很多学生在学习过程中产生困难——要学习大量细节性知识，记忆任务量极大，加上很多学生对自己的记忆没有信心，导致学习不良。因为对于大量细节知识的记忆，若是只进行同化，没有顺应的话，结果只能是形成大量细节知识标签，不能区分。所以这类课程学习需要学习者自己整理知识、区分知识并总结知识结构，发现专业知识的基本逻辑。专业知识的基本逻辑是这类课程入门的钥匙，因为这个基本逻辑能将大量细节知识贯穿组织在一起，形成有逻辑的知识结构，易于掌握。③也有一些课程是上述两种情况的交织组合。同化和顺应两个操作都要发挥作用才行。

第二，不知道学习过程中遇到的困难是因为什么而产生，因此无法使学习中的困惑得到有效解决，最终导致连续性失败，丧失了继续努力学习的动力。学习过程中，一名学生对所学知识不能理解，于是他努力追求对所学知识的理解。当然这种努力学习的行为可能是在非理性思维指导下进行的，出现了很多试探性行为。比如，大量花时间在某一门学科上，但并没有深入挖掘；再就是虽然很费力气，但始终没有弄清楚合理正确的方向；还有部分学习者努力方法不对，效率低下，进步迟缓。我曾多次问过学生，英语学习最重要的是学什么？很多同学出奇一致地认为是背单词。这是一种盲目的学习英语的方法。对于英语的听说读写能力提高还差很远。久之，不见什么起色，很多学生就失去耐心和信心，气馁了。多次考试的失败会导致学生相信什么或做出何种行为选择呢？一般情况下，大部分学生和教师首先找考试失利的原因，很久没有找到更合理的原因时，往往就归因于自己在某一学科学习能力不行，从而放弃学习。当然，如果能够找到合理理由，也就找到了提高学习效果的突破口。作为教师的责任是要让学生通过阅读学习，要继续教育他们学会读书。通过与很多学生谈话，结合课堂教学经验分析，我们认为，很多学生读书不懂的原因无非两个，一是学生的学识不足，无法理解书中观点；二是书的作者写作有问题，根本没有阐释清楚自己的观点和论证。

一般我们的学生属于前者，即学识不够。这就构成了一个很有意思的悖论：一方面，学生需要广泛而深入地阅读增加学识，才能够读懂更多的书和文章；另一方面，学生只有能够读懂书和文章，才能增加学识。要化解这个矛盾，其实首要的还是要选择几本经典书慢慢读，彻底吃透、读懂，逐渐积累，打下坚实基础，然后能够读懂更多的书。很多学生不懂得这个道理，认为自己读不懂书，然后放弃永远不读了。表现为读书没有积极性，他们为了能有点积极性，常采用的方式就是和别人一起学习，靠别人监督或督促来调动学习的积极性。也有学生靠语言自我调节，对自己说"要好好学习"，总体上效果都不好。再比如，很多大学生对长时记忆存在误解。他们通过学习认识到，长时记忆就是保存时间在1分钟以上的记忆。但他们不知道的是，长时记忆是要把信息经过充分的、一定深度的加工后，在头脑中长时间保留下来的记忆。很多同学都只关注了长时记忆的保持时间，很少了解长时记忆是要在编码阶段对信息进行充分和深度的加工后才能形成的记忆。忽略这个方面的结果是使学生不懂长时记忆如何才能形成，于是很多人认为长时记忆是很轻松地从短时记忆直接转入长时记忆中去的，或者只要不断重复就可以。所以，即使有些刻苦的学生付出了努力和劳动，然而努力的方向是错误的，没有对记忆材料进行充分和有深度的加工，结果是费力不讨好。综上，大学生在学习过程中遇到困难与挫折，与他们不知道原因有关。

第三，大学生缺乏学习兴趣。很多大学生在刚入大学时信心满满地要发奋学习，考研、考公务员、考教师编制等，但当他们真正投入到校园的学习实际中时，很多人发现自己没有了原来的兴趣和动力，连自己在学习中的注意力都无法控制，分心现象极为严重。当然这与教师的教学方式和方法有一定关系。当前很多教师在教学过程中，课时少、教学内容多，就采用灌输式教学，不管学生能不能接受，也不问学生的需要，只是把大量的学习内容推送到学生面前，但事后发现自己和学生都没有从这样的课堂上获得什么益处。学生无力改变这种现状，个别教师对此状况也无能为力。所以课堂上就出现了形式化教学，教师自顾自地讲，学生给个耳朵轻松地听一听，然后就等考试了。这很难从根本上培养学生读书学习的兴趣。缺乏学习兴趣的另一个原因是教学过程中太过统一要求，学生根本做不到统一步调学习，有人"吃不饱"，有人跟不上，教学缺乏因材施教。而在这个方面，虽然我们也一直倡导因材施教，可实际上，教师课堂教学时总是把学生的个性化学习方式忽略了。无论是"吃不饱"的，还是跟不上的，最后都会没有学习兴趣。

　　以上是从教学角度进行的分析，下面从学生的角度来分析学生缺乏学习兴趣的原因。有很多同学主动忽视教学等外界因素，认为学习成绩不好主要与自己的学习状态有关，于是走上了拯救自己注意力和学习兴趣的道路。他们认为主要是自己的注意力和学习兴趣出了问题。于是一心想要找回自己在中小学阶段那样的注意集中、稳定状态，全神贯注状态，对学习的浓厚兴趣。可事与愿违，经过自我的艰苦调整，甚至到心理咨询室找心理咨询师帮忙，但结果是他们再也找不回中小学那样的学习状态。于是乎很多学生陷在了关于学习兴趣悖论中不能自拔。就像他们认为的那样，要想取得好的学习效果首先要具有良好的注意力和浓厚的学习兴趣。可总盯着要找回原来学习中那种状态本身，而不去踏踏实实地去学习，不能取得良好的学习效果，又怎么能找回那种积极的学习状态呢？在这样的挣扎中，很多与此相关的苦恼就产生了：很多学生反映，他们静不下心来，太浮躁，考试只求基本能通过。也有人希望能和其他同学一起学习，得到监督才能坚持学习；也有学生自制力不强，沉迷于课外书、网络小说、游戏、影视剧等，放任自流，难以把持。还有一个原因是很多学生无意识的知识观成为阻碍其培养学习兴趣的重要元认知条件。通过100多人的样本问卷调查，我们发现相当比例的大学生的知识观是错误的。具体表现在：关于"知识是独立的知识点还是联系在一起的整体"，有三成学生倾向于是独立的；关于"知识是确定和稳定的还是模糊不确定的"，八成学生倾向于知识是确定的和稳定的；关于"知识源于专家权威还是源于推理和经验"，也有3成学生倾向于知识源于专家和权威；关于"知识获得主要靠记忆还是靠解释和思考"，三成学生倾向于主要靠记忆；关于"知识获得速度是快速的还是渐进的"，三成学生倾向于是快速的。通过实际访谈和观察，我们认为大学生的知识观的问题比我们调查的结果可能还糟糕。鉴于这样错误的知识观，学生们是不可能培养起对知识学习的兴趣的。除了对知识的元认知观念外，每一名学生，无论在课堂上还是自学时间，学习过程中都要不断地询问下面几个问题：这些知识有用吗？会影响我以后的生活吗？我能学会吗？能取得什么样的成就？对这几个问题的回答直接决定了学生学习的高效能还是低效能，低效能的学习最终会导致学生学习无兴趣、无动力。相对来讲，前两个问题更加重要，当人认为某种事物对自己重要有用时，总会努力克服各种困难弄懂它，学会它。当认为知识对自己无关紧要，不会影响自己的未来生活，学习动力将大大减弱。大学教学中的很多基础知识的应用价值又不那么明显，很多学生缺乏深入思考，这些因素的叠加，导致很多大学生对大学所教授的知识的应用价值缺乏认知。但这不等于说大学要教授应用价值明显的知识，而是要帮助大学生改变对知识的认识，真正领悟到各种知识的应用价值。

总之，追根究底，缺乏学习兴趣的根本原因在于大学生，当然也与教师们不知道怎样培养学习兴趣有关。

第四，关于记忆。这么重要的知识，大学生对其理解也存在很多误区。（1）记忆是一种实物。很多人至今仍然把记忆理解成为一个信息的仓库，信息放入后就保存在里面了。但这种将记忆看成一个容器，僵死不动的理解是不对的。（2）认为记忆就像肌肉，多用便会更强大。这个比喻有它合理之处，但不是那么简单的类比。肌肉通过力量训练，变得发达了，提东西会觉得省力了。但记忆不同，通过训练多用，再次记忆新的信息，仍然需要很费精力，因为加工信息这种工作与提起一个重物完全不是一回事。詹姆斯就曾亲自做过实验，通过自己记忆泰戈尔的诗句，证明大量练习和训练记忆，并不能提高对新的信息的记忆效率。因此，不能通过简单得像锻炼肌肉一样的训练就希望获得优秀的记忆能力。（3）好记忆有秘诀。关于这一点，很多人都是相信的，他们认为记忆好的人都懂得一些鲜为人知的秘诀。其实，关于记忆的原理大家都可以随时找到相关资料，那些有着优秀记忆的人也是根据同样的原理通过艰苦训练获得的。也就是说没有什么所谓的秘诀。（4）训练有素的记忆优秀的人永远不会忘记。事实是任何人都会忘记一些事情，遗忘（记忆的七宗罪：空白、分心、健忘、暗示、错认、偏颇、纠缠）是自然进化的结果。没有遗忘的生活也不会快乐，会增加很多烦恼。例如苏联曾有一位记者记忆力超强，他采访从来不用笔等记录。但是她要花费很大工夫帮助自己忘掉某些不想记住的信息。（5）记忆太多大脑会一团糟。这更是对记忆的误解。大脑作为一个高级复杂的器官，它是自然进化的产物，她处理信息的能力是有限的，但是储存信息的空间到目前为止并没有发现有什么限制。人脑长时记忆容量无限。认为一团糟可能是因为存在纠缠现象或者联想太丰富，导致的一种错觉。（6）我们只用了大脑潜能的10%。如果有90%的大脑功能没有利用，但又不知道怎样去使用，不就等于没有吗？这可是一种巨大浪费啊！但是这是怎样估计出来的呢？好像没有可靠的科学的根据来证实这一说法。（7）有一个简单方法帮助记忆。这样的秘诀不存在，记忆永远不可能简单化。（8）有些人只能拥有不佳记忆，有些人拥有天赋照相记忆，太老、太年轻无法提高记忆。这些都是对人的记忆发展变化的绝对化、静止的看法，是不对的。其实人的记忆都会因为兴趣、经验、态度等因素影响而形成记忆优势。如爱好足球的人对足球赛和足球明星记忆就好于对足球不感兴趣的人。年纪不是记忆发展的障碍，但年纪大了，很多人的记忆会有老化现象。（9）很多学生受"在理解基础上记忆"这一说法的误导，形成"只要理解了知识就能够知道并能回忆起来"的错觉。事实上，除非学习一开始就能够利用良好的策略，自觉地为了能再现而总结概括和结构化所学知识，并积极主动记住这个结构，才能在学习后较容易地回忆起所学知识，若是仅以看懂或觉得理解了就感到满足的话，到真正提取时就会非常吃力或根本回忆不起来任何知识，此时的记忆是缺乏准备性的。

附：训练任务6-1

下面是关于记忆的一些描述，请选择你认为正确的选项。

（1）记忆是一个储存知识的容器。我们学习时把知识放进去，用时再取出来。有时一些知识漏掉了，就想不起来了。（　　）

A.同意　　　B.不知道　　　C.不同意

（2）记忆是心灵的一种基本能力，可以像训练肌肉一样经过锻炼而加强。所以只要训练你的记忆力，就能很好地记忆每一件事。
（　　　）

　　A.同意　　　　B.不知道　　　　C.不同意

（3）记忆力是天生的，不可改变。（　　　）

A.同意　　　　B.不知道　　　　C.不同意

三、大学生关于提高学习效果的思想误区

　　个别大学生在学习时注意力不集中非常严重，用学生自己的话讲，就是他们特别想找回中小学那种极好的学习状态，但结果往往失败。在解决这个问题上，他们缺乏科学知识指导，因此采取的对策是无效的，比如有人学不进去就听音乐，或边听音乐边学习，有人希望能找个寂静的地方学习等。注意力不集中是很多想提高学习效率的同学身上的一个高发问题。

　　鉴于这些大学生对学习过程的认识存在误解，所以他们在追求学习效率方面自然会碰壁。如他们总觉得知识学了很快就忘，为强化记忆，只会一遍一遍地机械重复阅读教材或笔记。或为了提高学习成绩，自己读关于学习方法和策略方面的资料，请教老师和学习成绩好的同学，觉得资料中讲得挺有道理，同学老师说得也挺好，可轮到自己使用就不是那么回事了。于是他们就很盲目地逼着自己多看书，一遍读不懂就多看几遍，要么就机械地背诵。考试前忙着突击复习，死记硬背者居多，不会提问，没有提问的意识，不会对知识进行思考，不去组织知识。自己制定学习计划往往完不成，或者完成了也不知道自己的行为或认知结构会有何变化。总之，在提高学习效率和成绩方面，他们由于太缺乏科学知识和策略，再努力效果也不理想。

　　当前，有太多学生被商业广告宣传所蛊惑，被非科学的一知半解的观点所误导，认为学习存在捷径，可以快乐地学习，可以很快学习很多内容，并能够解决很多问题，所以才会有学生希望自己的阅读速度提高两倍、十倍，或在一周内快速掌握任何一门学科知识。总之，他们总是在做一个同样的白日梦：不费力气地成为各科全优生。但当他们还没找到这样的捷径之前，又

不希望通过自身刻苦努力来进行学习，担心被别人耻笑、看不起，结果很多人只能远离知识，远离学习。具体表现为，很多学生在学习上无目标、无使命、无理想，学习动力严重不足，容易放弃，坚持力不足。学习态度上的常见表现为"不得不学"，而不是积极主动在自我控制下想学，愿意学，喜欢学。事实上认知心理学的研究表明，不能给大脑带来挑战的轻松的学习往往是无效的。

考试是评价学生知识掌握优势和不足的重要手段，但大学生对于考试的忧虑一般会大于其他很多事情。原因是很多大学生根本不关注考试作为反馈这一功能，却只把目光盯在考试结果好不好上，考差了就讨厌和恐惧考试。再就是人们都会因忧虑被评估而讨厌考试。正是出于对考试的这些误解和偏见，很多大学生很少真正认真地准备考试，特别是不重视对考试题目的准备。因此，很多大学生不会考试。对于考试，大学生常用的方法是考前阅读和记忆大量的教材或笔记资料，不去猜测教师会出什么题目，主要是觉得猜不到题目。另外，他们也不对各种问题进行准备，不总结、不概括、不梳理任何一个问题的答案，坚定地认为教科书上提供的答案就是唯一正确的答案，只需要记忆他们认为合理的知识要点。所以，到考场上，题目稍微灵活一点，就不知如何应对了。在面对考试题时，有些学生甚至还没有看清问题是什么，或根本不认真审题，就一股脑地只管答出自己记得的内容。也不问答得是不是对？这样答会得多少分？他们平时缺乏答题时对自己答案评分的习惯，所以不会有"给出圆满答案得到满分"的追求和愿望。很多考生没有取得满意的成绩，一个重要的原因是他们把精力全都放在了掌握要考试的内容上了，不知道怎样准备考试。我们认为，从某种意义上讲，学会准备考试和如何参加考试与学会考试所涉及的内容同等重要。

第二节 吸收并践行关于学习的建设性思想

一、关于学习、学习目的、意义和价值的建设性思想

（一）关于学习的建设性思想

首先，我们对学习的含义进行澄清。因为很多大学生对此并不清楚，他们把简单看看书甚至看些娱乐视频等，只要是接受信息的过程都理解为学习。这显然混淆了学习和娱乐的观念。在我国，学习这个词是"学"和"习"复合而组成的词。最先把这两个字联系在一起讲的是孔子。孔子曰："学而时习之，不亦说乎?"意思是，学了之后及时、经常地进行温习和实习，不是一件很愉快的事情吗? 按照孔子和其他中国古代教育家的看法，"学"就是闻、见与模仿，是获得信息、技能，主要是指接受感官信息与书本知识，有时还包括思想的含义。"学"是自学或有人教的学。"习"是巩固知识、技能的行为，一般有三种含义：温习、实习、练习。"学"偏重思想意识的理论领域，"习"偏重行动实践方面。学习就是获得知识，形成技能，获得适应环境改变环境的能力的过程，实质上就是学、思、习、行的总称。现代教育心理学把学习定义为人或动物在活动过程中，因经验而引起的行为、行为潜能的持久变化。对此定义的理解要注意下面几个方面：其一，学习表现为行为或行为潜能的变化。这说明通过学习不仅发生外部行为的明显改变，也出现难以直接观察到的认知结构的变化。对于大学生的专业学习来讲，主要的变化是知识结构的主动构建，这也是大学生学习的重要任务。其二，学习所引起的行为或行为潜能的变化是相对持久的、稳定的。这就排除了因疲劳、疾病、药物反应使能力下降等临时性的行为变化，这类变化都不属于学习。其三，学习所引起的行为或行为潜能的变化是通过经验获得而产生的。这就要求学习者的亲身经历，包括不断地练习和强化等，应该排除因为成熟导致的行为变化。

（二）关于学习目的的建设性思想

学习多是要通过阅读来实现的，当今相当多的大学生不喜欢读书，到工作岗位上后又难得读书。其实学习是任何成功人士的必修课，许多人不喜欢读书主要是因为读书的目的不明确，甚至根本没有弄清楚为什么读书。其实，关于读书和学习方面，大脑本身是很愿意"动起来"的，但若是学习者一味蛮干，没有方向和目标，又不能取得成就，就只会落得筋疲力尽，感到无能，过早放弃的下场。所以，读书学习一定要有明确的目的。

清华大学原副校长谢维和教授通过调研和反思认为，德育与智育之间有一种必然的逻辑联系，那就是自觉性，即那些学习成绩和各方面发展都比较好的学生，他们学习的自觉程度都比较高。根据不同教师的意见，这种"自觉性"可以表现为学生在学习和生活中的自律性、有理想、自我管理、专注、良好的学习习惯、有比较清晰的学习目标等。从另外一个角度说，具有这种学习"自觉性"的学生往往能够非常主动地安排自己的学习，包括制订学习计划，能够经常反思和总结自己的学习，并且在老师和家长的指导下时时调整自己的学习，等等[①]。我们认为，这种自觉性必然是以清晰的目标来调控和指导学习行为的。

事实上读书有两个最基本的目的，其一是为了自己的精神世界的成长和建设，要学会别人与世界打交道的方式。我们要感恩每一位作者，他们愿意分享其眼中的世界以及与世界打交道的方式方法。要吸收优秀的思考方式，达到拓展自己思维方式的目的，需要花费大量时间，一点一点地阅读理解和消化。这样的学习是个循序渐进的过程，人们通过这个过程不断提高自身修养，升华心智，获得理解和认识世界的新的角度和方法。也正是基于此，很多人在读书学习过程中，改变了理解和认识世界的思维方式，为了追求真理、理想，为了正义和自由等，把自己变成敢于同错误、落后、反动相抗衡的勇士。当前很多大学生上学的重要目的不是学会怎样思考和理解知识，如何应用和实践知识，仅是重复教科书或教师告诉他们观念和信息，仅仅为了

---

①谢维和.学习成绩背后的"秘密"——立德树人的逻辑与实践研究之二[J].人民教育，2017（8）：33—35.

考试、地位、成功等。更有甚者是为了分数或者为了获得别人的认可而学习，那么这些人便丧失了学习过程带来的满足感，同时还会将自尊置于无法控制的学习结果之下，这是必须要加以纠正的。其二，读书的目的就是纯粹为了获得信息和知识，这可以通过快速阅读。因此，读书学习可以使人获得新知，增学问，广见识，才能开茅塞、除鄙见，以至于养性灵，获得读书人的优雅与风味。

当前，很多在校大学生，有学习目的，但非常笼统，或者只有个大目标——取得好成绩，找个好工作。他们普遍缺乏小目标、具体可行的目标。根据我们前面介绍的知识，目标一定要具体，切实可行，只有实现一个一个小目标，才能实现大目标。倘若只有大目标而没有小目标，大目标就会给学生带来巨大压力。压力过大，学生学习动机、兴趣只能"灰飞烟灭"。因此，大学生在平时学习时，或者在复习考试过程中，为了取得好成绩，不妨将每个题目学到得满分作为直接目的。用这样的态度学习，有利于复习提高效率，促进对问题的充分思考，综合各家之言可得到更为全面的观点和看法。

（三）关于学习的意义和价值的建设性思想

第一，学习是人生存的必要前提。尽管人类是地球上最高级的生命，生活方式极为复杂，但同时人类适应环境的固定不变的本能行为最少。例如，人类婴儿与初生的动物相比，独立生活能力和环境的适应能力都很差，可以说，离开了父母的养育，婴儿是无法生存下去的。人的绝大部分行为方式是后天习得的，因此，学习及学习能力在人类个体生活中起的作用也必然是最大的。学习是人与环境保持平衡、维持生存和发展所必需的前提条件，也是适应环境的手段。而后天习得的经验可帮助人们适应环境迅速的变化，与先天本能相比，其作用显然要重要得多。

第二，学习能促进个人的成熟和发展。人的生理和心理的成熟发展并不完全脱离环境和学习影响的纯自然过程，学习和经验对成熟具有非常重要的促进作用。怀特发现，经过训练的婴儿，平均在3.5个月时便能举手抓取到面前的物体，其手眼协调的程度相当于未经训练的5个月的婴儿的水平。这就说明了学习、训练对成熟的促进作用，学习促进了潜能的表现和能力的提高。对印度狼孩的研究发现，卡玛拉回到人类社会时大约已七八岁了，但智力水平仅相当于6个月的婴儿智力水平。有人研究聋哑人死后的大脑皮层解剖结构发现，控制听觉器官的部位趋于萎缩，而对先天盲人复明后进行测验发现，他们眼睛运动不规则并且难以集中注意于一点，不能精确地区分圆形和正方形。所有这些研究与事实说明，早期的学习、训练以及相应的文化环境，对人的感觉器官和大脑等机体功能的发展、心理成熟都有着重要的影响。

第三，学习能提高人的素质。人类在漫长的社会历史发展过程中创造了大量的物质文化和精神文化。特别是精神文化，如文学、艺术、教育、科学等方面的成果，需要我们通过学习去获得，以提高自己的文化素养，成为一个合格的现代公民。正如萨克雷所言：读书能够开导灵魂，提高和强化人格，激发人们的美好志向。读书能够增长才智和陶冶心灵。

第四，学习使人类文明延续和发展。人类文明的延续和发展，就如同一场规模宏大而旷日持久的接力赛：前人通过劳动和生活获得维持生存和发展的经验，不断总结、积累、提高，形成知识和技能，传给后人；后人在学习前人经验的基础上，经过进一步丰富和提高，以适应时代与环境的变迁。如此代代传递，便形成了一部人类文明延续发展的历史。由于人类文明在一定意义上存在加速发展的趋势，所以学习活动对人类社会发展的作用更加明显。

第五，在深入了解以上学习对人类的一般意义和价值基础上，我们还要弄清楚每一个学科课程对学习者的独特的意义和价值。这样学习才真正有动力。现代的知识都被归纳整理到一定的学科，而且任何一门学科都会向人们承诺该学科会给人们带来的利益和价值。这时，每个打算学习某一学科的人，在学习前或学习过程中，一定要弄清楚这门学科与自己的独特的情感联系和意义联系，来建立该学科对自己的意义和价值。如学习心理学的意义和价值包括：心理学可以帮助你更加了解自己的哪些方面，帮助你怎样更好地调节控制自己什么样的独特行为，可以应用于你哪些独特的人际交往、工作与学习中等。另一方面，建立某一学科的正面价值和意义的同时，也要认识到该学科知识的缺陷，把更好地促进其发展作为自己的责任。事实上，人类创造的任何一门学科知识还没有发展到只带来利益，没有缺憾的程度。因此，学习任何一门课程时都要注意两个问题：一是了解该学科的思维方式，并理解它的作用，利用这种思维方式；二是课程的现状，要充分认识到它的局限性，并将克服局限性作为自己的责任。

附：训练任务6-2

思考任何一门学科课程对你的独特价值和意义。

学科课程，如经济学……

该学科的基本问题是：

该学科对自己的意义和价值是：

_____

_____

二、关于学习过程的建设性思想

听课（演讲）、阅读、练习、复习等是学生学习最常见的学习活动，都需要学生积极参与其中，需要积极提出问题、思考问题。

（一）关于阅读的建设性思想

一方面，大学生们大多数知识是通过阅读和听课来获得的，阅读可以使大学生发展成为一个懂专业、有教养、有智慧的人。但大学生们关于阅读的知识和技能还不充分。例如很多大学生不知道要达到不同的阅读目的，应该具有不同的阅读速度。不是所有的书都可以用最快的速度阅读，因为读得太快或太慢都一无所获。很多大学生的阅读技能发展水平仅仅处于基础阅读水平，关于分析性阅读和主题阅读，大学生们根本没有机会训练。再就是，关于阅读这一事件的理解，很多大学生只会根据自身经验判断，难以懂得为什么有些书易读，有些读起来非常吃力，如文学小说、故事，杂志上的文章等就易读，而课本教材中的专业文章往往不易读懂，甚至听课后再阅读都有困难。很多大学生不愿意阅读课本和专业著作的原因主要有：一是专业著作和教材中充满了难以理解的精确的专业概念。关于这点请同学要有思想准备，开始任何一门学科的学习时，都要经历一个艰难的时期。因为不但要学习和掌握大量新的专业术语，还要掌握新规则和方法。而这些工作是理解专业知识的根本前提；二是专业书籍的知识结构比较复杂。三是很多大学生还不习惯专业教材与专著书籍的阅读。其实只要加以训练，逐渐明白了专业书籍的阅读与小说、故事阅读的区别，明白它们对阅读的要求的不同，能够区别对待，就会逐渐从中享受到精神的快乐。四是故事、小说阅读中我们能够自动提取相关世界的经验，帮助理解故事、小说中事件发生的结构和模式。总体上看这是一个同化的过程，相对较容易。但对于专业书籍、课本等，却不具有我们所熟悉的事件模式，专业书籍更像专题集锦，所有专题都被归结到一个总体概念之下，即使这些专题有个系统，但这个系统也不在我们的经验世界之中。因此，阅读者首先要改变或新建一个认知图式，然后在一个新框架中同化所有专题知识，总体上属于顺应的过程，相对较难。因此，我们所读的书也就可以划分为两类：一是凭借自身知识技能一下子就能融会贯通的书；二是包含了大量自己不了解的知识，需要增强自己的理解力，向"更高杆"的人学习，要克服很大困难才能读懂的书。对于大学生来讲，后一种阅读是主要的，因此阅读过程中深刻理解专业概念成为首要任务，并需要积极地进行探索。越是积极主动，探索能力越强，收获也就越多。在此基础上进行知识的顺应性构建就成为最重要的工作。通过训练，不断熟悉这个过程，获得更多的精神快乐。

另一方面，读书可以成为一件快乐的事。理由如下：读书学习是个"不劳而获"的过程。当别人把自己一生体验到的思想、智慧、感情、经验等写在书中，我们能用非常短的时间获得，难道不是很快乐的事？如果不肯读书，无异于放弃了世界上最可贵的财富。当读书有所获时，一定会有满足感、获得感，不也是一件快乐的事吗？著名作家林语堂也认为，读书应该是件快乐的令人放松的事情。因此，读书学习就像其他工作一样，本应该可以成为很多人快乐的来源，可以很投入地学习读书。而事实上，并不是所有科目看上去都很有趣、很重要，但是积极主动地参与学习，比起无聊、被动且学不到东西要好得多。真正的学习很可能又难又令人沮丧，同时还让人畏惧，但要知道正是这样的知识才能给人带来丰厚的回报和力量。因为克服困难会进一步增强学习者的自信心，会积累解决问题的经验等。然而，轻松自在的学习则不会给人带来进步。还有学习过程中犯错误，常让人不爽，感到没面子，产生自卑感、无力感等，这也是学习者进步需要付出的必要代价。这时，最为关键的是应该用正确的态度对待学习中所犯的错误。当错误发生时，学习者应当视其为有用信息：或者是说明这些知识还需要加倍努力进一步学习；或是需要解放思想，尝试新的方法。一旦克服了困难，就是一个多赢的结果：使学生获得成就感和自信心；让学生学会正确对待困难的策略和态度，对困难形成更深的理解。因此，学习中主观能动性发挥是非常重要的。真正的学习是自愿、主动和充满渴望的。只要是被迫的学习就会导致抱怨、逆反、痛苦、低效等厌学情绪和行为。因此，大学生要善于将所学知识与内心的渴望联系在一起，促使自己主观能动性进一步发挥，积极主动地学习，有兴趣地学习，高效地学习。将"不得不学习"转变成"我想学习"。教育专家林格在《教育是没有用的——回归教育本质》一书中认为要让学生在学习中产生快感，并不是简单地购置一些娱乐功能的学习机，这些解决的仍然是表面问题。要激发学生学习兴趣，一是要引导学生将学习当作自己内心的渴望（目标明确），而不是被外界环境逼迫所为；二是教师要化解知识理解难度，降低学习难度（但需要具有挑战性，太难、过易都会导致懈怠），并使学生在学习中获得成功；三是在教学中善于挖掘学生的持久的学习快感。这可以从几个方面着手：让学生在学习中感悟，不断克服困难，求知欲得到激发和潜能得到释放，感到是在为自己学习。降低学习难度和挖掘学生持久学习快感的几种做法是相辅相成的，只有难度降低了，且恰到好处，才能使学生在学习中有发现有感悟，才能不断激发求知欲，感到潜能得到释放，才愿意不断克服困难等。所以教师教学中将知识理解难度降低到什么程度就成为激发学生学习兴趣的至关重要的因素。再就是在学习过程中，教师要为学生创造安全、信任和支持的学习环境。这种环境能激发学生好奇心，具有挑战性，但又不用担心失败。教师怎么做固然重要，但大学生的学习更多时候是要自己独立进行的，这时学生若能够像教师一样自主树立目标，提出挑战性问题和任务，不断克服困难，累积成就感。也能把学习当成游戏一样来进行。莫秀锋等学者认为，游戏是运用一定知识和语言，借助各种物器，通过身体运动和心智活动模仿并探索周围世界，获得快乐体验的社会性活动。学习也可以被理解成为：运用知识和语言，通过身体运动和心智活动来理解和探索世界的社会性活动。只是游戏更多地要借助器物或玩具，主要是对世界的模仿，目的是获得快乐体验；学习较少借助器物，而是借助语言和符号，通过阅读和实践，主要目的是理解和探索世界。瑞士的薇蕾娜·施坦纳认为，人们自觉自愿、发自内心、积极主动去做的事就被视为游戏。这样看，学习也可以成为游戏。在这样的情况下，学生具有强大的内部动力，充满乐趣和热忱，也愿意冒险，愿意原谅自己的过错等。

（二）学习过程的可控性建设性思想

对学习过程的控制方面学生起着决定性作用。在受教育这件事上，没有人比学生自己更有控制权。我们认为，要树立"让所学到的知识与技能在大脑中随时待命"的目标。只有实现这一目标，当你遇到问题时，才能思路清晰、有效地利用所学知识解决问题、克服困难。这是学生要控制的第一要素。开放的心态、实事求是地对待自己和聚精会神的注意力构成了学习的前提条件，这一切都可以被学习者有意识地加以控制。学习方式的选择也是可控的。认知心理学研究者扬·费尔蒙特假设了三种不同的学习方式：一是事实型学习方式，即记住毫无关联的事实并掌握细节。二是经验型学习，通过联系自己的经验以及在学习之余的实际应用，学习内容被个人化和具体化。三是深刻理解型学习，即寻找学习材料中意义重大的东西，从而将材料各个部分综合成一个意义整体，或寻找材料与其他内容的内在联系，得出自己的看法，使知识被个人化。在这些深度的学习活动中，学生完全能够控制自己选择何种学习方式。在完成学习任务中，教师布置的所有作业并不是都同等重要，你可以自行做出判断。学校只是你人生中的一场比赛，以后还会有更多，但这场比赛非常重要，你需要对这场比赛积极掌控，使其有利于自身的成长和发展。例如，关于听课读书时记笔记，前面我们已经谈过，很多大学生懒于记笔记。但是我们认同手写笔记的真实价值。美国神经学教授威廉·克莱姆研究证明，其一，手写记笔记是人类开发大脑认知功能的有效工具，尤其是在训练大脑的"特殊功能"方面，即用手写的方式记笔记是一种最好的、最有效的锻炼大脑的方式。在书写过程中，大脑的一些特殊领域可以得到开发，将情感、运动控制和思考结合起来。其二，制作了一份宝贵的学习资料，该资料能够显示我们课堂学习情况，有利于系统地把握知识，有利于课后复习；其三，有利于学习能力提高。因为笔记是多种能力综合运用的结果，包括观察力、记忆力、注意力、思维力等。对学习的控制还表现在学生对自己学习效果的评估方面，很多学生习惯于利用考试成绩评估，缺乏对自己学习过程及结果的自我反思评估。这成为很多学生在学习方面的弱点。例如，学生学习完一些知识后，可以通过反思，评估自己的理解水平。借助格兰特·维金斯《追求理解的教学设计》所介绍的理解的六个侧面的建设性思想帮助反思。若是理解了，我能对所学知识进行解释吗？能阐明吗？能较好地应用吗？我知道自己理解的程度和水平吗？借助这些问题的回答，评估自己对所学知识的理解情况。这是对学习过程进行控制的一种方法，请同学们深入探索更多对学习过程进行控制的方法，加以熟练应用，促进学习效果提升。

（三）关于记忆的建设性思想

对读书学习中记忆过程的科学理解，我们从下面几个方面分析：

第一，关于记忆的作用。记忆是人脑对经历过的事物（经验）的反映。用信息加工的观点看，记忆是我们对信息进行编码、存储和提取的过程。乔治·桑塔亚纳认为"记忆本身是一种内在的传闻"。当个体回忆时，事件已经发生了，无法回到当时的现场，就好像现场的那个自己对当前的自己进行传闻讲述一样。所以它具有非常重要的意义和价值：（1）记忆与其他心理活动紧密联系，在与感知觉关系中它起到自上而下加工指导帮助感知觉的作用，在与思维的关系中他又为想象和思考提供了必要的素材。（2）记忆在个体心理发展中起重要作用。没有记忆，人的心理活动不可能发展，特别是高级心理活动不可能发生。（3）记忆连接着心理活动的过去和现在，使我们成为一个统一的个体。不至于说，睡上一觉，第二天根本就不认识自己是谁了。通过记忆积累的经验还能指导帮助自己适应周围世界。

第二，不同种类信息处理对应不同记忆类型，记忆方法也不同。记忆可以根据不同的标准划分成不同种类，例如根据意识参与程度，可将记忆划分为外显记忆和内隐记忆。外显记忆是指在意识的控制下，过去经验对当前作业产生的影响。个体能够意识到它对行为的影响，因此外显记忆又叫受意识控制的记忆。内隐记忆是指在个体无法意识的情况下，过去经验对当前作业产生的无意识的影响，又叫自动的无意识记忆。根据记忆的内容特点可以将记忆划分为陈述性记忆和程序性记忆。陈述性记忆是指对有关事实和事件的记忆。它是一种事实记忆，是可以言传的知识。陈述性记忆的回忆需要意识的努力，而且虽然可以保持很长时间，但有不少却极容易遗忘。程序性记忆（非陈述性记忆）是指如何做事情的记忆，包括对智力技能和运动技能的记忆。它是一种技能记忆，往往不能言传。程序性记忆是通过练习获得的，开始很难记住，经过多次练习才能学会，但学会后不易忘记，往往不借助意识就能很好地操作。陈述性记忆又包括情景记忆和语义记忆。情景记忆是指人们根据时空关系对某事件的记忆，它与个人经验有关。一般是当时激起了强烈情绪体验的记忆。情景记忆信息的存储易受各种因素的干扰，不够稳固和确定。语义记忆是人们对一般知识和规律的记忆，与特殊的时间、地点无关。它很少受外界因素的干扰，因此比较稳定。根据记忆内容的具体形式又可以将记忆划分为：（1）形象记忆，以感知过的事物形象为内容的记忆。（2）运动记忆，以过去做过的运动或动作为内容的记忆。（3）情绪记忆，以体验过的某种情绪和情感为内容的记忆。（4）逻辑记忆，以语词、概念、原理为内容的记忆。还可以根据保持时间长短将记忆划分为三个相互联系的记忆系统。前面的分类都是静态的，唯独这一分类显示出动态特点。每一种记忆都有各自的特点及影响因素，因此帮助学生理解清楚每种记忆形成过程中的影响因素，可以帮助他们有针对性地进行记忆。

第三，利用精细复述，促进短时记忆向长时记忆转化。短时记忆中的信息转入到长时记忆主要依靠的是"复述"。复述有两种，一种是机械复述或保持复述，它是指信息只是不断地简单重复，虽然当前它被保存在短时记忆中，但并不一定会进入长时记忆。绝大部分学生都认为这是短时记忆向长时记忆转化的唯一方式。于是他们就不断重复背诵，实际效果并不好。另一种是精细复述，是指将短时记忆中的信息进行分析，使之与已有的经验联系起来。这种复述才真正有效，保持效果好。但大部分同学都不懂怎样进行这种加工。其实精细加工包含两种形式：一是项目内部精细化，二是项目间精细化。例如我们学习"思维是人脑对客观现实的本质和内在联系的间接概括的反映"这一定义时，可以首先对定义里面的关键词进行详细说明理解，就是内部精细化，如在任何情况下都不变的属性就是事物的本质，那么鸟的本质是什么？思维的本质是什么？记忆的本质是什么？通过这些问题的思考与回答彻底弄清楚思维所反映的本质是什么。以此类推理解定义中的"内在联系和间接、概括"等概念。项目间的精细加工就是将思维与其他相关知识建立联系，如思维与记忆之间的关系的详细解释，思维与观察的关系说明，思维的优劣的评价方式等。通过对思维概念的解释加工，就形成了对思维概念的非常充分而有深度的理解，记忆编码就非常牢固，提取也就容易。心理学教授卡尔皮克通过实验研究表明，记忆提取练习要比利用概念图进行精细加工的长时记忆效果好得多。看来，放下课本，进行记忆提取练习是提升记忆学习效果的有效方法。

第四，充分利用记忆的每个环节帮助记忆。记忆包括信息的编码、存储和提取三个过程。识记即获得知识，相当于信息的编码。保持即巩固已获得知识，相当于信息的贮存和再编码。再认或回忆即过去经验的恢复，相当于信息的提取。我在教学过程中，常会问学生："你们感觉自己的记忆好不好？"90%以上的大学生都自认为记忆力不佳。让我们来看看他们是怎样使用记忆的。当前大部分大学生的学习方式就是："阅读（听讲）—标记（课堂笔记、照相等）—重读"，这根本就是在浪费时间，因为这种方式是被动的（没有主动思考，就跟看电视差不多，精力难以集中）、无聊的（重读信息导致失去意义）、低效的（记不住，因为它忽略了大脑的运行方式）、无任何练习的效用（仅仅做了标记、重复阅读，没有练习理解和记忆知识）。我们来分析大学生的学习过程中有没有很好的利用记忆。首先，无论听讲还是自己阅读，特别是听讲，学生极少课前预习，只有一个空空的头脑，甚至连学习的目标都不明确，他们事先没有任何准备。学生学习很被动，缺乏先行组织者信息，学生理解知识就会产生困难。从记忆角度看，听课没有目的，识记的目的和任务不明，加上理解困难，只能进行无意的机械识记。另外，多数学生不知道去分析哪些知识重要哪些知识不重要，不能去粗取精，导致识记任务量太大，产生畏难情绪。所以学习记忆效果相当不好。再说对课堂信息加工的深度，从学生听课来看，能完全听懂的学生寥寥无几，很难对识记信息进行有深度的充分加工，当然编码质量有缺陷，怎么可能保持得好呢？再看保持环节，多数学生没有在课堂学习后，不定期地对笔记进行整理，加工成有助于记忆的形式。最后一个为提取环节，我们的考试评价制度是学习完第一章要等一学期才进行考核检测，学生自己从不做练习检查知识掌握情况。所以提取过程只有到考试之时才进行一次。这样的记忆过程，有好的记忆效果才怪！事实上，认知心理学研究表明，各种形式的检索练习，如小测验和自测练习、单元考试、间隔练习、穿插不同但相关的内容或技能的练习、多样化练习，最好是在一天后，稍稍发生了一些遗忘后进行。这时你就不得不花费心思重构所学的知识，这样才能让学生把学到的知识、技能掌握得更牢固，记忆更持久，而且更实用①。以上这些表明，大学生不但不知道怎样记忆，还吒语"我的记忆一点都不好！"殊不知，他们是被自己对记忆的无知蒙蔽了。

第五，记忆时还需要高度专注。要想记住所学知识，就要有高度集中的

①彼得·C.布朗,亨利·L.罗迪格三世,马克·A.麦克丹尼尔.认知天性[M].邓峰,译.北京:中信出版社,2018.

注意力和坚强的意志。这两个方面在学习实践过程中都要有意识地训练，才能有力地支撑对学习材料的记忆。为了让思维变得积极主动并高度集中注意，我们必须拟定有挑战的十分具体的任务和目标，让思维忙碌起来。对自己的注意力和意志力的自怨自艾是没有任何助益的。当前网络电子游戏就充分地利用了这个原理来吸引玩家的注意，并使之能够长时间地投入到游戏之中，而不生厌倦。提高注意力集中程度，就能更容易地记住知识，顺理成章地提高学习效率。

附：训练任务6-3

（1）找到自己觉得较为困难的学科课程：如英语或任何一门专业课程。

（2）停止自怨自艾，停止埋怨自己的注意力不集中，意志不顽强等评价。

（3）设置学习目标（目标要求：具体、明确，具有恰当的挑战性）：

_____

_____

（4）展开学习活动（尽可能多地给思维安排活动，如搜索、好奇地探究、找出、审查、比较、综合等）：_____

_____

（5）总结（对比这样做和以前的学习效果和感受的区别）：___

_____

（四）关于练习和复习的建设性思想

从词义上看，教育是由教和育两个动词构成，两个动词各有其行为意义，育可以涵盖教，但教不可以涵盖育。高震东认为，教是短暂的训诫、教导行为，是指单纯的"告诉"或"示知"行为。在教学中主要是课堂教学行为，是系统地传授知识行为。育有"生、养"的意思，有外在施予，更有内在主动的接受。在教学中主要是课下自我训练和练习的行为，是学生身体能力和心智能力发展的行为。例如，数学家费正清小时候就表现出不同一般的创新精神，他在做对作业后，还要尽量多地寻找题目的求解方式，很少的作业他会做上一整天。一次参加数学竞赛他拿到第一名后，又开始演算起来，他是在关心那些题目怎样设计会更好些。也正是这种练习方式成就了费正清的数学成就。育，对于个人身心成长来说非常重要，但从当前大学生实际的学习行为表现看，练习并没有得到应有的重视。当然，尽管"一万小时定律"告诉我们成为专家需要很长时间的练习，但时间不是成就获得的必要条件，若做事的方法不对，练习的时间再多也无法成为专家。

练习是学习中的一个重要环节，所以，关于练习的建设性思想是非常重要的。一般教科书中都将练习解释为，为了实现某个既定目标，反复参加某项活动。如果理解不正确的话，在实践活动中就会犯错误。若是认为练习只是单纯乏味的低水平重复活动，虽然很努力，但效果可能很差。所以一定要正确理解"练习"的科学含义，不然就会导致学习失败，成为学习落后学生。很多同学认为进行大量练习就是为了获得牢固的记忆，为了能够熟练掌握某种技能，这种对练习的目的认识是不全面的。若关于怎样进行练习的认识也存在缺陷，就会导致练习达不到应有的效果，很多人还会因为大量的劳动付出而得不到满意效果而痛苦。教师应该使学生明白，练习要注意完成这样几件事，才会取得良好的练习效果：第一，练习时需要什么样的心态？练习是在刻意条件下，有目的地进行重复，以实现某种目标。必须弄清楚其中的技能细节，关注过程而非结果。第二，练习是要以正确率和速度为最终结果的，所以练习中要不断纠错，不断提高速度和正确率。第三，通过练习而开阔视野，增加知识，熟练掌握技能，特别是不熟悉的技能的掌握。另外，关于练习在时间分配的比例问题也需要进行澄清。

正确地理解复习的作用。事实上，由于新知识使人的大脑迷惑，注意力被干扰，人的理智无法从一次学习活动中获得知识的全部真理。拉尔夫·尼科尔斯研究发现，人们只能记住听到内容的一半，不论听众多么仔细地倾听，也只能记住这个比例的内容。因此，学习过程中一定要记笔记，知识学习任务的完成少不了复习阶段。当然，复习也绝不是很多同学认为的那样，只是简单机械重复。约翰·格里高利在《教学七律》①一书中指出，复习的价值怎么说都不夸张。复习有三大目的：完善知识、证实知识、运用知识。只有充分地进行复习，才能真正掌握知识。一个学生如果能够确保最频繁、最彻底、最有趣地复习，他就能成为有能力、最成功的学生。而且复习时间应比课堂时间远远要长。但在复习时千万要注意避免陷入简单机械重复的循环中，要让每一次复习都具有适度的不同的挑战任务，这样复习时才能注意更加集中，才能更加积极主动，更加有效率。例如，初期阶段的复习任务可以围绕理解知识进行阐明、解释、应用，选择要记忆的重点知识，后期可以对知识结构进行分析，使知识结构化、系统化。或者直接复习每章的大问题，在理解整个答案要点的逻辑基础上，进一步弄清楚答题要点中包含的每一个知识点，如基本概念、分类、基本特征等，或者采用给别人讲述所学新知识的方式，还可以在复习中采取限定时间完成额定任务的办法提高效率。

无论记忆过程、练习过程还是复习，都存在注意的集中与分散的问题。一般来说，成年人全神贯注可以持续大约20~35分钟，然后注意集中强度就会减弱。所以连续学习时，就要善于适当安排休息时间。但每个人因个性差异、意志品质不同，特别是学习任务的紧张程度不同，安排休息时间存在非常大的差异。

（五）学习是个个性化的过程的建设性思想

雷诺等人研究发现，每个人都有独特的学习方式。因为：第一，每个人的学习动机、价值观、兴趣、态度相去甚远，这些都决定了他们习惯化的学习的方式存在非常大的差异性。第二，每个人的认知方式是不同的，研究发现，认知方式可以划分为场独立——场依存型、反思——冲动型、整体——系列型。很多人的学习方式属于这些类型的不同程度的混合型，就导致每个人的学习过程都具有自己独特的性质。第三，每个人各有着不同的知觉偏好，比如有人倾向于听觉接受信息，有人视觉信息接受效率高，有人动觉信

---

①约翰·格里高利.教学七律[M].陶秋月,译.北京:团结出版社,2018.

息接受效果好等。第四，每个人的生物钟不同，有人早晨学习效率高，有人晚上学习效率高。第五，人们有不同的社会偏好，有人喜欢独立学习，有人喜欢同伴陪伴，有人在各种环境中都较为有效率。第六，每个人注意集中程度和稳定性不同；已有知识技能基础不同；学习任务数量和难度对个人的挑战程度不同；复习时，每个人的每次的计划规定的目标、任务不同，野心抱负不同；个人学习中采用的学习策略、元认知对学习的监控、非智力因素对学习过程的影响都不同等。这些影响学习的因素都会使学习过程具有个人特点，绝不会与任何人相同。例如，乔希·维茨金在《学习之道》中关于学习象棋和太极拳的论述，让我们深刻体会到学习的个性化特点。他在学习中采用独特的创造性的方法解决个人学习中的很多疑难和困惑，如他发现了"划小圈""让时间慢下来""破解心理战术"等来应对学习太极拳中的困难，并且通过训练达到极致，助他夺得了世界冠军。在这个过程中，正像维茨金自己所说，只有当他的工作超越熟练阶段而成为自身的一种表达的时候，学习就成为一门真正的艺术。当学习成为自身的表达艺术，也就成为独特的个性化的过程，不可被复制。从下面几个问题的答案中我们也能够体会出学习过程的独特性。如果你拥有李嘉诚的所有品质，你是否就能像他一样有钱？如果将你的大脑换成了巴菲特的，炒股是否就能无往而不利？如果乔布斯复生，而大家都不认识他，他是否能复制苹果王国的奇迹？相信大部分人平时都想得到这些人的"超能力"，但如今作为一个问题提出来，我们都会想一想，然后回答说："嗯，那可不一定。"为什么不一定呢？因为我们都明白历史上不会发生完全相同的两件事情。

一定程度上，学习也应适合学生的学习方式。阿姆斯特朗经过15年的研究，认为根本没有天生的"学习障碍"的学生，许多孩子在学校学习不成功，不是因为他们天分不够，而是因为学校教育不能适应他们的聪明类型的学习方式。根据加德纳的多元智力观，阿姆斯特朗进一步认为，每个人在8种智力类型的某一方面都能显示出特别优秀的能力：数学逻辑、音乐、身体运动、语言、空间、人际关系、自省与自然智力。但学校教育教学重视的是学生的语言与数学逻辑能力，这两方面较强的学生，一般成绩较好。可是其他方面能力强，这两方面能力弱的学生在学习上往往会失败。歌德说过，以人们本来就应该是这样子的态度对待他们，并帮助他们在能力范围内尽可能地完美。要这样做，我们首先要了解学生们的学习方式，引导学生利用他们特有的学习方式进行学习，发挥个性，取得好的学习效果。

附：训练任务6-4

测测你的学习方式

所谓学习方式，也称学习类型，是指学生在变化不定的环境中从事学习活动，通过其知觉、记忆、思维等心理过程，在外显行为上表现出带有认知、情绪、意志、生理几种性质的习惯性特征。下列各题请作"是"与"否"的回答。

1.考试时，你一看过题目就马上答卷吗？

2.你觉得出声朗读比不出声读书更容易记住吗？

3.在做计算题时，你是边分析题意边做的吗？

4.一听收音机或录音机，在你眼前就会浮现出形象的场面吗？

5.在接连不断的解题时，你是否精神涣散、注意力不集中？

6.学习时，你一看图解和表格，就能轻易记住吗？

7.你是否因为自己怕羞而认为自己不好？

8.你是否认为看课本和参考书比听人讲解更容易理解？

9.你是否从事情的结果上来判断事情的好坏？

10.你看过课本上的插图和表格之后，它们会清楚地浮现在你的眼前吗？

11.你是否不注意生活细节，举止随便？

12.你对你的英语听力很满意吗？

13.你是否先判断问题的对错，再着手解决？

14.你在记歌词时，是否听唱片或磁带比看文字更容易记住？

15.你是否总是把失败放在心上？

16.你是否感到会读的汉字或英语单词比不会读的更易记住？

评分与解释

第2、3、4、7、12、13、14、15、16题选"是"记0分，选"否"记2分；其他题目选"是"记1分，选"否"记0分。将题号为奇数的题目得分相加，再将题号为偶数的题目相加。其中奇数题测的是认知型学习方式的类型，偶数题测的是记忆型学习方式的类型。

你的奇数题得分：

0～3分（奇数题）：表明你的认知型学习方式为思考型，即解决学习中的问题倾向于深思熟虑，不草率用事。

4～8分（奇数题）：表明你的认知型学习方式为中间型，即介于思考型与冲动型之间。

9～12分（奇数题）：表明你的认知型学习方式为冲动型，反应敏捷、迅速，但往往考虑不周，错误较多。

你的偶数题得分：

0～4分（偶数题）：说明你的记忆型学习方式为听觉型，即你的听觉记忆占优势，听过的东西比看过的东西容易记住。

5～8分（偶数题）：表明你的记忆型学习方式为中间型，即介于听觉型与视觉型之间。

9～13分（偶数题）：表明你的记忆型学习方式为视觉型，即你的视觉记忆较听觉记忆好，看过的东西比听过的东西更容易记住。

三、关于提高学习效果的建设性思想

学习成绩是学习效果直接的呈现。要明白你所获得的每一个分数所反映的是你在学校的学习态度和方法。只听课，完成教师布置的作业，是永远不能取得理想的成绩的，你实际应该付出的要远远超出这些。为了提高学习效果，必须要弄清楚学习的整个过程，懂得学习时到底发生了什么才好对每一种行为进行改进，不然只是盲目乱改。约翰·格里高利在《教学七律》中对学习过程的描述是：第一阶段，学生能够把所学内容背诵下来；第二阶段，在记忆基础上，能够补充一个明确的想法，即探究这些知识到底是什么意思；第三阶段，能用自己的语言准确表达所学知识；第四阶段，对所学知识和命题进行证明，寻找证据；第五阶段，对知识的使用和应用。在此思想基础上提高学习效果，加强记忆仅仅是基础，更为重要的是要多复述，勤思考，思考知识的合理性、可靠性，思考知识如何应用、应用领域和条件等。

现代教育心理学对于各种知识的学习结果进行了详细的分类：最简洁的是陈述性知识学习和程序性知识学习的划分。我国著名教育心理学家潘菽将学习划分为知识学习、动作技能学习、智力技能学习和社会行为规范学习四类。西方学者加涅根据学习结果将学习划分为五类：言语信息、智力技能、认知策略、动作技能和态度。奥苏伯尔强调有意义接受学习，并认为有意义接受学习包括代表性学习、概念学习和命题学习。无论哪种类型学习，综合学习过程看都包括两个最基本的阶段：理解获得阶段和应用迁移阶段。理解获得阶段的重点是弄清楚所学的到底是什么，然后加强记忆；应用迁移阶段的任务主要是利用所学解决所遇到的问题。其中有一点需要着重说明：不是所有知识都是同等重要的。若是不知道自己最想学习什么知识，往往会认为每一知识点都很重要——这意味着在学习中每一时刻都会面临灾难。也许对你来说是轻而易举的问题，对于别人可能就是难以逾越的鸿沟。因此，每一位学生在学习时，都要清楚自己的难点所在和整个知识结构中重点是什么。对难点进行突破，依据重点对知识进行组织和系统化。

任何一种学习行为都是为了将笔记上的信息转化为脑中的永久性的知识，以备今后使用。为了将笔记本或教科书中的信息转化为头脑中的知识，可以采用的学习行为包括：复习、练习、背诵（非死记硬背机械记忆）、深思反省。最有效、最重要的是对知识的反思。

鉴于以上分析，我们将讨论一些学习策略方面的建设性思想。

第一，削减惰性知识的数量。

在知识获得阶段，理解和编码是非常紧要的，若是编码过程中出现问题，就会形成大量惰性知识。惰性知识的形成是导致学习出现问题的重要原因。惰性知识是指学生已经习得但在实际中不能正确提取和用于解决问题的知识。只知其然，不知其所以然。惰性知识形成的原因包括：知识没有系统化，即没有被组织进入良好的知识结构中；知识没有程序化，即不懂得程序性知识的操作程序和灵活运用（这只需要强化变式教学）；知识没有条件化，即不懂得知识适用的条件（这可通过正例反例教学获得）。要减少惰性知识，就必须提高知识编码质量，这又要从对基本概念的澄清和编码开始。要清楚概念的含义，概念与其他知识之间的联系，概念适用的条件和范围等。下面阅读资料中这些词汇是我在心理学专业课堂教学中挑选出来的，大部分学生对这些词汇觉得理解了，似乎还会用，但又完全说不明白。当然，这些基本概念对于大学的很多专业知识学习都是非常有用的，无论理科专业还是文科专业。例如"逻辑"这个基本概念，多数大学生都能使用它说话写作，但一较真，好像又不明确，不确定它的基本含义，所以在应用这些概念的具体情境中根本不能解决问题。比如在大四学生改论文时，当你只告诉他们文稿逻辑不清后，交来的修改稿在逻辑方面根本没有变化。除了基本概念，很多学生在看书学习时，走马灯似的了解了一个又一个问题（标题）的思路，而没有真正学会学透一个问题的基本逻辑。一看书就会，一听讲就懂，但就是记不住、答题答不出，这也是惰性知识的表现。因此，这就要求大学生，每学习一个知识点、原理、规律等，就要彻底弄清楚它们的基本逻辑，做到真正把握知识，不但记得住，还能灵活应用。在学习中若是能够做到将标题转换为问题，在彻底理解知识的基本结构和逻辑的基础上能够回答问题，并且能得满分，这才是学会的标准。若是具备了这种精神来学习，惰性知识越来越少，学习会越来越容易、高效，掌握知识就会成为一件快乐的事情。

阅读资料：

心理学专业大学生要弄懂的基本词汇

反射、反映、客观、主观、逻辑（思维）、品质、有意（随意）、能动性、潜能、内涵、外延、理解、尊重、倾听、无条件（反射、积极关注）、信号系统、分析、综合、抽象、概括、性格、气质、适应、发展、科学、理论、属性、本质、编码、规律、结果、观点、智力、情感、价值观、需要、兴趣、动机、系统、概念、特质、记忆、注意、观察、想象、催眠、暗示、组块、遗忘、过度学习、实验、测量、人格、社会、历史、系列加工、平行加工、同质、平行测验、平衡、操作定义、运算（皮亚杰）、常模、培养

将以上这些基本词汇一个一个解释一遍，看看不借助辞典能够解释清楚多少个？

附：训练任务6-5

找到一本自己专业教科书（如会计学、普通心理学等），把教科书中的所有基本概念罗列在下面：

_____

_____

在不看教材的情况下，自己解释这些基本概念，看看它们之间有什么关系？并说明这些概念的适用条件。注意抓住令你困扰的概念，并激励自己弄懂这些不懂的概念。最后分析总结出该课程的基本逻辑。

第二，关于提高记忆效果的建设性思想。

关于如何提高记忆力，很多同学都存在误解，相当一部分人根本不考虑这一问题，他们假设记忆力是天生的，不可改变的。还有部分同学认为，记忆可以改善但不容易，需要很大工夫才能够改变，他们懒得去提升。再有就是认为存在某种秘诀，只要得到秘诀很快就能提升记忆力，但是秘诀在哪里不清楚。综上所述，可以看出三种表现的共同结果就是记忆力得不到发展和

提升。

其实，提高记忆效果的方法和原理，都写在心理学教材中了：①记忆时安静、放松，注意专注状态非常重要。这是信息加工编码的前提基础，也是我们前面强调的思维训练的重要前提条件。②培养学习兴趣、积极性。培养学习兴趣，有记住的意图，想要记住！这些都是进行编码的动力基础。学习过程中是否积极主动对记忆效果影响非常大。③通过尝试回忆和精细复述来强化理解和记忆知识。复述一次，多次，可以机械重复进行，也可以进行意义解释和思考。可以将复述分为保持性复述，即只关注记忆项目本身（项目内的精加工），少考虑意义和联系。复述也可以关注意义及与其他事物内在联系的方式进行（项目间的精加工），称之为关系性复述。当然第二种对信息的复述比第一种复述要更有优势，它需要积极编码。来自FMRI研究证据表明，事后记住的与没有记住的单词，在单词学习时的脑活动完全不同。来自加工深浅效应的研究证据表明，加工越深，记忆越好。深加工方式主要是对信息进行组织和精细加工编码。还有人认为，对一件事物的认识，只有通过它与周围事物之间建立联系才是深加工。④组织记忆材料，并比较学习材料中知识的重要性。学习中，很多大学生不能对知识进行组织和系统化，不知道也不会判断什么知识是重要的。常见的情况是胡子眉毛一把抓，没有最重要、最珍视的知识与次要、不需珍视知识的区分。将所有知识看作是同等重要的，在考试复习时，遇到最大困难就是知识的逻辑关系把握不住，觉得知识繁多琐碎，导致理解不透彻，更难以记忆。当然，面对很多知识，对你可能无关紧要，属于鸡毛蒜皮的细枝末节，但对于别人来说可能就非常重要，属于头等大事呢！所以，一方面，我们要尊重别人的价值观，尊重他人对知识的重要性的划分；另一方面，学生要学习教师对知识重点的划分，并能够独立分析知识结构，识别出知识对自己的重要性。当把相关知识与自己建立起强烈的情感联系、需要联系、意义联系，我们就很好地建立知识对自己的重要性梯度。⑤学习记忆术帮助记忆。记忆术是一种通过给识记材料安排一定的联系以帮助记忆的方法，又称助忆法。被识记的材料可能有内在、深刻的意义联系，而识记者尚未理解；也可能识记材料本身就缺乏意义联系。在后一种情况下，识记者可以设法编造、赋予一些人为的联系去组织材料，以求比较迅速而牢固地记住材料，一种较特殊的记忆术称为"地点法"。它是按自己熟悉的环境去组织有待识记的材料。常见的记忆法有：直观形象记忆法；歌诀记忆法；特征记忆法；谐音记忆法；归类比较记忆法；重点记忆法；联想记忆法；自编提纲记忆法；推导记忆法；图表记忆法。所有这些方法的目的只有一个，那就是通过加工和组织信息，让相应的信息变成自己创造的信息，从而达到理解和掌握的效果。

综合这些记忆方法，我们发现记忆的基本原则：专注是记忆的基本前提条件，把知识转化为意象和有意义（联想、组织）结构有利于知识编码，知识的应用是知识保持和迁移的重要手段。

第三，关于考试的建设性思想。

树立对于考试的正确态度，克服对考试的厌倦、焦虑和忧虑。把考试当作日常生活的必要组成部分。因为在我们的生活中，考试评估以某种形式渗透到我们所做的每件事。正式或非正式地，我们发现在教育过程中，在我们的工作和生活中，当我们生病时，甚至当我们违反社会行为规则时，都要受到评估。孩子们接受各种各样的评估，理想上是想保证他们的发展沿着有效途径达到充分发展个人能力的一种方法，虽然很可能不总是这样。年轻人和成年人受到评估是为了确定是否适合某一工作，或者是否具有某种潜能。工作中的人们为了职业发展的目的，为了升迁，为了连续计划的安排，为了组合有效的工作团队等而越来越多地卷入评估之中。如果我们的心理健康有波动，有些评估会找到方法帮助我们回到能更好应对的状态。违法的人有时也要接受评估，以确定他们是否适合接受辩护，而且评估会成为对监狱囚犯康复项目的整合的一部分。评估围绕着我们，测量是其形式之一。

阅读资料：

终身考试

如果你认为你必须参加的最后几场考试就是大学毕业前的那几次期终考试的话，那很可能就大错特错了。

首先，越来越多的职业要求初始资格认证考试，而且有些职业甚至要求定期考试以维持本职业内的良好水准。例如，在一些州，希望成为教师的人必须通过某种考试，正如本章开头所讲述的伊曼尼·布朗的情况一样（这是《鲍尔学习法》一书前文中的一个案例）。即使是经验丰富的教师，为了继续待在教育领域，其整个生涯中也要被要求参加一些定期的考试。

此外，对于某些职业而言，你可能不得不参加一些考试以便能继续课程学习。例如，如果你正在考虑从事医疗、法律或商业等职业，就需要参加一种国家标准化考试（如MCAT或LSAT）以便接受大学后的教育。在这种考试中你考得怎样将决定你是否能够去研究生院读书以及决定哪家研究生院会接受你。

总之，良好的应试技巧不仅仅让你在大学里取得成功，也是某些可以让你在追求职业生涯时终身受益的技巧。①

那么如何科学合理地准备考试呢？

一方面，要正确地看待考试的作用。好的考试能够帮助人们评估自己懂得了什么，还有哪些知识需要学习，还可以帮助人认识自己与别人相比成绩的位置。在此，一个非常危险的固执的观念就是考试结果具有评价一个人价值的力量。一次考试失败仅仅是一次考试没有考好，绝不意味着一个人的无能和愚蠢。因为考试作为一种手段，它只是间接地和不完善地衡量人们知道

① 罗伯特·S.费尔德曼.鲍尔学习法[M].林荣日,曹珍芬,译.上海:复旦大学出版社,2011.

的内容。有时一个渊博的人也会考得很糟。但当学生相信了上述错误观念时,他们会更加讨厌考试。

另一方面,要懂得怎样准备考试。可以毫不夸张地讲,你在一门课上所做的一切都是为了考试而准备,如听课、阅读、练习、讨论、完成作业、复习等。这是一个长期的主题,绝不是临考前几天里的"拼尽全力"的突击学习。我们认为,最为全面牢靠的准备就是认认真真地分析每一个知识点:把知识点转化为问题,这个知识点会出何种题型?怎样答题才能得到满分?当得到这两个问题的答案后,把答题的要点系统化地背诵下来就成为准备考试的重要任务。这就是直接扮演出题教师的角色,猜测可能的考题并认真准备考题的答案。怎样尽可能把题目准备得较为圆满呢?鉴于选择题、判断题、连线题甚至填空题等,基本都是答对得分,不对不得分。这类题目的准备,只要在理解基础上记忆知识就可以了。对于像简答题、论述题和材料分析题等这些形式较为自由且可能存在多种答案的题型,为了尽可能得到高分,就需要在思考总结答案时想到该问题的每一方面,考试时能遵循某种逻辑,条理清晰、详略得当地把答案写出来。尽可能不要提供太多或太少的信息,通常情况是简明扼要最好。

懂得了以上关于学习的建设性思想仅仅是吸收和践行建设性思想的第一步,后面的践行相关建设性思想(战略思考和形成条件化知识)才是我们的学习过程和结果能不能改变的真正关键。鉴于大学生关于学习的认知存在很多误区,本章内容主要介绍关于学习的建设性思想,至于如何践行这些学习的建设性思想,请同学们参照践行关于学习的建设性思想举例及前文中践行建设性思想部分的训练方法进行练习。

四、践行关于学习的建设性思想举例

践行关于学习的建设性思想就是要对关于学习的科学的观念和思想进行战略思考,并在学习过程中负起责任,贯彻该思想,指导学习获得满意的学习效果。例如,某学生在阅读中发现并接受了一种关于"技能学习"的建设性思想:学习一项技能,为了不使该技能流于表面模仿,或者不明白该技能如何应用，需要思考该技能背后的基本原理。

关于技能学习建设性思想的战略思考：（1）鉴别。发现自己在学习技能过程中的思维何时处于非理性或存在谬误，并且明确陈述此情境中你的情感和欲望（需要）。当大学生学习一项新的技能时，总是希望快速掌握该技能的操作步骤，乐观地认为会操作就掌握了该技能。显然，只掌握操作程序流于表面的模仿，是不能灵活应用该技能于各种具体情境的。我在大学期间，跟随老师学习给来访者催眠，当时真的把过程模仿得很好，甚至连老师的声音、动作都是极为相近的。但效果并不怎么好，最为麻烦的是不知道这样操作为什么会对来访者起作用，更不知道怎样灵活地变更设计新的操作程序能够帮助其他问题类型的来访者。现在我国心理学专业的大学生在心理咨询技能学习过程中，注重的是技能操作程序和过程的把握，对背后的原理缺乏思考和认识，所以毕业时仍然不会心理咨询，没有信心接待心理咨询来访者。再有，大学生面对各种学习方法、单词记忆方法、考试复习指导等，分辨不清哪一种更适合自己，都学又不现实，只好让自己陷入无所适从的境地。总之，当代大学生喜欢追求"速成"，短平快，即学即用，把"怎么做"的知识看作"干货"，表现出极度追捧方法、技巧、模型、工具等。他们自己不思考，最喜欢别人告诉他们该怎么办，而且我们的社会也在极力推送各种各样"怎么办"的知识，这不是一个好现象。（2）智力行动。以上各种现象的产生均起于急功近利、不肯吃苦的非理性思维，认为学习一定存在捷径，存在很多见效快的优秀方法。殊不知，在别人介绍了各种各样的所谓优秀学习方法后，又有几人能把它们完全复制，并运用自如，取得优异的成绩呢？某心理学大师创造了某种心理咨询的疗法，又有几位后继者是只重复其咨询程序，不掌握基本原理能成就非凡的咨询效果呢？我们发现后期的有成就者都是一些又有新发现的开创者，他们绝不可能是只会模仿的追随者。因此，我们要问：怎样才能真正掌握技能并能够灵活应用于多种具体情境呢？答案就是要对所学技能背后原理进行深入思考，并掌握这种思考。坚持每当进行新技能学习时，都要打消急功近利的思想，静下心来对技能所依据的原理进行深度思考。例如关于认知行为疗法，我们可以提出这样的问题，如起源、来源：为什么会有认知行为疗法？它能解决什么问题？核心：认知行为疗法的本质是什么？简化成什么样子？目标：认知行为疗法会得到什么结果？预期效果是什么？路径：认知行为疗法如何起作用？起作用的机制是什么？对这些问题的回答，让我们认清它是起源于对抑郁症的治疗，希望通过改变人的认知，达到对抑郁情绪的改善。认知行为疗法来自临床试验，它要求采用观念辩驳、行为改变的手段来改变患者原来不合理的认知，形成新的认知替代掉不合理歪曲的思维方式。它的本质就是用理性观念替代非理性观念，采用观念辩驳或行为实证的途径。明白了这些基本原理，就能够灵活运用认知行为疗法帮助来访者了。（3）负起责任。就是要进一步认清"探索技能背后的基本原理"这种建设性思想对思考者的意义：它能使技能掌握更加灵活，能够进行创造性的工作等。同时也应该意识到这种思想是终生需要培养的习惯。因此，为了个人成长，作为理性的人，大学生们就必须担负起责任，让"探索技能背后的基本原理"的思考方式变成一种习惯化的思考方式。

把"技能学习需要思考背后的基本原理"这一建设性思想用于指导自己的各种技能学习过程中，不断实践、应用，最终要形成总结性认识：第一，这种思想告诉我们要学好一种技能，重点在于对其背后的基本原理进行思考和把握。这种思想能帮我深刻理解技能的操纵原理和作用，并能对技能进行灵活应用。第二，这种思想非常有利于我们的个人成长，能帮助我们成为某一领域的专家，避免我们学习相关技能时成为浅尝辄止的人。第三，通过独立思考，我们认识到这种思想在很多条件下是有益的。例如，这种思想有利于认识技能学习的本质，对技能学习态度和动机的改变；当面对很多成功人物介绍完自己的成功经验，我们想要吸取这些成功经验时，需要看清他们的不同方法背后的原理是否一致。有利于我们看透所有方法的本质，真正吸收到好方法的精髓。第四，经历了建设性思想的实际应用和总结性思考，我们认为，真正有效的技能学习绝不是止于"怎么做"，更为重要的是要去探究支撑技能的基本原理。然后根据基本原理，结合自己（或他人）的需求和情况，对具体技能的操作步骤进行适当调整，使其成为适合自己情况的新技能，以此保证自己能够合理利用这种技能。

第三节　在专业学习中培养建设性思维能力

学习需要专心致志、情绪平静的心态，需要人文精神、创造精神、质疑意识的支撑。人文精神主要为善，创造质疑为真，只有在真和善的基础上，我们的社会才会更加美好。关于这些方面的训练请参考前文相关章节。下面主要讨论学习中建设性思维能力培养方法。

一、专业学习中的提问能力训练

学会提问，是一个真正博学、有自学能力的人成功的标志。在大学专业教学中一定要训练学生学会提问。杰米·麦肯齐认为，提出问题是一个系统运作的过程。我们精心归纳、安排的各种问题类型，都是为了在理解信息的过程中，能够拓宽和改善我们的思维方式和行为方式，用一种更为聪慧的方法去分析和解读学习材料①。因此，好的提问可以改善人的思考问题的方式，也可以帮助人们学到更多实践技能。学生学习过程是离不开提出问题来帮助理解学习内容的，而且更有助于与教师沟通信息等。当前，大学生们在学习方面提出问题的意识和能力如何呢？答案令人遗憾。原因何在呢？教育家丹尼尔·帕尔默·沃尔夫认为，教师在课堂上向学生提出的问题，很多是破坏性的，而不是建设性的，而且提问过后缺乏与学生的分享讨论互动。这是因为，一是教师倾向于"垄断"学生的问题。教师在备课时就将学生可能提出的问题进行了准备，讲课就是针对这些问题讲的。学生没有高水平的智力或功底，一般提不出超出教师讲解的知识范围的问题。二是绝大多数教师"为了提问而提问"，教师采用设问方式提问，自问自答。不是为了让学生思考讨论，问的多是一些呆板的问题，事实回忆性的问题。这样的问题在学生们之间循环流动，学生知道他们不用思考，不用讨论，老师都会讲明白的。这样的教学最终只能导致学生不会提出问题，对问题讨论没有积极性。

①吉米·派欧，玛丽安·卡琳奇.超级询问术[M].蓝小修，译.武汉：武汉大学出版社，2015.

（一）提问目的训练

一方面，大学生提问要弄清提问的目的是什么？我们提问的首要目标是要得到对方回答的反馈信息。因此在提问时，尽可能减少反作用问题——使对方困惑糊涂、误导对方、阻碍对方说话、让对方泄气气馁——的提出。另一方面，提出问题时，一定首先要明确提问到底想获得什么信息，这一点非常重要。例如，为了弄清楚一个基础概念的含义而提问与怀疑基础概念解释有误提出的问题是不同的。杰米·麦肯齐对提问功能的分类可以帮助我们理解提问的目的，他将问题的功能划分为10类：理解、解决问题、判断、构建和创造、说服、挑战、排斥、怀疑、预测、熟悉。例如，提问可以帮助获得预测信息："若是时光旅行真实存在的话，我们的生活将会发生什么变化？在很多学习情境中，我们可以利用封闭性提问，目的是获得具体的事实和信息。如谁是当代最伟大的发明家？当然也需要利用开放性提问，目的分为：一是发掘进一步的信息；二是仔细探究某一特殊观点或态度。在此基础上，大学生要学习掌握怎样在学习中提出引发思考、提高学习效果的问题。

（二）初级提问训练：澄清事实

将阅读材料的标题直接改为问题，并用文中资料进行回答。这是为了理解阅读材料。为了弄清楚资料所讲信息，可以用Who、When、Where、What等开头的疑问句来理解信息中的人物、时间、地点、事件（起始，经过和结果）等描述性要素。这些问题的重点在于搞清事实是什么样子。学生回答这样的问题主要基于对事实信息的回忆和收集。例如，我国海岸线有多长？克林顿为什么遭到弹劾？谁是二十一世纪最伟大的导演？美国当前的失业率是多少？要回答这些问题，只需要收集相关资料信息并进行简单回忆。所以我们称这样的提问为初级的提问。

（三）高级提问训练：深入理解联系

所谓高级提问就是要摆脱通过简单回忆事实回答问题的提问方式，就是要用"How、Why、So what、What if、What next"等开头进行提问。这些问题聚焦于：深刻理解、挖掘事件发生的原因、后果，充分评估事件发生的影响、作用、价值、意义，对事件未来进行预测，如何改善、干预等。例如，"我国海岸线有多长？"这一问题只能唤醒学生对中国海岸线长度数据的回忆，不可能激发学生对我国海岸线的更深入的思考。若是提出："我国海岸线给沿海人民带来了什么好处，有什么威胁，怎样面对威胁？或我国海岸线给国防带来哪些威胁，如何面对？"这些问题就是从作用价值、预测和改善等思路上提出的问题。要回答这样的问题，学生不仅要知道中国海岸线的长度，还要了解海岸与人们生活，与国防的关系，而且最重要的是要通过思考才能回答。这就是高级提问。在提问时，首先要找到一个超越当前信息的能够创造意义的逻辑起点，然后用"How、Why、So what、What if、What next"等疑问词进行提问。例如针对美国2001年"9·11"事件的提问。为了弄明白"9·11"事件发生时的具体情况，用初级提问就可以了，了解相关事实性信息。如整个事件的经过，伤亡人数等。在此基础上，我们要超越"9·11"事件的事实信息，建立一个制造意义的东西，如"国家安全"，我们就能提出相关更深即更能激发人深入思考的问题：这一事件如何改变了美国政府，如何改变了世界各国在国家安全方面的应对措施？

　　提炼专业学习的问题清单，以备今后学习中使用。例如，在学习英语时，可以根据所有语法现象在英语读写过程中进行提问，构成一个可操作的问题清单，作为提高英语学习效果的策略。这个问题清单是从英语学习所包括25个方面灵活生成的涉及英语的词汇、语法、概括、综合写作措辞以及标点符号的运用等方面的知识和技能。这25个方面是：抄写原文、同义词换用、性的改变、单数变复数、复数变单数、改用将来时、改用过去时、改用进行时、改用过去完成时、改用现在完成时、直接引语变间接引语、对话改为直接引语、间接引语变直接引语、主动语态变被动语态、被动语态变主动语态、肯定句变否定句、用单词代替短语、用单词代替短语或从句、后置定语改为前置定语、用一个词取代几个词、选择一个词取代几个词、简单句合并成并列复合句、改用定语从句合并句子、改用定状语从句合并句子、自由缩写句子。再如，亚当·罗宾逊总结上百位世界名校的尖子生的学习方法，制作出一个简单的十二个问题的清单[①]：我读这篇文章的目的是什么？关于这个话题我已经知道些什么？这篇文章的主要内容是什么？作者接下来要说什么？"专业问题"是什么？针对这些信息，我能提出什么问题？这篇文章里哪些是重要信息？针对这些信息我要如何进行改述和总结？我该如何组织这些信息？我如何用图表来说明这些信息？对我而言，这些信息的记忆点是什么？这些信息如何才能与我已知的知识结合起来？这种方法被命名为赛博学习法，着重强调学习者在学习过程中的控制地位和作用，并强化了对知识的把握过程。以上两个问题清单的缺点是缺乏对知识的运用和迁移方面的提问。

下面列举的几个问题清单就着重知识的意义把握和知识的应用。如在阅读获得某些观点和知识时，可以建立如下的问题清单：这一观点的字面意思是什么？这个观点到底是什么意思？用我自己的语言怎样表达这一观点？这一观点对吗？从哪些角度立场上讲是正确的，为什么？这一观点成立的前提假设是什么？掌握了这一观点有什么益处，这一观点可以应用在哪里？把这一观点应用在自己的生活中的后果是什么？它会使自己的生活发生什么样的变化？这个问题清单侧重鼓励学生对知识观点的理解，应用价值的思考。在掌握一种技能时，可以通过下面问题清单进行学习：这种技能和方法为什么会存在，为了解决什么问题？它的本质是什么，可以简化成什么？它的作用是什么，预期效果是什么？它是如何起作用的，起作用的方式是什么？我将在何种具体情境下使用它，具体的操作步骤是什么？这个问题清单使学生明确了该技能产生的原因、作用、效果及使用的条件等。这样掌握的技能就不再停留在鹦鹉学舌的水平，更有利于技能的灵活运用和迁移。

当然，针对不同目的，所设计的问题清单是不同的，得到结果也不同。我们可以参考别人制作的优秀问题清单，但更为重要的是制作适合自己学习目的的问题清单并不断进行更新。

---

①亚当·罗宾逊.如何学习:用更短的时间达到更佳效果和更好成绩[M].林悦,译.北京:中国青年出版社,2016.

附：训练任务6-6

寻找一节或一章专业知识，然后积极地按照下面几个方面进行训练。

提问目的：＿＿＿＿＿＿＿＿＿＿＿＿＿＿＿＿＿＿＿＿。

澄清事实的提问：＿＿＿＿＿＿＿＿＿＿＿＿＿＿＿＿。

深入理解联系提问：＿＿＿＿＿＿＿＿＿＿＿＿＿＿＿。

通过提问和回答，我的收获：＿＿＿＿＿＿＿＿＿＿＿。

不断总结你的提问经验和教训，形成你自己独特的关于专业学习的问题清单，比如用于理解知识的清单，用于解决问题、难题的问题清单等。

二、运用专业知识进行情境分析

利用情境分析进行建设性思维训练的主要目标是通过对某一问题情境的多种可能推论的结果和相应的假设进行分析，培养学生想象力、创造意识和创新能力，发现自己世界观的局限，有利于吸收建设性思想，发展积极向上的世界观。

大学生对专业知识的学习中能不能训练建设性思维呢？根据以往的经验，有两种观点：一是大学生要运用专业知识进行建设性思维训练，首先要对相应专业知识进行充分学习，只有这样，当进行建设性思维时，才能获得足够的信息和理解。所以，持此观点的人认为，利用专业资料进行建设性思维训练之前，首先要进行深入的专业知识学习。而与此相反，也有学者认为，能将建设性思维训练纳入入门课程。我们的观点认为，在专业学习中，能不能进行建设性思维训练不在于是否具有专业知识，而是专业知识学习过程中需要不需要利用建设性思维。我们认为很多专业知识学习是需要建设性思维的。

对于建设性思维这种认知技能的学习，要从一般性策略开始更有效，还是从训练者熟悉的特定领域开始更有效呢？研究表明，学习思维技能，从熟

211

悉的领域入手要比笼统地了解一般技能要好。关键在于对特殊经历的记忆有助于解决新问题，迁移更容易产生。所以，利用专业情境设计情境分析更有利于建设性思维训练。专业情境设计重点在于情境中的人物需要判断如何正确理解某项知识，培养某种能力。例如，某种咨询情境中，一名心理医生与一个有学习困难的孩子交谈后，他的结论是孩子患有孤独症。然后要求大学生阅读案例，找出这名心理医生的诊断的推理及根据案例从多种角度和立场做出的所有可能的推理，然后再分析每种推理背后的假设，最后提供一些检验每种假设的方法，并根据案例中的信息，给出各种不同的诊断结果。

（1）情境。

孩子基本情况：玥玥，男，今年4岁了，不开口说话，是个瘦弱的有严重自伤行为的孤独症男孩。通过检查认知理解能力仅为6个月。家长反映孩子经常哭闹，边哭边大力用手击打自己的头部或是双手用力拍打硬物。头和双手都被打红了也不停下来，自伤行为严重，很让父母揪心。喊他的名字没有反应，没有表情，没有对视。全身肌张力偏高，动作僵硬不协调。听不懂简单指令，也不回应老师任何动作、声音。刚来时情绪紧张，紧紧抓住妈妈的衣襟不放。

（2）心理医生对问题行为的分析。

自我伤害行为的表现：殴打、撞击行为。主要是用手掌或拳头击打头部，或用头部撞击桌面、地面或墙面以得到满足，被制止时会大声哭闹。紧张或情绪不好时，他打击头部的力度和频率会增加，情绪稳定时尽管也有自伤行为，但力度轻，仿佛是习惯性的动作要用手拍一下头。

（3）自我伤害行为产生的可能原因推理。

第一，缺乏外界适当的有效刺激。由于玥玥很小就和爷爷奶奶生活在一起，而父母则长期在外地打工，两岁多还不开口说话，家人也没有引起重视，直到有严重的自伤行为出现后，才由父母带去看病，辗转多家医院，直到3岁多才被北京六院确诊为孤独症。

第二，引起他人的注意和关心。玥玥在缺乏外界刺激或某种要求、愿望未实现时，就可能采取自我伤害行为以引起他人的注意和关心。

第三，宣泄负面情绪，缓解内心压力。由于孩子不讲话，无法表达自己的需求，体质较弱又经常生病，胃口也不好，很多东西吃一口两口就不吃了。身体感到不适，于是借助自我伤害来发泄心中的负面情绪，以缓解其内心压力，或得到暂时的快感。

下面表格（见表6-1）是我们对该情境其他各种可能的推理及背后的假设做出的分析，然后做出诊断。加上案例中咨询师的推断共有五种情况（当然，不止这五种），到底哪一种情况是最符合实际的呢？还有待于进一步探究并进行检验核实。

表6-1 其他各种可能的推理、背后的假设及做出的诊断

其他可能的推理	推理所依据的假设	做出的诊断结果
玥玥的智力发育不良，语言发展迟滞会导致他产生负面情绪时，吸引别人注意时，这些都会与正常儿童不同，主要是简单行为，不说话	智力发育不良的孩子行为怪异，不同于正常孩子	智力落后
由于玥玥生活环境有一定特殊性，成长中形成的发泄负面情绪方式表现为：自伤、不理别人、不回应别人等	有情感表达障碍的孩子与一般孩子表达情感方式不同	情感表达障碍
孩子击打、撞击头部的行为和力量随情绪而有所变化，缓解疼痛，无暇顾及与别人交流	用一种可以承受的痛来缓解另一种难以承受的痛	头部机能性疾病
孩子采用自伤方法吸引关心和注意，而不讲话，更可能是大脑的问题	神经系统的疾病会导致孩子处理问题的无能	神经系统疾病
…………	…………	…………

建设性自我交谈和决策：综合这些可能的推理及所依据的假设、诊断结果看，它们都是站在玥玥存在问题、有病的立场上考虑问题的，导致问题的原因推理不同，问题解决方案也就不同。但咨询师要对玥玥的问题进行干预的话，一定要确定一种最可能的原因，据此来展开咨询干预。我们还可以看

到每种解决问题的方案中问题的重心，解决问题的重难点都不同。但从当前表格中的分析看，还是要对玥玥进行心理或生理方面的治疗的。心理咨询师更多采用行为干预和认知干预，医生则倾向于生理机能和结构的检查，然后进行药物治疗。对此情境，我们还可以站在另一个角度来看，那就是玥玥不哭闹的时候每天有多久，每天哭闹到底有多久？了解两种活动的时间比例，若是哭闹的时间虽然较长，而且有共性，不哭闹时好端端的没有任何异常。那我们又该如何认识玥玥的问题呢？此时，一般人就会认为，应该深入追究是什么因素导致的玥玥的哭闹行为，在什么条件下才发生打自己的头等状况。然后采取策略看能不能减少类似刺激，防止玥玥哭闹行为的发生概率。这需要干预策略的检验。若是人本主义的咨询师，从无条件积极关注入手，无条件关注玥玥的良好行为，鼓励玥玥，真诚地帮助他，很可能成为对玥玥进行干预的最佳的方案选择。当然，我们完全可以把对于这个虚构的情境的思考作为理论指导，结合现实生活中更加具体化、真实化的个案的情境，对此理论做出相应实证检验。另一方面，也同样需要对此情境不断深入持久思考，添加各种可能的推理、假设和决定，为解决实际问题开拓视野和思路。选择其中的某个决定进行检验、试探，发现问题的解决途径。

作者限于专业知识局限，只列举心理学专业情境。其他专业的同学请寻找自己专业情境，举一反三展开情境分析。

三、在学习总结、反思中训练建设性思维

作为学生，每时每刻都在为提高学习效果而行动、努力，但结果总是有好有坏。此时，不计后果地蛮干，从不反思总结经验教训，终将落入学习失败的泥潭。明智的做法是对自己学习行为所依据的思想假设、观点、学习行为后果等进行深刻反思，摒弃非建设性思想，创造性地发掘或选择适合改善自己学习行为的建设性思想，学习效果一定会提高。

当我们学习遇到困难不知所措时，一定要静下心来进行思考，反思自己当前的行为有什么问题。其实不仅包括行为本身，由于任何行为都是依照一定的理论想法来展开的，因此，对学习行为指导思想的反思更加关键。所以

一定要弄清楚我们当前真正到底在做什么？这样做所依据的指导思想是什么？也就是我们行为发生所依据的假设、观点是什么？换一种新的假设和观点作指导会怎样？我们选择哪一个新思想作为自己行动的指南呢？这种新思想更合理吗？它能给我们带来何种结果？这种反思非常关键，选择怎样的思想直接决定了我的新行为及新的结果。例如，很多同学英语学习存在困难，十几年努力却不见成绩显著提高。再具体讲，某一个英语水平不高，总想着提高英语成绩的学生，增加早读行为，其他方面都没有改变，这样能提高英语成绩吗？很难！（很多学英语的学生自己都没有搞清楚到底在做什么——背些单词、读读课文。他们不知道英语考试到底要考什么，不知道怎样准备英语考试，不知道……）所以很多学生想提高自己的学习效果，但他们对自己的学习反思不到位，没有采纳优秀的思想作为自己努力变革的指导思想，往往导致失败，进而一蹶不振。关于英语学习，文学家和翻译家林语堂从中国人学习英语的实际情况出发，提出了一些英语学习的方法，很值得我们借鉴。学英语时需学全句，勿专念单词。学习时要兼顾全句语法、语音及腔调，单词学习和记忆要放到整句当中去，熟练背诵有用的语句，等等。林语堂的英语学习方法与相当一部分学生所采用的方法大相径庭，甚至完全相反。一个人在学习中遇到难题，越是不知所措，越需要正确思想的指引。这与一本介绍英语学习方法的书中所讲方法极为相似，书中告诉我们要在具体情境中利用耳朵和嘴巴记忆英语，更具体的策略是熟练听说英文电影里面的对话。现在关于英语学习的方法非常繁杂，我们不能任意拿过来一种就往自己身上套。一定要看透这种方法的本质是什么，它能给我们带来什么样的结果？这样结果是不是我们所需要的？把这些问题想明确了，就知道能不能选择这种英语学习方法了。

在改进学习的过程中，集中注意，关注那些令你困扰，但你又有能力和意愿改变的方面。例如，英语学习中，可以具体回答下面三个问题：第一个问题是英语学习中什么在困扰我？很多学生的回答是完形填空题（或阅读理解）。第二个问题是我有能力改变它吗？这需要去寻找答案。第三问：我真的愿意提高完形填空能力吗？对于大学生来说，这个问题的答案一般是肯定的。第四问：我用什么激励自己完成这项任务？这个答案就因人而异了，最好是自己喜欢的事物作为激励的强化物。如果其中有一个问题的答案是否定的，如有同学觉得自己没有能力提高完形填空题的得分，就要换个问题，缩小范围，直到找到困扰你，你有能力有意愿改变的事情为止。对于觉得没有能力提高完形填空成绩的学生来说，他们要做的就是进一步明确：第一，在做完形填空题时是什么阻碍了他们？其实通过访谈发现很多学生完形填空做不好的原因不是词汇量和语法能力缺陷，而是短文整体都不懂，理解力弱。所以他们需要改变和提升的是阅读理解能力。这时再回答"我有能力改变阅读理解能力吗？"答案就会是"有"。通过回答"我真的愿意提高阅读理解能力吗？"表达自己改变的决心，然后再针对自己实际情况开发激励程序。同时要注意在解决困难中积累学习效能感，即在克服困难中不断地明确自己能够促进什么事情发生，或者说当自己解决了一些难题后，还要进一步相信自己能够解决更难的问题，积蓄主动性力量。增强了内在力量后，你会相信自己有能力知晓，有能力学会，有能力做事，有能力进行选择和创造，才会树立更远大的学习目标，能够学习更多知识。

通过关注自己的困扰，并解决困扰自己的问题，不断提高自己的能力，建设性思维能力也会得到锻炼和提高。

第七章　大学生人际交往中
建设性思维能力的培养

人际交往中的思维水平，决定着人们在社会中的角色和地位。因此，如何在人际交往中培养其建设性思维能力，显得尤为重要。

第一节　大学生人际交往中的思想误区

对于大学生来讲，脱离了家长和老师的严密监督，充分获得了交往自由，他们在校园中交往体验如何呢？我们对在校大学生进行了开放式问卷调查，主要涉及令大学生困惑的交往问题是什么、怎样应对的、结果怎样三个方面。对收集到的大学生在人际交往方面遇到的问题、怎样应对和应对结果进行梳理，发现大学生在人际交往方面存在很多误区，在交往时遇到的难题解决上常常束手无策，人际关系改善方面总体效果不佳。身处礼仪之邦，大学生交往竟然存在如此多的困惑，着实令人惊讶。

一、大学生对人际交往的认识问题

很多大学生对人际关系存在理想主义的理解和认识，缺乏动态和变化的理念。他们把好的人际关系看作朋友间的笑容、和蔼的态度和融洽的交流气氛，轻松的言语措辞，谈话流畅自如，没有沉默、冲突，没有不同意见并且意见完全统一，而且更重要的是这种关系总是保持稳定。但这只能是很多同学易碎的梦而已。

调查中还发现，很多大学生的困惑主要集中在倾听与表达的困难。而如何沟通恰恰是解决大学生社会交往问题的关键钥匙。这把钥匙能解决几乎所有的人际关系问题。

当问大学生这样一个问题：良好的沟通能力、社会交往能力可以培养和锻炼吗？绝大多数学生觉得是可以的。尽管当前人际沟通的书籍资料很多，但要让他们进一步说明怎样发展这种能力时，知者寥寥。所以，即便有人勇于尝试进行训练，不断地进行沟通尝试，可能起到一定作用。可是，若训练方式是错误的，则效果一定不会好。久之，大部分学生就会重新陷入沟通能力是天生的认知陷阱，坚信后天训练是不能使其得到改进的。

（1）自卑、胆量小的问题。有自卑感的同学，常常觉得自己的学校差、专业冷、学历低、家境穷，甚至瞧不起自己。这主要是他们只知其短不知其长，缺乏应有的自信心。很多同学人际交往能力差，缺乏勇气和胆量，不敢表达自己的需要和要求。这其实是对真实交往过程缺乏认识，或缺乏自信，或过于拘泥礼貌规则（打扰别人不好），或过于胆小怕事的结果。例如，很多同学在交往时内心犹豫，有疑问不敢问，不知道什么时候提出来合适，担心会打扰别人；还有同学讲话时不敢看对方（的眼睛），总盯着自己的脚尖（内心还担心这样不礼貌，但又改不过来）；与别人交流，容易紧张，连别人说什么都听不清，要让人重复说一遍；不太敢在陌生人（群）面前讲话，说话声音特别小；和刚认识的人讲话很紧张，手的多余动作多；和比较严肃的人在一起容易害怕。很多大学生很在乎别人的看法和眼光，与人交往非常胆小怕事，不敢违逆他人的说法和做法。

（2）对交往目的的误解。不喜欢主动交际，特别是问刚认识的人一些私人问题、工作问题等，感觉在求别人，所以不喜欢提问式的沟通，或者觉得就像在窥探别人的隐私似的。还有比较多的情况是交往目标不明确，表现为：两个人的时候，觉得聊不起来，找不到话题，特别是与异性在一起时更不知道讲什么，于是就不停地看手机，其实手机里也没有什么重要信息要处理。不知道为什么要与人交流，只愿意一个人独处，但独处又会觉得孤独。很多大学生对人际交往的一个误解是，觉得带有明确目的与人交往显得人太势利，太功利，觉得同学间情感友谊的建立就不应该混入什么目的之类。其实，它们将自私自利的目的与发展朋友亲密关系等目的混为一谈了。所以，很多大学生在人际交往方面非常缺乏交往目的，最大的问题是对每一次交往的具体目标不进行规划和思考。所以他们的交往就是随遇而安，出了问题就惊慌失措，不知怎样改善出错的人际关系，要么就总是责怪交往对象。

二、社会交往中人际冲突处理方面的认识问题

在社会交往中最大的思想误区就是，认为人际冲突必然意味着问题，人际关系必然恶化。其实，在个人交往和集体相处中，难免会发生冲突。但若能够进行建设性管理，反而可能会促进个体及人际关系的发展。现实中，很多大学生在人际交往中发生人际冲突时，不会理性解决，甚至使冲突升级，导致人际关系恶化。另一些同学并不重视人际关系，产生矛盾，大不了互不理睬，不再交往就是了。他们看不到人际交往中的冲突对个人发展和成长的重要作用。

社会交往规则的僵化运用或错用。在交往中感受到不公平的待遇，一些学生就努力追求公平的交往，当很难实现时，感到很困惑。例如有学生告诉我："他为别人考虑且帮助别人做了很多事情，反过来，让别人帮自己做事情时，却遭到了拒绝，就会感到不平衡、生气、怨恨等。"理由是他替对方着想了，对方为什么不考虑考虑他呢？之所以这些同学过于追求公平，原因就在于他们对交往中公平规则的僵化遵守。再如，有人与同学发生了小的矛盾或摩擦，受了委屈，只憋在心里不说出来，或者躲避再次交往而不解决问题。当询问为什么这样时，他的理由就是"父母不让我和同学闹矛盾！"就这一个规则将所有人际交往的情形全都框死了，无论什么情况都要遵守"不和同学产生矛盾"的规范。有相当一部分同学希望保持固定的美好的人际关系，一点都不要发生变化，变好还可以接受，一旦人际关系恶化，就束手无策，不懂得如何去修复，这也是交往规则的僵化运用造成的。还有，很多大学生都知道"己所不欲，勿施于人"的交往规则，可是当运用之时，很多人用来要求别人的行为，而不是作为约束自己行为的准则。这就把这个原则用错了。

社会交往中读心术错误，产生了大量的交往问题。很多人误以为关系亲

密的人之间无须言明就能知晓彼此的需求。很多交往的僵局就是源于此错误的观点。这种读心术具体表现为：想当然地认为当别人提出他们的想法时，就意味着他们不愿意接受其他选择（比如我们提出的想法）；想当然地认为如果别人让你失望，那是因为他们不在乎你，或者你不值得关心；自以为某事对于他人来说很重要或者不重要；自以为别人知道你有多喜欢他们；自以为别人知道你所知道的。总之，他们不懂得别人的心思是猜不透的道理。要了解别人的想法和感情，需要听别人说或者看行为表现等，而不是简单猜测。还有同学更极端，遇见一个要交往的人，会先给这个人评分，如果分不高，就尽量和此人不接触，排斥与他接触。

社会交往中产生矛盾、遇到问题时，心中不爽，却不知所措，不懂怎样进行理性处置。在交往中，有些人对于人际冲突能避免就避免。若是产生了人际冲突，不会努力去解决，而是顺其自然，进而承受冲突产生的破坏性结果。其实，他们不知道，真正的顺其自然应是在竭尽所能之后的接受和不强求。也就是在人际关系陷入僵局后，首先要尽最大努力进行修复，真的无效之后，再耸耸肩放手。例如，许多同学都不知道怎样处理下面的问题：认为室友太自我，心里很不爽，但又不知道要怎么和他相处；室友总是外宿，自己不敢和老师说，怕影响寝室关系；室友不问我就乱拿我的东西；同学老是欠钱不还，不知道怎样要回来；宿舍买了饮水机，搬水的时候有人偷懒，总是让别人搬；有人晚上打游戏确实很晚，影响大家休息，说他又感觉自己有点小肚鸡肠，不说自己又很难受；总有人对我的化妆、穿着指手画脚，烦人，却又不便于说什么；和朋友吵架闹矛盾了，无论自己有没有错，总是自己先道歉，这样好吗？感觉自己很软弱，但是又受不了一直闹矛盾；两个人一起聊天时本来很开心，但另一个人加入后，总是被排挤到一边插不上话，很尴尬。这样的情境比比皆是，一次两次产生消极情绪还无所谓，但长时间消极情绪的累积往往会导致更严重的人际矛盾和冲突，人际关系恶化。更不会与自己有矛盾的人合理相处。甚至很多学生害怕见老师，也不知道怎样与老师交往，所以能不见就不见老师，导致老师对这些学生知之甚少。这些现象发生的情境中，大部分学生采取的是无作为的应对行为，看来他们的确非常缺乏如何应对人际冲突的策略和人际交往的基本知识和技能。

第二节 吸收和践行关于人际交往的建设性思想

一、人际交往和人际关系的建设性思想

（一）人际交往的建设性思想

人际交往也叫人际沟通，是指个体与个体（两者或多方）之间为了传递信息、思想，交流意见和态度，沟通情感和需要，运用语言或非语言（肢体动作、表情）进行的互动过程。人际交往是人类特有的社会现象，是人类生存和发展的一种需要。人际交往的主体是个体的人，目的是相互传递信息和思想，交流意见和态度，沟通情感和需要。它是一个双向互动的过程。这一过程看似简单，实际上却非常复杂。人际沟通是由发送者或编码者、接收者或解码者、信息和渠道等要素构成。但每一个发送者又同时是接受者，接收者又是发送者。还有交流沟通中的语境、反馈等因素，使沟通过程变得更加复杂多变。

人际交往对个人发展和成长起着非常重要的作用。这一点大学生们一定要有所认识和体会。千万不能忽视人际交往的价值。中国古代早就有"三寸之舌，强于百万雄兵"之说。拿破仑也认为，一支笔胜过两千支枪。更有人将第二次世界大战美国获胜的原因归结为舌头、美元和原子弹；将美国称霸世界的原因归结为舌头、美元和计算机三个要素。美元是经济实力，原子弹或计算机是科技实力，舌头就属于政治攻势和外交宣传的实力。这些都充分说明人际交往中信息沟通和说服的重要价值。

人际交往对保持身心健康是非常重要的。一旦你长期不能与他人联系，你就会觉得抑郁，开始自我怀疑，基本日常生活都难自理。研究表明，和另一个人建立亲密的关系是幸福最重要的因素，超过金钱、工作等。这也是大部分人在社交媒体上进行沟通的主要动力。良好的人际关系对人的生活、工

作和学习都是有益的。良好的人际关系能够缓解孤独感，增强自我了解和自信，促进身心健康，强化快乐并减轻痛苦，帮助人们寻求智力、身体和感情刺激等。相反，不和谐、消极的人际关系对工作、生活和学习都是有害的。当然不良人际交往也会带来消极影响：因人际交往带来压力，增加责任，阻碍发展其他关系，或受到伤害等。

（二）人际关系的建设性思想

人际关系是指人们在各种具体的社会领域里，通过人际交往建立起来的心理上的直接联系。从社会角色扮演角度看，它包括亲属关系、师生关系、朋友关系、同学关系、雇佣关系、战友关系、同事关系、领导与被领导关系等。按照相互关系性质可以划分为：亲疏关系、共享关系、工具关系、情感关系、尊卑关系、时间关系等。而每个人都有其独特的思想、背景、态度、个性、行为模式及价值观，因而人际关系各不相同。良好而健全的人际关系并非单纯的人与人之间的互动，而是在共同的时间和空间里，体验人与人情感交流的真实感受。然而，随着时代变迁，多元文化的融入，年轻一代大学生对人际关系的理解更加注重人际关系中的"对立"和"差异"方面，不再像前辈们重视关系中的"联系"和"共性"方面。所以，他们的人际关系带有很强的"个人"意味，进而发生了从追求良好的人际关系到追求真正的人际关系的转变。

社会交往永远是一个动态的发展过程，随着情境改变而发生改变，它是人际关系建立和发展的前提和途径，人际关系也会随着人际交往而变化。通过人际交往建立和发展起来的人际关系又是新的人际交往的前提，人际交往过程因为人际关系的融洽或恶化而改变。联系阶段是交往双方的初步接触阶段，联系是肤浅的，不涉及感情。若是进一步尝试了解对方，关系变得更加熟悉，增加互动，情感加深，交往就更加频繁。当很投入这段关系时，甚至双方进行了承诺，关系变得更加公开就进入亲密阶段。当然以上任何一个阶段都存在一方或双方退出的可能性。当一方不满意对方，进而导致双方互相不满，开始退出这段关系，表明关系开始恶化。当然恶化的关系可以得到修复，也可能中断而终止。

　　希望同学们能够看到人际关系的发展变化性，并发挥主观能动性维护好自己的良好人际关系，切断不良的人际关系。一切取决于这种人际关系是否有利于个人成长，是否有利于集体、国家的利益等。

　　人际关系并不是部分同学想象的那样，永远一成不变处于良好运行状态，总会出现各种意外，总会受到各种各样因素的影响而发生转变，或更加牢固稳定，或出现隔阂，产生分歧、疏远，甚至破裂。例如，当今文化告诉所有人，只要你努力就一定能够成功，但这只是一个美好的理想罢了。也正是这种文化让人产生嫉妒。越是平等，当产生差异后就会自然滋生出嫉妒的心态。在人群中没有人嫉妒英国女王，因为她太特殊了。而嫉妒是导致人际冲突，甚至关系破裂的重要原因。我们不是圣人，都是普通人，不可能永远无条件地对朋友好，不可能永远无条件地站在亲人一方，也不可能永远无条件的慈悲。我们的友情、亲情等各种人际关系会随着各种条件变化而改变。就像十九世纪英国首相帕麦斯顿说的那样，大英帝国没有永远的朋友，只有永远的利益。尽管这句话最早是形容国家之间的关系的，如今已经成为国与国相处的根本性原则。但它仍然能够帮助我们理解人际关系的变化。中国著名的史学家、文学家司马迁在《史记》中说，天下熙熙皆为利来，天下攘攘皆为利往。从中不难理解金钱利益在人际交往中的作用，以及对人际关系的影响。实际生活中，因志同道合而成为朋友，后期因利益分歧而分道扬镳的事例也比比皆是。

　　在此，特别要给大学生们提个醒，一定要积极主动地坚决果断斩断不良的人际关系，哪怕忍受巨大的孤独。对于一些不良的朋友，如只知道玩网络游戏置学习于不顾的人，要坚定地离开。因为恶习会传染，自律和上进却不会，还因为堕落比奋进容易太多。结束了不良的人际关系，大学生要能够正确对待和轻松接受一定程度的孤独。马尔克斯在《百年孤独》中提出，男人是需要孤独的，如果你忍受不了孤独，只能说明你的内心还不够强大，说明你还没有树立起迫切想要达到的目标，想要实现的梦想。很多男生认为能证明自己魅力的是自己有多少朋友，有没有漂亮的女朋友，那么我们只能说他们真的还需要成长。我们认为,人际交往和孤独都是个人成长的要素。一方面要利用良好的人际关系带给我们的好处,同时也要学会利用孤独的独特作用。

二、关于人际交往目标的建设性思想

目标是指尚未达到某个地方(成就)或还未拥有,但在某个将来时刻终将达到的地方(成就)或拥有的东西。那么在人际交往过程中,每次交往你想拥有什么样的人际关系呢?交往目标是指导我们交往行为的重要指针,决定着整个交往发展的方向。在目标实现过程中,要始终不忘初心,努力实现交往目标。很多人交往过程中会忘掉最初交往的目标,旧的交往目标实现后,要及时树立新的目标,灵活地调整交往的方向。因为随着交往的不断进行,交往重点和要求随之发生了转变。

人际交往本质决定着人际交往的目标,因此首先要看清人际交往的本质。著名的心理学家霍曼斯提出,人际交往的本质是一个社会交换的过程。实际上,在交往中人们不断地进行着各种交换,包含着物质的、情感的、信息的交换等。因此,在这个交换过程中,人们总是希望自己交换来的东西是值得的,最起码是等价于自己的付出。我们会逃避、疏远、终止自己认为不值得的人际交往。基于此,我们在与人交往中也要让别人觉得与我们交往是值得的。这就涉及我们在交往之前树立的交往目标是什么,或者说你想从交往对象那里获得什么。当然社会上很多人最忌讳的是把交往与交换联系起来,特别是与物质交换联系起来,认为这样把人际交往庸俗化了,亵渎了人与人之间真挚的情感。这是对人际交往的片面认识,把人际交往等同于物质交换了。与此相似的片面认识还有,很多大学生都不愿意明确自己人际交往的目标,认为目标太明确的交往太功利,会被别人排斥。事实上,在每一次人际交往中,人们都会有相应的主要的社会交换,其他社会交换或并重或次之。如上级和下级、商户和顾客、教师和学生、家长和孩子、丈夫和妻子之间交往最为重要的是信息交换过程,其中一方要么是获得相关信息,要么发出信息说服对方。并重或次之的是金钱交换、情感交换、各种物质交换等。

缺乏信息交换基础的感情交换往往会导致师生、亲友、夫妻间的反目或敌对。因此，交往目的之间也是有个先后和重要程度的序列的。

从人际交往发展过程看，在人际交往的初期阶段，我们也可以把"被了解"当成人际交往的目标。哈佛大学大卫·史那克认为，如果我们想要长期的、健康的人际关系，最基本的目标是通过关系而被了解，而不是被认可。日常生活中，我们惯常的思维方式是要获得对方的认可，要让对方喜欢自己。而要让对方认可自己的一般方法就是尽可能地表现得完美或者符合对方的期望。因此，在这种交往目标支配下的人会感到巨大压力。例如，一名新教师为了得到学生认可、喜欢，就要时时处处表现得像个完美的好教师，弄得自己很紧张，压力很大，还给人一种装出来表演的感觉。当我们把被了解当作人际交往的目标时，更能促成理想的家庭关系、朋友关系、领导和下属关系、恋人关系等。因为这样反而让交往中的人放松下来，容易接受下面这些观念：没有任何人身上的所有特质会受到完全的认可和喜欢的，一个真实的人总会有优点和缺点；理想化人际关系并非没有冲突、失望，而从未有过冲突的人际关系一定存在很多隐患和妥协；表达真实自己不会引发厌恶，导致人际关系崩溃。这样的目标还会鼓励我们在交往中大胆表达自己的需要，拒绝别人的不合理要求，逐渐地、循序渐进地让对方了解自己的优点、缺点，了解一个真实的自己。通过初步选择后，人们很普遍的交往目标就变成要交到朋友，获得亲密关系。要实现这样的目标就要与交往对象花时间相处，敞开心扉，让对方感受到你对他（她）的喜欢、担心和关怀，才能交到朋友。但要注意的是，绝不能以成为"好好先生或老好人"为交往目的，因为让所有人都说好的人是不存在的。要承认绝不是每个人都可以成为你的好朋友。建立亲密关系，则需在朋友关系基础上进一步加强联系，形成以诚实、信任、互相支持、包容、忠诚为特点的人际关系。

人际交往目的随交往对象和交往的情境不同而不同。例如与来访者的交往中，心理咨询师的交往目标就是要通过了解来访者的内心想法、情感等，采取心理手段使来访者摆脱心理痛苦，回归健康轨道；医生与病人的交往是为了解病人的症状和感受以及治疗后的症状改善等，当然也存在医生对病人的关心和帮助。教师与学生的交往是为了帮助学生获得知识，增长技能，并给予指导。这些人际的交往目标就是为了助人、学习、满足需要、信息获得。也许你没有特别明确的交往目标，默默地陪伴也是一种目标。广义的人际关系都可以理解为一种陪伴。你可以陪伴各种人，朋友、家人、恋人，甚至对敌人奉陪到底。父母与孩子之间是一种更亲密的陪伴关系。不论我们陪伴的是什么人，都只是各种选择中的一种，我们都可以从中学到很多：道德、知识、精神等。例如朋友失恋了，当你不知道说什么来安慰对方时，就可以采取陪伴的行动，默默地给他递一张纸巾，帮他打饭一起吃等。总之，与人交往中我们要成为对别人有用的人，要尽可能多地为别人创造价值。

当交往过程中出现了人际冲突时，若是要修复人际关系，而不是报复、发泄愤怒，这时千万注意交往的目标绝不是要对方一个道歉，或者让对方承认他错了，或者让对方为他的所作所为感到不爽和难堪，而是要重新审视这段交往，树立一个较长久的人际交往目标。当然还要考虑你的目标的复杂程度和实现的难度等。如，某女大学生出于好意和善良，与有抑郁倾向的某男同学交往了一段时间后，发现男同学总是不分时间和情境，找她聊天倾诉，严重打扰了她的生活和学习。此时她该怎么处理这段人际关系呢？她需要思考下面的问题：六个月里，希望她们之间发展成为何种关系？她希望发生什么变化？她要做些什么事情？六个月里，她希望对方做些什么？并用心地将答案写下来。当有了答案后，她就能安心处理这段干扰她学习和生活的人际关系了[①]。

在制订和明确交往目标时，一定要考虑时间和情感投入两个因素的作用。俗话说："试玉要烧三日满，辨才须待七年期。"也就是说，要了解一个人需要很长时间。事实上，人际的亲密关系就在于一件件小事上，在于对待小事情的态度和情感上。而不是很久不联系，突然有大事再和别人联系。因此，所有人际关系都绕不开一个基本逻辑：交流需要时间，越是因为小事情经常性在一起和交流，越会让对方感受到你的态度和情感。在人际交往中，

---

①马克·墨菲.用事实说话——透明化沟通的8项原则[M].吴奇志,译.北京:人民邮电出版社,2019.

要巩固支持性关系，需要付出时间，花时间跟交往对象在一起，有时还要主动与交往人联系。在感情上进行交流，就要敞开心扉，坦诚谈论自己的经历、想法和感受。这是把我们与别人联系起来的一条纽带。在时间和情感投入两个因素中，交情深浅与交往久暂无关，只与投入情感多少有关。与一个人相处久了，也未必会知道对方的全部。久了，只是把光阴给了你，但不是心。生命中的贵人就是指那个灵魂里相知的人，也许不用相处有多久，却是把心给了你的人，即那个与我们心灵建立起牢固纽带的人。在交往过程中，我们可以控制自己的交往行为，决定是否把心交给对方，可我们无法确证对方是否真的把心也同样交给我们。这提示我们，在与人交往中要做好适时付出真心，并能够承担后果的思想准备。所以，人们在生活中与人交往相处时，总是与人保持一定的心理距离。要想真正了解一个人是否品行出众，你得花数年时间，还要有好的运气和机会去观察他的行为。如果他的行为没有私心，动机无比慷慨，心中没有存着求回报的念头，而且还在你内心留下了明显的印记，那么，由此认定他是一个品行出众的人，基本错不了。因为，现实生活中我们极少有机会和运气来充分观察周围的人所拥有的全部天赋或品行，因为周围的人对我们这样的要求并不关心，也不会专门抽出时间陪着我们来"参观"他们自己。因此，我们对别人形成的评价往往是在短时间内就形成的片面的任意的判断。也许某人给你的印象是不太现实的、忙碌的、散漫的，但这并不一定代表真实的他，因为你无法知道他在别人眼中到底有多少个版本。所以，当我们制定交往目标时，一定要考虑到目标能够达成程度的问题。

综上所述，尽管从交往的结果上分析，交往的目的可能表现各异，没有什么规律。但从交往的工具性角度考虑，无论交往双方要达到什么样最终结果，交往作为工具，它所能实现的目标只有一个：通过物质、信息、情感的沟通交流，建立良好的人际关系。但要注意的是，良好的人际关系不一定意味着成为亲密朋友，它可能只是任何一种不敌对的人际关系：或通过有效沟通，明确了对方的意图的结果；或达到虽观点不同，但能理解对方的做法、彼此认可的程度；或达到心理相容、有安全感、归属感的结果。

附：训练任务7-1

针对某交往对象，或发展积极的人际关系，或切断不良的人际关系。回答下面的问题，以明确你的交往目的。

六个月里，我希望我们之间发展成为何种关系？

_____

六个月里，我希望发生什么变化？

_____

六个月里，我要做些什么事情？

_____

六个月里，我希望对方做些什么？

_____

三、关于提升人际交往能力的建设性思想

我们可以在一个由亲密到疏远的轴上列出一系列不同的人际关系。比如夫妻、孩子、父母、兄弟、亲密朋友、叔叔阿姨、普通朋友、同事、邻居，关系越来越疏远。当然这只是某个人的认识，你列出的顺序可能与此完全不同。你可以根据你平时的交往状况来画一个关系亲疏图，看看关系亲疏是怎样影响你的人际交往的。你会发现，关系越亲密，你在交往中会把他当作一个特殊个体，你会有特殊的规则与之交往，而且交往中掺杂了大量的情感色彩。同时，对对方的要求也会提高，相对容忍度降低，会在高估对方对自己的了解和理解基础上，主观认为对方会做出符合自己要求的交往行为，也就容易产生矛盾和冲突。而与疏远的人交往只把交往对象看作一群人中的普通一员，按照社会一般规则交往，交往中感情色彩淡薄。交往中对对方的要求也不高，遵循一般礼节就能接受，也不容易产生矛盾和冲突。这就给人们提出了一个重要问题：我们怎样与别人进行交往，尤其是如何对待自己与别人的差异？其实要改善人际关系需要从两个方面考虑：一是提升自己内在品质。有调查数据表明，82.9%的人愿意与具备优秀个人品质的人交往。所

以，大学生可以通过培养自己优秀品质，提高自己的人格魅力从而改善人际关系。其次才考虑提高交往技巧。

在一则寓言故事中，一个少年去请教一位智者，问道："如何才能变成让自己愉快，也能给别人带来愉快的人？"智者的回答是："把别人当成自己，把自己当成别人，把别人当成别人，把自己当成自己。"其实，智者所讲的就是人际交往中要遵守的基本原则问题。把别人当成自己，需要换位思考，产生共情、同理心，需要遵守共情原则；把自己当成别人，理解和化解别人内心的痛苦和矛盾，要遵循关心和爱的原则；把别人当成别人，就是承认别人的独立性、差异性，需要尊重原则；把自己当成自己，就是坚持做自己，要遵守真诚原则。

无论关系的亲疏远近，要提升人际交往能力，都需要学习和遵循交往的基本原则。事实上，我们认为越是亲密关系在交往中越是要遵守交往的基本原则。原则是根本性的真理，它构成了行动的基础，通过行动让你实现生命中的愿望。原则可以不断地被应用于类似的情况，以帮助你实现目标。人际交往的最根本目标就是建立良好的人际关系和双方需要的信息的沟通。要实现这一目标，人际交往中要学习和遵循一些基本原则：爱的原则、尊重原则、真诚信任原则、换位思考原则。事实上，很多人不懂这些原则，更不会运用于交往中。这些原则的实质就是帮助人们更好地处理人与人之间的差异性。

（一）爱的原则

爱的表现形式繁多，包括感恩、原谅、慈悲、包容、关心等。著名教育家卢勤说："爱心是什么？爱心是个口袋，往里装就是感恩，是满足感；往外拿就是付出，才能产生成就感和幸福感。要让孩子一生幸福，一定要让他学会感恩和付出。"生活在感恩中，我们才能以积极健康心态面对生活。几米漫画《我感恩》中告诉我们这样感恩生活：早晨被闹钟吵醒，我感恩我还活着；有每夜都和我抢棉被的伴侣，我感恩还有他/她在我身边；我缴税，感恩我还有工作；一天结束时感到疲劳和肌肉酸痛，感恩我还有努力工作的能力；把车停到最远的车位，感恩我还有辆车，我还能走这么远的路。这其实就是我们的祖先早就告诉我们的"知足常乐"的道理，这也是爱自己。从付出的角度理解，斯科特·派克认为，爱的唯一目的乃是促进爱的对象的心智的成熟和人性进步。因此，在交往目标设定中，无论信息、物质、情感的社会交换，都一定包含着爱的成分在里面。缺乏爱的交往目标是冷酷、干瘪的。大多数人在人际交往中，面对交往对象本来是爱的，却做出了伤害的行为，其实这与他们不知道怎样爱人，不知道怎样沟通有关。经营亲密人际关系是需要学习的，尤其是沟通。而爱是沟通最好的语言。世界著名的生命教练克里斯多夫·孟曾说，在亲密关系中，没有什么问题是爱无法解决的。因为爱能让我们在沟通中学会理性和克制。这是成熟的爱的表现。成熟的爱是：我被人爱，因为我爱人；我需要你，因为我爱你。爱别人是第一位的，是因；被爱、被需要是结果。成熟的爱要让对方心智成熟，就要付出，需要不断自我扩充，使人精神成长，自我完善，或者说是一种积极主动让对方变得更好的过程，但绝不是改变其缺点的过程。因此，要与他人建立良好的人际关系，要爱其所是，促进其发展，绝不能爱你所愿。就像我们喜欢某处风景，爱的是自然天成的风景本身，绝不会轻易改造。当然也许我们会出于爱的动力对风景进行改造。因此，爱其所是首要的就是接受这个人所有方面，他是什么样子都接受，然后才是促进其精神成长和发展的爱的行动。爱你所愿是当对方符合你接受样子才爱，不能接受的情况就不爱。例如每个家长都愿意自己孩子学习成绩好。但成熟的爱却是不论孩子成绩好坏，都爱他并努力帮助他成长，并不是努力改变他。爱的最主要形式是关注、倾听和奉献等，通过五种爱的语言：肯定性语言、送礼物、身体接触、帮忙、安排精心时刻帮助对方成长，变得更好。在促进爱的对象精神成长基本目标不变的前提下，也可以奉献出自己的时间、帮助、知识、能力、才华，甚至鼓励安慰的话等。总之要成为一个雪中送炭的人，无私奉献的人。而不成熟的爱却是：我爱，因为我被爱；我爱你，因为我需要你。爱别人成为结果，被人爱和需要是原因。因此，不成熟的爱的共性是打着"爱"的幌子，只想满足自己的需要。不成熟的爱在与人交往中典型的表现是，爱你所愿，而不是爱其所是。就是说爱的不是对方本身是什么样子，而是你想对方是什么样子，不是你愿意接受的样子就不爱。

（二）尊重原则

弗洛姆在《爱的艺术》中认为，尊重就是"有能力实事求是地正视对方和认识他独有的个性"。根据弗洛姆的观点，尊重隐含着两方面的能力，一是认清对方是什么人；二是要按照对方是什么人来对待他。罗杰斯提出心理辅导和治疗有效的三个必要条件是：真诚、共情和无条件积极关注，这三条都体现了尊重的原则。因此，交往中尊重原则的贯彻，需要我们对人真诚，利用换位思考，给予无条件积极关注等。

真诚就是交往中，所思、所感、所说、所做是统一一致的，也就是要如实地表达自我。这是受人欢迎的排在第一位的个性品质，也是建立良好人际关系的基本原则。当让我们自由选择交往对象时，人们首先选择的是与自己关系较为亲近、熟悉、真诚的人，因为这样的人值得信任，不知道陌生人是不是值得信任。在与人交往过程中，交往对象若是出于真诚，就会呈现给我们真实可靠的信息，积极取得我们的信任。但不是所有人都想要取得我们的信任，也不会总是呈现给我们真实的信息，我们需要依据交往对象发出的信息进行理性判断，认真地选择相信或不相信对方及对方所发出的信息。相比较而言，我们希望别人真诚地对待我们。因此，要做一个受人欢迎的人，就要做一个真诚的人。在人际交往中，我们也要注意积极主动选择相信别人，但要以理性分析为基础。尼采认为，人们一般情况下是选择说真话的，这倒不是因为上帝或神的强迫，而是因为说真话，取得别人信任相对简单。而撒谎则需要创造性和极强的掩饰能力和优秀的记忆力，不然很可能被人揭穿谎言。例如在信任背摔活动中，很多人不敢直挺挺地后倒身让其他人接住，主要是他们选择了不敢信任其他人将会接住他们。还有在高空玻璃栈道上行走，也是一样，当我们选择相信建造玻璃栈道的人绝不会拿我们的生命开玩笑，他们选择的玻璃的强度足够大，不会有危险的，就能够试探着走过去。相反，当我们根据以往对一般玻璃的经验进行选择时，只能得出玻璃会碎的结论，而吓得动弹不得。信任是个体之间的生长的模糊不清的品质，当双方为了对方的利益而改变自己的行为时，信任就产生了。但信任关系却非常脆弱，一次失信很可能导致永远不信。

但真诚绝不是无情地讲述事实，恰恰相反，要在交往中注意维护对方的安全感，让对方毫无压力、毫无心理包袱地展开沟通。这就要把真诚与尊重相融合地运用于交往中，才能取得更佳的效果。在交往中首先要无条件地接受（完整接纳，整体接受）对方，才能深入准确地理解对方：看到他们真实的样子，听到他们的担心，关注他们的渴求，倾听他们的梦想，安抚他们的恐惧。站在对方的立场上考虑问题解决问题。尊重交往对象就要接受对方的民族文化，入乡随俗；交往是在一定的背景文化中进行的，所以背景文化对人际交往有着巨大的影响。例如，西方人会把别人对自己病情的探望看做社会监督。因此，如果某人生病了，只有少数人看望他。但在东方，尤其是中国，病人会成为全家的中心，许多亲戚和朋友甚至单位领导同事都来看望。因为中国人将这种探望视作友情和关心，反之则是疏远和不关心。尊重交往对象就要接受对方的个人经验和体验，按照他希望的方式对待他。

真诚交往还意味着在交往中双方要明确、坦率、真实地表明自己交往的目的，即自己想要达到什么目标。因为在交往过程中，往往会由于强烈情绪的影响，导致人们交往对话走向沉默不语或发狂，全然忘记了当初的目的。例如，当学生总是上课迟到时，教师可以在交谈中表达出："我希望你能准时上课。"而不是指责对方总是不准时。因为你找他谈话的目的不是为了指责批评他，而是希望他能改掉迟到的毛病而准时上课。说到底，能不能准时上课不是你能控制得了的，这取决于该学生。我们知道，没有人喜欢受人操控，更没有人喜欢在强迫下做自己不喜欢的事情。教师还可以说，想听听同学的想法，到底发生什么事情让他这个阶段总是迟到。这些都是真诚与尊重原则的有效结合指导下的交往行为。

交往中遵循尊重原则，不同情境下做法是略有不同的，但都能体现出对交往对象的尊重。如在争论中表达尊重就可以采取对事不对人的态度，尽量表达由于问题太复杂导致的不同观点和看法，而不是反对的人有什么不对劲。很多情况下，也可以采取下面的策略：不对价值观和事实进行判断，因为价值观的对错可能会因人而异，对事实的认知会因信息不全而产生偏差。因此，我们可以善意地帮助对方完善推理论证，仅仅指出对方论证中存在的逻辑问题，即由前提推不出结论来。当然，这需要我们熟练掌握逻辑推理的知识和技能为前提。

当然，在发现对方真的可能做出非常愚蠢、危险的决定时，我们可以在自己的权力范围内采取强力措施。如教师惩戒学生，家长严格管教和约束自己的孩子，对自己的恋人表达愤怒甚至分手等。但更多情况下，我们无权要求对方按照自己的意愿做出决策选择，最好是通过讨论的方式帮助他们了解那样决策的后果，从而使之做出的决策更加合理。其实，这样做所遵循的基本理念是给对方以安全感，让对方做主等，是尊重原则的体现。让对方做主，要建立在高度信任对方的基础之上。没有对对方的信任，怎么能放心让对方做主呢？如很多复杂重大决策我们往往会求助于专家，由专家代我们决策，从中表现出对专家的高度尊重和信任。一般待客时，客随主便也是客人对主人的尊重和信任的表达，相信主人会很好地接待自己。交往中，尊重还表现为对对方的表达进行倾听，让人把话讲完，希望彻底弄清楚对方所表达的意思，充分地理解对方。

让孩子把话讲完

仲春的周末，一位母亲带着儿子到郊外游玩。将近中午的时候，两个人都累了。妈妈让儿子把小书包里的两个苹果拿出来分吃。小孩子拿出苹果，不容分说，每个苹果上各咬一口。各位，你会怎么想这个小男孩儿呢？（先思考一下）

这位妈妈，并没有生气，而是走到儿子身边，问："你为什么每个苹果都咬一口呢？"小男孩儿很自豪地说："我想尝尝哪一个甜，给妈妈！"母亲的眼泪立刻滚落下来。

附：训练任务 7-2

你能像对待一位尊贵的客人一样来对待自己吗？

_____

你打算怎样对待自己？

_____

你打算怎样对待你的朋友？

_____

（三）共情原则

共情是心理咨询中的一个术语，是来访者与心理咨询师之间相互理解的桥梁，可以促进他们建立亲密的关系。因为通过共情，来访者感受到被人理解接受了，他们内心的想法和情绪与周围世界接通了，不再隔离，不再感受到像座孤岛。因此，共情也是一种能把人从绝望带到希望、从怨恨带到宽恕、从害怕自己的软弱带到相信自己的潜能的重要途径。亚瑟·乔拉米卡利和凯瑟琳·柯茜在《共情的力量》①一书中对共情下了定义：理解他人特有的经历并相应地做出回应的能力，并指出共情是一种与生俱来的能力（所有生物都具有产生共情的脑回路），它具有两面性，既能用来助人，也能用来害人（骗人或使人恐惧）。共情是以诚实和信任为基础的，只有双方诚实并彼此信任，才有勇气彻底展露出内心深处的想法和感受，打开自己，放弃自己原来观点以进入对方世界，才能建立亲密持久的关系。共情就像一束光，帮助人们穿透痛苦和恐惧的漫漫黑暗，找到人与人之间的共通之处。共情其实可以分为两个阶段，一是共情式倾听，二是共情表达。共情式倾听的实质就是把倾听者的生活拓展到别人的生活里，把倾听者的耳朵放到别人的灵魂中。目的是要让被倾听者感受到被人理解了，因此共情式倾听的核心是理解，即用心去聆听：你是谁？你身上发生了什么事？你感觉怎样？你是怎么

---

①亚瑟·乔拉米卡利,凯瑟琳·柯茜.共情的力量[M].王春光,译.北京:中国致公出版社,2019.

想的？你最看重什么？你需要什么？解答这些问题，帮我们弄清楚对方身上发生了什么事，对方怎么想，感受是什么，重点是对方需要什么。共情表达是在理解了对方之后所给予的把内心的那份理解展露出来，表达出来。问题的难点是如何把这种理解转化为合理的思考之后的积极行动。从这个角度看，共情是能够助人的，它可以让来访者发现自己的需要被满足的新的可能性，可以帮助深陷痛苦和绝望之中的人看到自己身上还具有成长和改变的各种可能。

从思维角度看，共情与人际交往中的换位思考非常相似。换位思考就是钻到某人的身体里面，穿着他的鞋走一段路，或者做更复杂的事情。其目的也是让对方感受到被理解了。例如，某有酒瘾的人，当得知他的酒精依赖程度超过90%的人时，他可能会说："这不一定对，我认识的每一个人都是这样喝酒的。"这时，具备换位思考能力的医生会这样应对："测验结果出乎你的意料，我想这不是你所期望的结果。"通过这种表达，患者觉得被理解了，而不是被评价，从而产生改变的勇气。不具备换位思考能力的医生一般会说："这是根据你填的问卷所得结果，不信你看看所填的资料。"这样的应对导致患者的对立情绪，不愿意配合改变。但换位思考绝不是进入到对方的身体后沉湎于对方的感受和情绪（同情），而是在情感共鸣基础上对对方感受理解的思维活动。然后再把这些认识和想法向对方表达出来。在谈话中，通过换位思考，能使信息接受者更加明白传达者的意思。因此，换位思考是有效沟通的关键步骤。

四、关于人际冲突的建设性思想

人际冲突即两个或多个有关系的个体之间产生的分歧，并且各方都认为彼此的诉求不能同时兼顾。当下面的情况发生时，就会产生人际冲突。一方的行为对另一方造成较大不良影响；个体意识到对方的诉求无法满足自己的诉求；或将对方诉求达成看作自己诉求的阻碍和干扰。以上情境都起源于人们头脑中的厮杀——不同文化、历史，经历或经验，导致思想冲突。表现在个体内部过程就是：心理冲突、苦闷、动机斗争、防御机制，甚至是精神病症状等；表现在个体之间就成为歧视、争吵、辩论、斗殴；表现在群体间就成为民族种族的矛盾、战争，等等。从这个角度看，人际交往中的冲突是不可避免的。正是因为经验和文化的差异，人们不会总是能够接受对方的行为方式。所以，人际关系问题的实质无非是这样一个问题的种种变式：我不喜欢、不赞成、不接受你对待我的方式，即使会毁掉我的生活，你的生活或我们两个人的生活，你仍然要这样做。因此，只要我们保持耐心，稍加思考，理性地选择不要毁掉你我生活的行为就能改变人际交往行为，转而构建良性人际关系。

人际冲突常常会导致恶意、焦虑和人际关系恶化。所以，人们一般都会避免人际冲突发生，导致沟通停滞、隔阂、冷漠等。尽管人际冲突不可避免，但若能够进行建设性管理，矛盾冲突也会给人际关系改善和加强创造机会，反而可能会促进个体人际关系的发展。打个比喻：东西总有用坏的那一刻，但很多东西都可以下决心修好，而到那一刻，它才真正成为你的东西。人际交往也一样，经过冲撞、摩擦、破裂、产生嫌隙，然后关系才正式开始。始终保持和睦气氛的交往很肤浅，一直要到产生纠葛、彻底发泄、互相伤害、情谊破裂的那一刻起，你才算与那个人产生关系。当人际冲突发生时，是选择从人际关系纷争中脱身，甚至不惜舍弃与那人的关系，还是选择不退却，袒露真心，努力地、用心地修补彼此的关系？我们建议选择后者。但这需要你放下身段、不惜颜面，将说不出口的、羞于告人的事化作言语，甚至有时像个孩子般号啕大哭，绝不容许对心情有一丝敷衍。

化解人际冲突的武器是交流。按照罗恩·哈伯德的观点，在人际交往中有三个极为重要的因素：亲情度、现实和交流。亲情度意味着爱、喜欢或其他情感。现实可以被理解为"似乎存在的东西"，即认识的一致性。交流是最为重要的，它与其他两个因素构成一个三角形，三个方面缺一不可。但它不是个等边三角形，三个要素从交流开始，由于交流才产生了亲情度和一致性，为了提高亲情度和一致性又需要进一步进行深入交流。例如，当你与一个怒气冲冲的人谈话时，若是没有强烈的意愿（亲情度）和一致性为基础，你就不会去与之交流。但交流能够帮助我们解决所有人际关系问题，可以了结一切事情①。很多人不去积极进行交流沟通，是因为他们顽固地以为自己了解对方的心思，而且对方不会改变的。这种观点就是把人际关系固化了，加上他们会认为自己的想法和做法是对的，即使对方的想法和行为没有问题，也会坚持自己的观点和行为。这也是很多人际矛盾冲突产生的重要原因，需要人们在日常生活中注意反省。

五、关于交往中的积极心态的建设性思想

交往中积极心态的保持与调整，需要的是思维方式的调整和改变。

萧伯纳认为，沟通最大的问题在于，人们想当然地认为已经沟通了。在大学生心理咨询中，我也发现很多学生与同学、家长之间存在矛盾，并且难以化解。当问他们有没有试图与同学或家长沟通过，他们的回答多是沟通过，但又好像没有那么正式地沟通过。还经常再讲一句，跟他们讲他们也不会听。从这个角度看，他们肤浅地认为跟别人讲了就是沟通，而且还会对沟通失去信心。当再细问沟通是怎样进行的，才发现其实根本没有发生真正的沟通。他们只是单方面地告知同学或家长某些信息而已。真正意义上的沟通是在安全氛围中，充分地表达各自的观点、感受和猜测等，形成最为全面的共享观点库。

交往过程中要安静，心态平和、自信，忌焦虑、愤怒、歧视等。例如，人们在交往中，经常会听到一些不中听的话，如批评或攻击性语言，这时人们常见的反应有四种：一是认为自己犯了错误，产生自责，往往陷入沉默；二是指责对方进行反击；三是了解我们自己的感受和需要；四是体会对方的感受与需要。前两种反应或是导致自己痛苦，要么对方跟着一起痛苦，都不是理性的有益的反应方式。后两者才是合理的应对方法，能够保持理性并能够进一步深入思考如何解决矛盾，才能加深与对方的联系和沟通。若产生痛苦就切断交往，只能以交往失败告终。所以交往中，心态调整的训练是非常重要的任务。这种情况下最佳的应对方式就是要保持乐观主义。就像丘吉尔

---

① L.罗恩·哈伯德.有效理解的窍门[M].杨红秋，译.北京:生活·读书·新知三联书店，1987.

所说：悲观主义者在机会中看到困难，乐观主义者在困难中看到机会，我是个乐观主义者。除此之外，其他东西似乎也没有任何作用！也就是说，当遇到批评指责时，最好的应对是从这样的痛苦、困难中发现了解自己和他人的机会，绝不是陷在痛苦中沉默或者反击对方。

人际交往是一个双向的信息的沟通过程，包括信息表达和信息理解两个互逆的过程。倾听是信息理解的过程，可以是积极主动的，也可能是消极被动的。倾听的关键首先是态度。这种态度是：假设你聆听的人知道你不知道的事情。在这种态度支配下，人们就会充满好奇地放下自己的偏见和原有经验，去积极努力理解和发现诉说者到底说了什么。下面列举的几种情况表明你没有倾听对方说话，也许你的表达方式与下面的说法不同，但只要表现相似就表明倾听不到位。如，在听对方讲话过程中告诉他们："你所讲的都是抱怨的内容。"或"你怎么那么多抱怨啊！"这种评价会打消对方讲话的积极性。或者说："接受它吧。""生活本就不公平。""也许你会因祸得福呢。""别担心，困难总会过去的。"这些话一般是在某人遇到不公平对待，或者遇到困难陷入麻烦时，周围的人常会说的一些安慰性的话，但就是这些话表明周围并没有倾听讲话的人。这些都是听话的人对生活中麻烦、困难没有发生在自己身上时的评价态度，并不是听话者对说话者情况的理解和共情。或者评价说："你所说的能成为问题吗？"更直白一些说"你所说的不重要，还是听听我的困难吧！"或者当别人说话时，听者来一句"是的，但是……"就会用这种不同意对方观点的方式直接打断讲话者的谈话。在交往中，人们容易犯的错误还有倾向性聆听，即在听他人说话时，你已有自己的想法，听了几句后就开始用自己的经验来填空，进而不再继续听对方的叙述。更有甚者，在对方还未开口讲话之前，就根据以往经验预测对方会怎样想、怎样做。殊不知人们一直在适应环境，在不断地变化着。因此，在交往过程中要做到共情，要有耐心：放慢节奏，不要匆忙做出判断。放慢节奏和不匆忙做出判断的耐心能够帮助我们在交往中维持一个高度觉察、专注的位置，使我们能够倾听讲话者所表达的意思，深刻地理解讲话者的内心世界，而且能保证理解得更加准确。

　　表达中要树立信心，克服自卑。现在大学生在很多场合的表达中都表现出信心不足。因此大学生要训练自己克服人际交往中自卑心理。交往的双方自卑与自信程度会影响到交往的过程与结果，因而产生不同的交往模式。我输你赢，即我不好——你好，我不行——你行。这是一种常见的自卑者与他人交往的方式，他们总是赞美他人，贬低自己。我赢你输，即我好——你不好，我行——你不行。这类人总是将不好的结果归咎于他人，他们自己充满自信，但这种自信是虚假的，心理防御倾向非常突出。双方皆输型，即我不好——你不好，我不行——你不行。这类人极不自信，也不相信别人，既不爱自己，也拒绝别人的爱。双方皆赢型，即我好——你好，我行——你行。这是一种健康良好的人际交往方式。这类人是自信和相信他人，自爱和爱他人的统一体。因此，要具有健康的人际交往方式，需要每个人调整好交往时的自信自卑心态。

　　一个人一旦具备了克服自卑的建设性思想，就能激发个人成长的勇气，就能真正摆脱自卑，这个过程中要求我们在生活中积累三样东西：内心自卑的人需要积累的第一样东西是对自卑的正确认识。首先，正确认识到自卑是每个人都存在的一种情绪，无论是成功人士还是普通人都会自卑，世界上没有完美的人。自卑总是来源于不平等的比较，例如别人有的我没有，我们就容易陷入自卑，特别是个人之间的优缺点或已有成就的比较，更会给人带来深深的自卑。事实上，一个人不必自卑，也不必自傲，因为只要我们稍稍拓展人际圈子，就会发现一定会有很多人比我们更强，各个方面都会找到，也一定会有人表现比我们更差，也是各个方面都会有。所以当我们打破原来局限的眼界后，就会意识到比较是没有意义的。此时，只要我们机智地转换角度不再过度进行比较，转而去寻找自己身上的力量时候，自卑就会逐渐消失。其次，应该懂得自卑其实是每个人正常的情绪，它具有强大的建设性力量，这一点要求每个人都要有充分的思想认识。心理学家阿德勒曾说过，我们每个人都有不同程度的自卑感，因为我们都想让自己更优秀，让自己过更好的生活。还要理解和接受"缺点是一种恩惠"：缺点给我们带来困难，做事会有难度。正是在克服困难中诞生了技术和想象力，营造了运动之美等。

世间事物皆然，正是难度造就了思维的技巧与创造力，使人看到了思维的创造之美。面对困难，才能显示出人的体力、魄力之伟大，精神智力之奥妙。从此角度看，缺点是大自然对人的一种恩惠，面对困难才显示出人的独特价值和魄力。世界上最伟大的篮球运动员并不是个子最高的那个人，个子最高就缺乏难度。要积累的第二种东西是面对失败的智慧。骨子里自卑的人往往容易陷入"习得性无助"的心态，缺乏面对的智慧。"习得性无助"是心理学家塞利格曼做的一个经典临床试验，起初他把狗关在笼子里，只要蜂音器一响，就给狗难受的电击，狗关在笼子里无法逃避。多次实验后，蜂音器一响，在狗受到电击前，先把笼门打开。此时，狗不但不逃而且在电击出现之前，就先倒地开始呻吟和颤抖。在本可以主动逃避的情况下，却绝望地等待痛苦的来临，这是缺乏面对失败的智慧，它看不到可以逃脱的机会。人类也会因为过去的失败或惩罚而形成听任摆布或者放弃自己、破罐子破摔的行为。但我们要相信，人具有强大的适应环境能力，更具有非凡的创造力改变环境。在面对失败时，要发挥适应能力，同时更要积极创造机会挽回败局，这就是面对失败的智慧。在日常生活中不断积累面对失败重新振作的智慧，会使我们内心强大，抱有一定会成功的期望，最终将走向人生的辉煌。例如很多学生认为，演讲中犯错误是很不好的，因此演讲前、过程中会产生恐惧紧张。我们知道演讲恐惧和紧张对演讲是有害的，需要懂得怎样对付它们的智慧。大多数人在演讲时都会紧张，但通过训练可以学着控制自己的紧张，将其转化为动力。更重要的是即使无法控制自己的焦虑，也可以学着在这种情况下更有效地进行演讲。甚至有实验研究表明，在演讲前，告诉大学生要在演讲中故意犯个错误反而比要求不犯错误的学生表现得更出色。我们可以利用这种研究结果来帮助学生改变对演讲的态度。内心自卑的人，需要积累的第三样东西是改变的信心。通常内心自卑的人会陷入一种固定型思维以及一种强烈的耻辱情绪中，常常认为自己是不如其他人，并且坚信自己的这种状态是不可以改变的，让自己陷入一种人生无望的情绪中。日本的山本耀司曾说过，自我是在通过自身不断与社会实践的碰撞中产生的，而自卑也是如此，当我们能够把自己从小我置身于大环境中去看时，并寻找自己的坐标与定位，那么就能重新定义你自己。这样的信念会使你永远信心满满，不言放弃。古来英雄伟人无不具有改变自己、改变生活、改变国家命运的信心，创造了辉煌的成就和伟业。没有人是天生的王者，也没有人是天生的弱者，所以从自卑到自信的跨越往往来自我们内心的意识的转变。更重要的是通过积极的行动去塑造，我们之所以成为心想事成的自己，都是来源于我们内心积极改变与塑造的信心，这种自我塑造和改变的力量极具创造力，改变着个人或人类的命运。正如罗曼·罗兰所说："这个世界上只有一种英雄主义，那就是在认清生活的真相之后依然热爱生活。"

人际交往中，我们调整好自己自信自卑的心态，其中非常重要的一点就是要学会正确对待别人对我们的评价以及自我内心评价。其实，别人对我们的很多看法往往是随意的、片面的。我们内心的评论家形成的自我批评往往也是任意的、不可信的。它任意地挑选一个维度，把我们跟一个在此维度上非常优秀的人进行比较，给我们以打击，令我们丧失自信心。

与自卑心态相关或出于表达技能的不足，在交流沟通过程中，觉得无话可说，或不知所措。要扭转这种局面，就要在沟通之前，在头脑中建立一个讲话的结构。这个结构可以帮你选择什么适合先说什么后说，有逻辑地过渡到下一个要点。例如，心理学大师罗兰·米勒在《亲密关系》一书中推荐了一个表达抱怨的陈述模式："XYZ"陈述法。"X"代表事件，"Y"代表环境，"Z"代表感受。这种表达就是：我在"Y"情境下做了"X"事件，我感到"Z"情绪。例如，可以说："今天考试时，我有几个题目不会做，心里非常着急。这种结构也适用于表达对交往对象的不满，但又不会导致对方不满，是一种安全的表达方式，有人也称之为"我字句"的表达方式。例如，当孩子自作主张邀约了一大群同学到家里来玩，事后家里一片狼藉。此时，作为家长回到家看到此情景，你可以运用"我字句"表达：我不在家时（情境），你带同学到家里来玩，事后没有整理干净，弄得家里很乱（这是观察到的事实），我感到很失望，也有些气愤（这是情绪）。此时，最好加上一句提出以后要求的话：我希望，以后再有类似事情发生时，你们能够保持好家里的环境，或事后要整理好。

六、践行人际交往建设性思想举例

关于人际交往的建设性思想：每个人都有自己的观点库。在安全的条件下，人们会愿意表达自己的看法、情绪和猜想等，形成人与人之间的共享观点库。共享观点库的形成有利于个体做出创造性、建设性的决策，处理好人际关系，解决好各种问题。

对有关人际交往的建设性思想的思考：（1）鉴别。发现自己在人际交往中的思维何时处于非理性或存在谬误，并且明确陈述此情境中你的情感和欲望（需要）。在一般情况下，人们都能遵照道德和法律进行各种交往和沟通，礼貌且温和地各自表达出自己的观点和情绪，形成共享观点库，创造性、建设性地解决问题。但处于下面情况时，人们的反应就不理智了，自以为是，争辩不休，甚至暴跳如雷，或者沉默、逃避，总之形成了傻瓜式的应对方式——沉默或表示反对与攻击。如，别人借你东西或金钱到期不还；当面对高风险的重大决策与人观点不同时；当你觉得应该被提拔却没有受到提拔时等。总之，当对话双方观点背道而驰，决策结果充满高风险，双方情绪激烈时，最为关键的是对话结果会对各自生活质量造成持久的巨大影响时，人们受基因决定将上述对话情境解释为危险来临而采取最原始的应对方式——暴力对抗或沉默逃避。这是非理性地处理问题的方式，此种情况下，人们主要关心的是安全感，忘记了对话的目的。（2）智力行动。以上应对关键对话的方式是非理性思维起作用的结果，认为应对不安全的对话情境，要么逃避对话，要么愤怒对抗，不存在面对问题处理得当、能获得安全感的优秀方法。实际上，采用理智得当的对话方式不但可以改善人际关系，促进个人身心健康，还能促进个人成长和事业的发展。因此，在很多情况下需要人们掌握一种敢于面对问题，做出合理决策和行为的对话方式。科里·帕特森、约瑟夫·格雷尼、罗恩·史威茨勒等人用25年时间对2万多人的调查研究结果发现，每个人在对话前，都有自己对交流方面的观点、感受、生活经验和相应的猜测想法等，也就是都各自拥有独立的观点库。而成功的对话的秘密在于相关信息的自由交流，即双方愿意公开坦诚地表达各自的看法、分享各自的感受（情绪情感）、说出自己的猜测和需要。即使要表达的观点充满争议或不受欢迎，可能会惹对方不高兴，双方仍然愿意并积极地表达自己的观点。要做到自由交流，对话高手会积极构建一种安全氛围，使对话双方都愿意共享各自的信息。就如同"头脑风暴"活动前的要求一样，对每个人发表的观点不做任何评价，为参与头脑风暴的人创造一种安全感。因此，只要在对话时，我们能够做到营造安全的氛围，使对话双方充分分享各自的观点，形成共享观点库。共享观点库越是丰富，对话者做出的决策就会越合理，意见也就会越统一，行动就会越有力。（3）负起责任。接下来，我们要看清"营造安全的对话情境，创造共享观点库"的重要意义和价值，特别是这样做对自己的人际关系、问题解决的好处。于是我们会自愿负起责任这样做，让每次对话都能够顺利进行，最终达到对话目的。

总之，通过大量训练和反思总结，我们要能熟练地把握讲述和聆听的技巧，且能够营造安全气氛，使对话顺利进行。重点是要掌握在各种具体情境中该如何灵活运用各种技巧让对话双方能够建立共享观点库。如课堂教学的师生对话情境中，教师怎样创建充分的安全氛围，让学生积极主动分享各自的观点信息——他们哪些知识没听懂，哪里还有困惑，在这么做的基础上获得更多指导？在常见的同学冲突形成的情境下，怎样表达微妙的信息，聆听对方的观点，最为重要的是怎样让对方在紧张不安的情况下还能说出内心真实想法等。

第三节　大学生交往中建设性思维能力的培养

一、交往中倾听与提问能力训练

人际交往离不开语言、非语言信息的倾听和表达。要达到有效沟通和信息交流，就需要认真倾听对方的谈话，找到一个可以沟通的话题。人们在交往中获得的信息60%来自听觉，但我们只记住了其中的25%。人际交往的成功首先取决于是否会倾听。倾听不仅仅是要用耳朵来听说话者的言辞，还需要一个人全身心地去感受对方的谈话过程中表达的非言语信息。狭义的倾听是指凭借听觉器官接受言语信息，进而通过思维活动达到认知、理解的全过程；广义的倾听还包括文字交流等方式。其主体是听者，而倾诉的主体是诉说者，两者一唱一和有排解矛盾或者宣泄感情等优点。

（一）弄清楚每一个基础概念的倾听，消除交往中误解的提问

前面在大学生学习部分我们讨论过概念澄清的重要作用。同样，沟通过程中，若是双方因视角不同对概念理解不同，就会造成误解、争执，不能充分交流，导致工作关系、人际关系矛盾等。所以在沟通中就需要建立文字画面（抽象概念的操作定义）以达到对概念的一致理解，减少无谓的争论。

澄清概念的好方法除了下定义，还有一个就是"文字画面"[①]。"文字画面"这个工具是由夸得拉斐尔和弗龙德创立的，由它可以将抽象的概念转化成具体的事例，帮助大家清晰理解概念。例如夸得拉斐尔和弗龙德利用文字画面在顾客服务方面，可以将之分成好的、差的和优秀的三个层次，并给予详细服务行为说明，这样就不会因为顾客服务方面的概念不清导致争议和麻烦。他们还利用概念获得来说明文字画面工具的使用。在概念获得过程中，学习者通过三元素获得抽象概念：事例、非事例和超级事例。前面的好的顾客服务就属于事例，不好的顾客服务属于非事例，优秀的顾客服务属于超级事例。利用这样清晰的概念评价职员的服务水平，就不会引发争议。日常生活中，模范英雄的行为就属于超级事例，坏人坏事属于非事例，普通人的行为属于事例。因此，日常交流沟通中抽象概念就靠这样的方法帮助澄清的。还有些智者帮我们创造了大量的文学故事来建立文字画面帮助澄清抽象的概念，便于交流和沟通。例如，交往中要有礼貌，但这很抽象，不同人对有礼貌的理解也不同。所以在交往过程中，若是能够建立文字画面，使人们对有礼貌能够达到一致理解，就不会产生分歧。利用文字画面方法可以建立这样的规则：说出事实，不带消极负面评价词汇，如谦让、热情、尊敬等就是有礼貌的事例。相反，带有负面的评价的语词就是非事例，如愤怒、憎

---

①马克·墨菲.用事实说话——透明化沟通的8项原则[M].吴奇志,译.北京:人民邮电出版社,2019.

恨、傻瓜、愚蠢、白痴就是没礼貌。超级事例如：待如上宾、恭恭敬敬等。

为了更好地理解这种方法，建议读者利用此处的思路，对交往中遵守的基本原则建立文字画面。

附：训练任务7-3

文字画面的建立练习：

爱的文字画面：

_____

尊重的文字画面：

_____

共情的文字画面：

_____

（二）在交往中获得想要的信息的倾听与提问

马克·墨菲在《用事实说话：透明化沟通的8项原则》一书中介绍了结构化倾听的技术①。结构化倾听包括引出话题，倾听和确认三个方面。

很多学生不知道怎样开始一次谈话。这里我们介绍一种引出话题的思维方式。所谓引出话题就是向交往对象表明我们想倾听并鼓励他分享想法。也就是要选择一个双方都了解的事件，对对方的想法进行较为客观的描述，然后表达说："我理解你的看问题的角度，我们能不能回顾一下问题产生的背景，看我们能否达成一致？"千万不要说"我希望我们意见一致"或者"我们需要意见一致"。这就有强迫感，表达的是单方面的"我希望你和我的意见一致"，就不是所谓倾听了。通过上述方式引出话题，对方开始表达，我们在听的过程中还要不断地促进谈话的发展。

一般人平均每分钟说125个词，但人的大脑每分钟能够处理400个词。所以在听人讲话时，大脑有很多时间没被利用。因此，在倾听时，要获得你

---

①马克·墨菲.用事实说话:透明化沟通的8项原则[M].吴奇志,译.北京:人民邮电出版社,2019.

想要的信息就要明确目标，保持注意集中，学会提问。以人、地点、事物、时间里发生的事件为目标进行询问，会得到你想得到的任何信息。这种倾听虽然能够获得想要的信息，但还需要对获得的信息进行核实、确认，否则可能上当受骗。

如问关于人的问题可以划分为三类：私人问题、职业问题、关联性问题。例如，"你家住哪里呀？你姓什么？在哪里工作？工资多少？是否有房有车？"就属于私人问题。约会或恋爱时要弄清楚这些问题，越细越好，因为将来你是要和对方在这些方面有着千丝万缕的联系。若是这些问题都没弄清楚，就盲目与对方结婚，上当受骗的机会大大增加。工作面试中的问题就是职业问题。例如，描述你应聘工作中典型的一天，通常是一种什么状况？你对当前应聘的工作中最喜欢和最不喜欢的部分是什么？今后工作中你会遇到哪些难搞的问题，一般会怎么处理？在你的工作中哪些是比较困难的，哪些是比较简单的？通常来讲，你是如何完成令你讨厌的工作环节，请举一个例子说明？来应聘这个工作，你觉得你的优势在哪里？有哪些准备？你读过哪些书，印象最深刻的是哪本，它讲了些什么？以上这些问题是工作面试中常见的问题，准备好这些问题有利于你面试的成功。关于关联性问题，如"你的男朋友叫什么名字？你的导师是谁？"

询问关于地点的信息的问题。关于地点的问题，与方向、方位、地貌、布局和功能都有关系。为了获得一个有价值的地点信息，你需要问的问题要有组织，有逻辑。在获得某人所在的某个地点的信息时要：第一，利用周围的参照物，特别是彼此都熟悉的参照物。如在上海可以利用东方明珠塔，在北京可以利用天安门广场等作为参照物。第二，如果不知道路线，可以通过描述地标性建筑、街道名称、左转或者右转来引导路线。我们现在用的导航地图就是这样一步步给人带路的。第三，关注对方记忆里的地点，听懂对方用"自己的语言"描述的情境。也就是问对方周围所记得的细节来帮助判断他们所在的地点、位置。其实，很多时候，我们问别人从哪里到哪里怎么走时，别人告诉我们的会有很大的不同，但他们基本都忽视了问路者记忆里的地点有什么，而是根据自己记忆里的地点进行路线描述，结果把问路人弄得很糊涂、混乱。

关于事物的询问。要想了解和认识这个世界上的任何未知事物的最有效手段就是询问，并获得答案。关于事物的询问包括：事物的名称、类别、用途、构造和各个部分是如何工作的。例如，我们新买回某些家电或其他设备时，都要附上使用说明书。电视机或空调的遥控器，整体名称容易知道，类别也没有问题。但遥控器的构造和用途，各部分如何使用就需要详细阅读说明书。在读说明书时，某一局部的名称要认清楚，不然就张冠李戴了。重点是弄清楚某一局部构造、某一按钮等的功能，怎样操作才能实现这种功能等。这些都弄清楚了，整个遥控器就会使用了。当我们通过询问发现某人对某事物特别了解或精通时，一定要进一步通过询问了解他为什么了解这么多的原因。这样可以让我们发现关于这个人的重要信息。

关于某时间内发生的事件的询问。一个事件的发生总是关乎过去、现在和未来。也就是说某事件总发生在一个特定的时间里，同时又成为其他一系列事件中的某一环节，由之前的环节所引发，而后开启了接下来的事件。例如，美国前总统约翰·肯尼迪的助手们仍然在试图找出当年总统被刺杀的真相。对于凶杀案发生的前后的事情都是他们调查的范围，而不是仅仅关注子弹击中总统时周围的情形。若是这样的话，我们所了解的事件仅仅像看到一张照片一样，仅是该事件的一个侧面。我们需要了解前后相关的系列事件，形成一部宏大的故事画卷，只有这样才能还原事件的真相。当然在某一段时间里，我们要关注细节：时间、地点、人物、事件发生发展的过程。要回答"who、what、where、when、how、why"等问题。

我们在询问过程中，会随着获得信息增加而改变询问的重点。如开始询问时关于某事物的信息，当该事物了解得比较清楚后，可以转换成询问关于什么人使用该事物，为什么使用它等问题。但无论询问方向、重点怎样改变，我们要始终牢记询问的目的。脱离了目的进行询问就没有什么意义，使谈话陷入混乱。当然也要注意另一个值得关注的问题，就是很多人在获得自己想要的信息时，只是急于抛出自己的问题，至于对方的回答，他们并没有真正听到，或者没有听到核心内容。询问过后，我们要严格遵循交往原则，调整自己的心态，始终明确自己的交往目的，才能确保你能获得想要的任何信息。当然，我们通过上述方面积极主动地收集到大量信息，但这些信息的真伪还需要进行甄别、核实。

提炼人际交往过程中的问题清单，以备今后使用。这是建设性思维训练的一个重要方面。如你可以通过下面问题清单的询问和回答，防止自己在交往过程中出现激动行为，消除稍纵即逝的主观臆断过程。第一步，关注自己的行为。问：我是否表现出沉默或暴力应对方式？第二步，关注行为背后的感受。问：是什么情绪导致我沉默或暴力的反应？第三步，分析感受背后的想法。问：到底是什么样想法使我产生这种情绪？第四步，寻找想法背后的事实。问：这种想法形成有什么事实依据？这一系列问题使你置身于思考和质疑活动中，中止了交往中的冲动行为。在交往中不断总结经验教训，多多学习和制订自己的问题清单，不断提升自己的交往能力。

当然上述问题清单也可以反过来用于倾听理解别人的谈话内容。一方面我们边听边将对方所说分别理解为事实依据、他怎样认识这些事实（解读、想法）、情绪反应（感受）、行为反应。例如一个同学怒气冲冲地闯入宿舍，指责你开班会的事为什么没有告诉他。这时你要做的事就是厘清该同学所讲的话的内容中的事实、想法、情绪反应、行为几个方面：该同学讲话的事实是开班会的事你没有告诉他，他没有参加班会；想法是缺席会议可能受到辅导员的批评；情绪反应是对你生气；行为是对你进行攻击和指责。然后分不同方面与该同学核实自己的理解并展开解释。事实是自己也是偶然地到教室上自习碰到开班会，自己也不事先知情。所以根本来不及通知他。辅导员开会时说了此会不重要，只是临时找些同学交流一下意见，不参加的同学不会受到批评。如此解开对方的心结，不再埋怨自己不够朋友。

二、在言语表达中培养建设性思维能力

语言表达可以构成一种结构，具有某种功能。这种功能与信息表达的目的紧密相关。在心理咨询中，咨询师的语言表达要获得来访者的信任，要表达出对来访者进行无条件积极关注，要对来访者的内心表达出充分共情，要与来

访者协商咨询的计划等。其目的不同，言语表达的结构就不同，这需要表达者充分地构思表达结构，以实现不同的表达目标。但首先要明确自己的表达目的是一件重要的事情。通过下面的训练任务加强自己沟通谈话的目的性。

附：训练任务7-4

在谈话沟通之前，首先要明确谈话目标。谈话目标的确定可以通过回答下面的几个问题来实现。

通过谈话你要为自己创造什么？

通过谈话你要为对方创造什么？

通过谈话你要为你们的关系创造什么？

我们都知道鼓励在人际关系中是很重要的，但怎样表达才能起到鼓励作用呢？如何将鼓励变成模式化的语言表达呢？《现代汉语词典》对鼓励的解释是激发、勉励。可以鼓励行动、成长、思考等，总之鼓励的目的是促使行动或选择的持续（好的方面）或变化（差的方面）。运用鼓励的基本原则包括：鼓励具体方面而不是全部；鼓励努力而不是聪明；鼓励事实而不是人格。具体表达成鼓励性语言：在无条件积极关注基础上，使用肯定性语言，促使被鼓励者前进、成长、转变，而非结果。例如："你很努力啊！""尽管工作很难，你一直没有放弃！""你做事情的态度非常不错（无论事情成败）。""你在……方面进步了很多。（要具体）""这个方法真有新意。""你和……合作真棒。""你一点都不怕困难，太难得了。""我相信你，因为……"

下面我们来介绍日本的下地宽也总结的有逻辑的表达方式：他根据芭芭拉·明托在《金字塔原理》中的步骤来组织表达，即把结论和理由做成金字塔图（见图7-1）。在表达过程中，表达者要明确意识到自己在思考什么，如何思考的过程，也同时让听众或读者明白表达的意思。当表达者明确欲表达的结论或观点，然后厘清理由之间的关系：并列型（归纳法）或是串联型（演绎法）。并列型即各理由（事实）之间是平行并列关系，由它们的共性可以归纳得出结论。串联型即由某些事实和与其相对应的某个规律联系得出结论。把图7-1中的理由3换成规律，其他与并列型相同。另外一个需要考虑的问题是，表达中理由的充分性和重复性。尽最大可能保证这些理由之间不重复，无遗漏①。

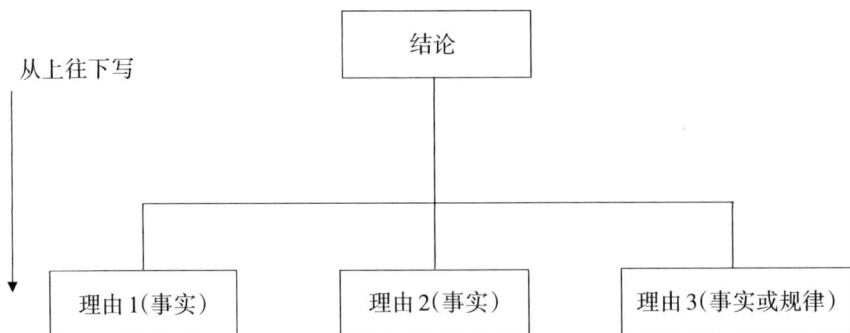

图7-1　用金字塔有逻辑地表达

我们来举例说明这个表达过程。当你作为就业指导教师向同学说明考研的必要性时，可以这样进行：首先，引出谈话内容，即提出问题或疑问："当前大学毕业生的去向有哪些？通过观察或询问，我们了解到一些实际情况，得出一个结论：很多大学毕业生打算考硕士研究生。接下来，要对为什么那么多大学生要考硕士研究生的理由进行阐述：第一，本科毕业找工作难，且待遇较差；第二，招聘单位提高了对学历的要求；第三，本科毕业生的数量相对于硕士生数量多得多，就业竞争压力太大等。最后，向同学发出号召，希望他们努力学习，奋发图强，争取考取硕士研究生进一步深造。这样的表达条理清晰，逻辑性强，听众易于理解和接受。

当然，表达的结构是无穷尽的，希望同学们不断探索，发现更加实用的逻辑性强且说服力强的表达方式。

①下地宽也.逻辑思维只要五步[M].朱荟,译.北京:企业管理出版社,2014.

三、交往冲突情境分析中培养建设性思维

人们在交往中难免会遇到各种矛盾，甚至产生冲突。科里·帕特森等人在《关键对话》中认为，当人们在交往中产生观点分歧、决策结果充满高风险、情绪激烈时，最为关键的是交往结果会对交往双方的生活质量产生巨大影响时，人们往往会陷入一个怪圈，要么逃避对话，表现为沉默、无动于衷；要么发出攻击反应，把自己观点强加给对方，表现为反对、争论不休、自以为是等。当遇到这种情境时，我们建议交往双方，要首先明确是否处于关键对话情况，即交往结果会导致双方日常生活产生持续性的积极或消极的变化吗？若是，则需要认真对待这次交往，明确交往的动机和目的，并且这一目的在整个交往过程中始终不能动摇。但要回答好这样的几个问题：我希望通过此次交往对话，为自己、为对方、为我们之间的关系实现怎样的目标？这可以采用对比说明的方式：先说明自己的真正交往目的，然后说明你不想实现的目标。最后，积极让自己寻找一个两全其美的对策出来。利用上述观念找出下面交往情境中双方当事人所犯的错误，然后找出合理解决对策。

情境：有两个人吵了一天，一个人说3乘8等于24，另一个说3乘8等于21，相争不下，告到县衙。县官听罢说："把三八二十四的那个人拖出去打二十大板！"

说二十四的人不满："明明是他蠢，为何打我？"

县官答："跟三八二十一的人能吵上一天，还说你不蠢，不打你打谁？"

情境分析：很明显，最后挨打的那个人的交往目的，就是要把自己正确的观点强加给对方，尽管对方的算数很差。可以想象，谈话过程中充满了争吵和攻击，双方肯定都没有安全感。挨县官打的人的目的是想控制对方改变观点，攻击对方的愚蠢。双方没有达成谈话目的方面的共识。一个没有安全感的人，即便意识到自己错了，也会由于面子或故意敌对的原因，而坚持自己的观点，不愿意接受对方的观点。很明显，这次对话是失败的，而且挨了县官的打。所以，在交往谈话中，要善于为对方创造安全感，让对方感受到

谈话氛围没有威胁。首要的是要创造和寻找共同目的，这次谈话的目的要双方协商制订。其次让交往持续下去的是互相的尊重。缺乏尊重的交往就像缺少空气的生活一样是无法维持的。当人在感受到不受尊重时，情绪会很快控制交往过程，从恐惧变成愤怒异常。然后会表现出生闷气、骂人、咆哮、语言威胁等行为。从这个情境中，我们可以看出，争吵的双方没有建立共同目标，他们只有各自的目标，且是要强迫对方服从自己。从争吵过程中，也可以看出他们之间缺乏尊重，谈话的情绪性非常高。所以不可能向对方道歉，或向对方进行理性说明解释对方可能产生的误会。但从交往结果对生活质量的影响上看，对双方影响都不大。不属于关键对话，根本没必要争吵。

对于此情境，我们认为制订较好的共同交往目标，可以确定为互相了解对方的算数能力，看看他们的算数学习过程是何人指点，对方为什么会掌握这样的乘法口诀呢？不再强迫对方接受自己的所谓正确观点。然后在谈话中表现出充分地尊重对方，让谈话继续进行下去，我们就会了解到一个非常有趣的人也未尝可知。说不定对方只是在跟自己开玩笑呢！沟通中，若意识到自己可能伤害了对方时，就要及时对你的做法说法给对方带来的麻烦和痛苦表示真诚的歉意。为了消除对方的误解，要采取对比法消除误会，即先否定对方对自己的误解的含义，然后肯定表达自己的真实意图。当然，这样谈话并不意味着我们接受三乘八等于二十一。虽然情境有些极端，但生活中类似的事情却经常发生。再就是，建议大学生们对此情境不断深入持久地思考，添加各种可能的推理、假设和决定，为解决实际问题开拓视野和思路。选择其中的某个决定进行检验、试探，发现问题的解决途径，有利于我们改变思维方式，将其应用在类似情境中，发现最佳问题解决方案。

附：训练任务 7-5

情境：假设你结婚了，孩子也不小了，很多事他可以自作主张了。但你的妻子一点也管不住孩子。孩子跟你的关系还不错，他别的方面表现还好，就一点不好，每天花很多时间上网。你担心这样下去会影响他的学习和正常生活。你很着急，打了他，并提醒他注意网瘾对未来生活的影响。你提出希望他减少上网时间，如果改不了就送他去戒网瘾的学校。他吓坏了，对你说："请别把我送到网瘾戒断学校，我一定听话，保证再也不用电脑了，别把我送到那里去！"

请你试着寻找并建立与孩子交谈的共同目标：

_____

你打算怎样向孩子道歉？

_____

你想如何利用对比法消除他的误解？

四、总结反思自己的交往活动，培养建设性思维

回顾自己的交往行动和过程，勤于内省是走出交往困境的有益方法。首先要弄清楚自己交往行为所依据的基本假设、理论观点等，然后分析这些基本假设和理论观点是否是自我为中心，是否出于一己之私？而且要注意反省时要有诚实和谦虚的态度。

我们在与人交往中，会估计别人的个性，但会犯很大的错误：我们以为别人会像表面所表现的那样成熟、理智和体贴，我们看不到别人藏在表面下的心理。相反，我们常常把人理想化，以为别人具有我们所需要他有的个性特征。例如，当别人笑得多，我们就以为他个性爽朗，也许他实际上只是机械的笑而已。当别人很果断时，我们以为他是可靠的，殊不知这是他为了掩藏自己内心不安而加快了决策而已。要知道每个人都有内心的矛盾和痛苦，只是不显示在表面而已。因此，在与人交往中要注意看清每个人的真实内心。

下面我们列举一些例子来阐明如何反思人际交往。

第一，对"爱与批评"的关系进行反思，帮助我们厘清如何更有效地进行批评。真正爱一个人，绝不会随意指责爱的对象或与之发生冲突，好似自己在见识或道德上高人一等。爱一个人就会承认对方是与自己不同的，完全

独立的个体。基于这样的认识，我们不会轻易说"我是对的，你是错的"。因此，富有爱心的人，经常处于两难境地——既要尊重对方的独立性，又渴望给予对方爱的指导。对别人提出批评有三种方式：第一种是凭直觉就坚信自己是正确的；第二种是经过自己的反省，确认自己有可能正确。前者给人高高在上的感受，父母、教师、配偶等常用此方式。结果招致不满与怨恨，不会给对方带来帮助，甚至导致消极后果。第二种方式给人谦虚而谨慎的印象，他需要批评者先自我完善，这让很多人知难而退。但这更可能带来成功，且不会带来破坏性后果。第三种是对批评的压抑，对他人的问题视而不见，表现得过于谦虚、冷漠、三缄其口，从不给所爱的人指导与建议。这也不是真正的爱。此处，真正的爱与建设性思维是一致的，即通过自我反省，采取了一种有利于个人和批评对象双方成长的方式，获得了双赢的结果。爱孩子必须指出孩子的错误，而且要谨慎，态度积极，也要允许孩子指出自己的错误。夫妻间亦如是！

第二，关于人际交往的"黄金法则"运用的反思。很多大学生都知道人际交往的"黄金法则"：想让别人怎样对你，你就要怎样对人。可是在实际生活中他们对此规则却不能灵活运用。他们单纯地追求交往中的公平，认为自己怎样对待了别人，出于公平，别人也会回报自己。他们不知道"回报"是不可靠的，它需要双方的沟通、妥协、协商，付出许多艰辛努力才能达到双方的认可。更何况，想要别人怎样对待自己时，尽管你先如此对待了别人，别人不一定能够按照你想要的那样对你。因为别人不是你，他和你的思想、能力等都存在很大差异。有时即便他想按你的要求满足你，但实际上他的能力也许达不到。你能埋怨他不遵守人际交往的"黄金法则"吗？所以，如此看来，黄金法则只是一个理想化的用来约束自己行为的道德规范，能够使我们一心向善，因为我们都希望别人对我们好，尊重我们。于是这些就成为我们自己行动的要求。但实际生活中，很难存在一个和我们想法、价值观完全一样的人，而且更重要的是此人能力、财富等各方面条件都足以跟我们对等，能够像我们希望的那样对待我们。很多学生不明白这个道理，还一味地死抓住这个法则不放，认为自己努力地待同学好，却没有换来等价的对待。于是就心存不平，内生怨恨，导致人际关系矛盾、破裂。他们不理解现实生活中的交往更像博弈，所以我们可以用博弈论来理解交往并做出决策：如果我们在日常生活中能够较为清晰地确定自己的人际关系互动中所处的博弈理论结构（零和博弈、正和博弈、负和博弈），就无须假装圣人而做出有价值的选择。这才能让大家更安全、和谐而富足。在与人谈判中，使用该理论模式，将自己的处境进行博弈理论结构归类，明白自己的博弈类型，便能帮助我们做出最有利的决策。

第三，在亲子交往中，父亲天然是儿子的榜样吗？其实我自己在对待自己与儿子的关系时，从儿子出生我就一直在以一个榜样的身份自居，我希望儿子能够效仿我这个榜样。我这样做是基于父亲天然是儿子的榜样的假设。所以我不断进修、读书、备课等，希望儿子会做出与我一样的行为来，尤其是他念大学期间。暑假在家，我希望他能够多读些书，能够有更大进步。可事实是他不理解我的行为。当然，从我这个角度来讲，因为我是主观把自己作为儿子的榜样的，所以很多方面行为都是严格要求自己的，另一方面当他达不到我的期望时，我则会生气失望，甚至指责他不努力、不上进等。现在看来，这种关系实际上只是单方面的一厢情愿，是我的理想而已。我的行为还不足以对儿子的行为产生足够强的影响。所以一定要改变与儿子的交往规则，不再只是默不作声地做榜样，而是要提出明确的希望，协商提出他要达到的目标。其实，在父子关系中，我们稍加考查就会将"父亲天然是儿子的榜样"的假设推翻。如果这个假设正确，那么大部分儿子会继承父亲的事业或职业方向，不太努力的家长就一定不会培养出优秀的孩子。可我还是愚蠢地坚持了很多年才放弃。关于这一点，古人比我们看得透彻，认为父子交往最重要的是要相互忍让，避免责备、谴责，各守其道。

在改进人际交往能力的过程中，集中注意，关注那些令你困扰，但你又有能力和意愿改变的方面。例如，同学交往中，可以具体回答下面四个问题。第一问：同学交往中什么在困扰我？很多学生的回答是同学间人际冲突的产生。第二问：我有能力改变它吗？这需要去寻找答案。第三问：我真的愿意提高解决人际冲突问题的能力吗？对于大学生来说，这个问题的答案是肯定的。第四问：我用什么激励自己完成这项任务？这个答案就因人而异了。如果其中有一个问题的答案是否定的，就要换个问题，缩小范围，直到找到困扰你且你有能力有意愿改变的事情为止。

附：训练任务7-6

（1）反省自己对待自己和他人的方式。

当你越来越知道自己是如何对待自己时，就会注意到，你也是以同样的方式对待别人的。知道这点能更加让你意识到自己是怎样创造了"自己的世界"，你的态度和信念是怎样决定了你的经历的。

例如，我不允许自己犯错误。——也难以容忍别人犯错误。

我要求自己要不断成长。——也要求别人常常有进步，会不满意停滞不前的人。

_____

_____

_____

_____

（2）努力改善自我批评和抨击的态度，训练自我怜悯，支持自我。

生活中，很多人在遇到挫折或失望时，并没有形成理解痛楚来源及安慰自我的能力，往往是自我责备和自我抨击。当他人也有类似遭遇时，我们坚决不能责备和抨击。所以要在自我挫败或失望之时，学会自我怜悯。研究表明，测试者经过训练后，抑郁和自我攻击、自卑、羞怯等显著下降，更少思维抑制和焦虑。

现在设想或回忆自己对待他人的怜悯的动机和感情，并将指向他人的怜悯情感转向自身，并对自己进行温暖的关切。

_____

_____

_____